里山の生態学

その成り立ちと保全のあり方

Shozo Hiroki
広木詔三 編

名古屋大学出版会

本書は財団法人日本生命財団の助成を得て刊行された．

1 名古屋市東山丘陵の雑木林．コナラの大木の下にアラカシの若木が認められる．

2 二次林から遷移したツブラジイ林（奥のこんもりとした常緑樹林）．

3 アラカシのどんぐり（左）とツブラジイの果実（右）．

4 ヒトツバタゴの花と果実.

5 ハナノキの花と実生.

6 　比較的乾燥する立地にも生き残るトウカイコモウセンゴケ．赤い捕虫葉が集まって丸く見える．

7 　大根山湿原にほそぼそと生育する北限のシラタマホシクサ．

8 　砂礫層地帯の疎開した林地に遺存的に生育するウンヌケ．

9 サロベツ湿原の泥炭層.

10 海上の森における土岐砂礫層の断面.

11 砂礫層の斜面に成立している湧水湿地. 流水路の部分に礫が露出している.

12 林内細流上を探雌飛翔するハネビロエゾトンボ．

13 砂防ダム湖畔で羽化するキイロサナエ．

14 ハッチョウトンボの雄(左)と雌(右)．

15 愛知万博のメイン会場周辺の"モンゴリナラ"の雑木林．

16 林床のスズカカンアオイ．葉裏にギフチョウの卵塊が認められる．

17 コバノミツバツツジの蜜を吸うギフチョウ．

18 水田を徘徊するニホンイシガメ．

19 マムシの頭部．目と吻の間にピット器官がある．

20 ニホンアカガエル．

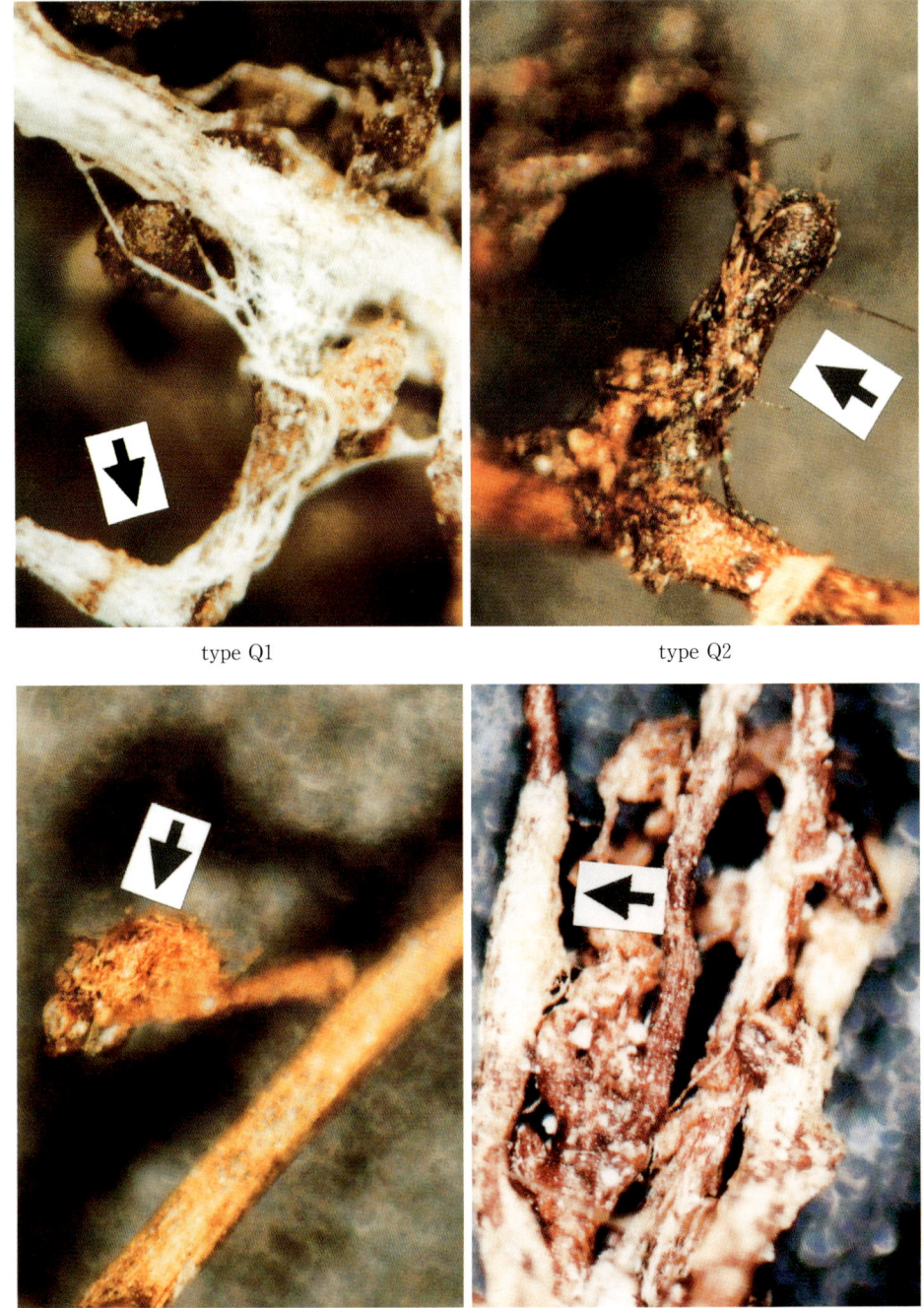

21 "モンゴリナラ"実生の根系から類別された外生菌根タイプ(向井 2001).
(——————— 0.5 mm)

はじめに

　無限に存在するかのように見なされていた自然は，人間の生産活動の増大によって急速に消失してきた．この自然の消失という危機的な事態を背景に，自然というものに大きな関心が向けられるようになった．しかしながら，最初に関心が向けられたのは，原生的な自然に対してであり，里山が注目されるようになったのは比較的最近のことである．

　1960年代の経済の高度成長期以降，原生的な自然の破壊が進み，1970年代に入ると知床や白神山地における原生的自然を守る運動が発展した．それとともに自然保護運動に関する世論も大きく高まった．これらの運動の結果，1990年に林野庁は，比較的原生的な自然が残されている地域を生態系保護地域として指定するに至った．この時点では，里山はまだ世間の人々から注目されることはなかった．高度成長期以降の里山の開発も目にあまるものがあったが，比較的最近まで，里山は世間の人々から注目されることはなかったのである．このような開発に対して里山を守ろうとする自然保護運動を通じて，20世紀も押し詰まってから，ようやく身近な自然としての里山が見直されるようになった．埼玉県の狭山丘陵におけるトトロの森の保全運動は，宮崎駿の映画『となりのトトロ』の影響もあって，身近な自然の重要性に目を向ける一つの役割を果たしたと言えるであろう．

　しかし，このような雑木林に関する認識の深まりは認められるものの，里山の二次的自然の保全に関しては，さまざまな制約があり，なかなか進展しなかったのが実情である．都市近郊の開発やゴルフ場の建設によって，見るみる消失してゆく雑木林や湿地を目のあたりにしても，その開発を止める手だてがなく，多くの人が歯がゆい思いをした．1996年には，名古屋高裁でゴルフ場建設差し止め請求の行政訴訟が結審し，原告適格の判決がなされたが，このことは，多くの自然保護運動の成果であるとともに，里山に対する世論の関心の高まりを示す象徴的な出来事であった．

里山の保全がなかなか進まなかった背景には，わが国における農林業の衰退等の政治的，経済的問題が絡んでいることは無視し得ない．しかし，里山についての生態学的な研究の遅れも，保全対策が進まない一因であろう．従来の生態学的研究のおもな対象は，人間の影響を排除した自然そのものの究明が重要な課題であって，人が関わる二次的な自然の研究はたいへん遅れていたと言わざるを得ない．そのため，里山の保全を進める上で，まだ明らかになっていないことも多い．2005年開催予定の愛知万博の会場計画における環境アセスメントでは，里山の保全が大きな課題となったが，その過程で，里山の保全のためには，その生態学的な研究が必要不可欠であることが明らかとなった．本書は，以上のような背景をもとに，里山に関する学際的な共同研究を行い，その成果をまとめたものである．

本書においては，地域的な生物群集とその生育環境の特性を明らかにすることを目的としており，雑木林の成り立ちや湿地の成因のような生態学的な研究を重点に記述している．遺伝子や生態系の側面も重要ではあるが，著者の陣容と紙数に制約があるので，これらの点については対象として扱わなかった．また，保全生物学や保全生態学に関しては，すでに良いテキストが発刊されているので，本書ではあまり触れていない．

本書は，東海地方の里山に関する調査・研究をもとに，広く里山に関する生態学的な知見を集めている．できるだけ分かりやすい記述を心がけたが，生態学的な研究の成果を重視しているため，かなり専門的な部分もある．専門に携わっていない人には，里山に関する生態学の現状について，それがどのような広がりを有しているかを知っていただきたい．また，これから里山の保全に取り組もうとする人や研究に携わる人には，問題のありかの発見や今後の研究のために参考になれば幸いである．

序章では，生態学の発展について概観し，生態系の概念とともに本書が目指すところの里山の生態学の意義について述べる．

第1章では，人間による森林の伐採と雑木林の成り立ち，すなわち里山の成り立ちの歴史について述べる．人間が森林を伐採すると，どのようなメカニズムで雑木林へと変化してしまうかについて考察を加えてもいる．近年，縄文時

代についての従来のイメージが一新されるに至ったが，里山のルーツとしての縄文時代についても焦点を当てている．

　第2章では，東海丘陵要素植物群の特性とその生育環境について研究成果を踏まえて解説する．また，その起源と地史的背景との関連について詳しく述べている．この地史的背景と関連して，特色のある樹木については，東海丘陵要素に限らずその分布と生態の特徴を記している．まだ解明されていない"モンゴリナラ"の分類学的位置づけや湿地の成因・遷移に関しては，著者によって見解が異なるが，現在の時点で統一的な見解としてまとめることはあえて行わなかった．これらの点については，今後の研究の発展に期待したい．

　第3章では，里山の生態系を構成する動物や菌類について述べる．これらは里山の自然のほんの一部の例に過ぎない．雑木林は，どんぐりをつける多くのブナ科の樹木からおもに構成されるが，とくにこのどんぐりを食する昆虫についての最新の成果も取り入れている．また，生態系における物質循環の例としてリグニンを取り上げている．リグニンは分解されにくいので，その一部は川を通じて海まで運ばれる．これまでローカルな存在と考えられていた物質がグローバルな物質循環の過程に組み込まれるというよい例である．

　第4章では，里山の保全について，全国の事例を紹介するとともに，その運動や保全の意義についても触れている．2005年開催予定である愛知万博の会場計画については，とくに詳しく述べている．当初の会場予定地である海上（かいしょ）の森（もり）はいわゆる里山であり，会場計画をその環境影響評価のあり方を含めて検討することは，今後の里山についての認識を深める上で貢献するであろう．

　序章，第1章および終章は広木が執筆し，第2章から第4章までは複数の著者が分担して執筆している（巻末の執筆者一覧参照）．

　本書は，1998年から2000年にかけて日本生命財団から「東海丘陵要素植物群を構成要素とする里山の保全に関する学際的共同研究」というテーマに対して受けた特別研究助成による研究成果をもとにしているが，この共同研究に携わらなかった研究者にも執筆に加わっていただいている．上記の特別研究と本書の出版のための助成をしていただいた日本生命財団，とくに研究助成部の元部長の高見忠臣氏と現部長の古谷公和氏ならびに研究助成部次長の岡元信幸氏

に厚くお礼を申し上げます．また，名古屋大学出版会の橘宗吾氏と神舘健司氏には編集について忍耐強く援助していただいたことに深く感謝致します．両氏による編集上の示唆のおかげで，本書の内容が，里山に関して体系的に仕上がることが出来ました．さらにサンコウチョウやカケスについて教示いただいた東京大学の樋口広芳教授に感謝致します．

2002年2月25日

広 木 詔 三

第4刷にあたり，愛知万博が2005年に開催されたことを受けて最小限の修正を行った．また，新しく命名されたフモトミズナラの学名を付け加えた．

目　次

はじめに　i

序　章　生態学の発展と里山の生態学

序—1　生態学の歴史の概観 …………………………………… 1
序—2　生態系の概念 …………………………………… 3
序—3　里山の生態学 …………………………………… 4

第1章　里山の成り立ちと人間の関わり

1—1　日本の森林帯と原植生 …………………………………… 10
　1-1-1　日本の森林帯　10
　1-1-2　気候変動と森林の変遷　12
　1-1-3　中部地方の原植生　14

1—2　人間活動と里山——歴史と成り立ち …………………………………… 16
　1-2-1　里山とは　16
　1-2-2　縄文時代における人間と森林　16
　1-2-3　古墳時代における焼き物とアカマツの増加　19
　1-2-4　大規模な森林伐採の概略　21
　1-2-5　土壌侵食とアカマツ林化　24
　1-2-6　森林伐採と災害　25
　1-2-7　伐採による森林の変化のメカニズム　27
　1-2-8　二次林の遷移　32
　1-2-9　人間による森林伐採と森林の再生　35

1—3　人間によるスダジイの分布拡大 …………………………………… 36
　　トピックス　樹木の繁殖戦略…31

第2章　東海地方の植生の特色

2—1　東海丘陵要素の起源と進化 …………………………………… 42
　　2-1-1　東海丘陵要素と周伊勢湾地域の認識　43
　　2-1-2　周伊勢湾地域の形成過程　49
　　2-1-3　低湿地の成立過程と遷移　52
　　2-1-4　湿地の保全と生物学　54

2—2　東海地方の湿地の特色 …………………………………… 58
　　2-2-1　湿地・湿原の区分と呼称　58
　　2-2-2　東海地方に見られる2つのタイプの湿地　60
　　2-2-3　葦毛湿原における地下水と植生の成り立ち　62
　　2-2-4　春日井市東部丘陵地帯における湧水湿地とその成因　71
　　2-2-5　湿地の水質　80
　　2-2-6　湧水湿地の遷移　89

2—3　東海地方の特色ある樹木 …………………………………… 97
　　2-3-1　大根山湿原とハナノキの更新　97
　　2-3-2　シデコブシ　103
　　2-3-3　サクラバハンノキ　109
　　2-3-4　モンゴリナラ　113
　　2-3-5　ヒトツバタゴ　118
　　トピックス　食虫植物…79／泥炭地湿原…94

第3章　里山の生態系と生物群集

3—1　トンボ——里山の指標として …………………………………… 124
　　3-1-1　里山生態系が持つ多様性　124

3-1-2　里山に棲むトンボ　127
   3-1-3　海上の森のトンボ　139

3—2　ギフチョウとスズカカンアオイ ……………………………… 144
   3-2-1　ギフチョウの生活史と食草　144
   3-2-2　海上の森とギフチョウ　148
   3-2-3　ギフチョウの分布域とその縮小　151

3—3　雑木林の知られざる昆虫――どんぐりを食べる虫たち ……… 153
   3-3-1　雑木林に生息する昆虫類　153
   3-3-2　アベマキとコナラの堅果の発育パターン　154
   3-3-3　アベマキとコナラの種子食性昆虫相　155
   3-3-4　堅果の成長にともなう種子食性昆虫相の変遷　158
   3-3-5　餌資源をめぐる種子食性昆虫の種間競争　160
   3-3-6　種子食性昆虫の摂食がアベマキとコナラの次世代生産に及ぼす影響　162
   3-3-7　昆虫の生息地としての雑木林の保全の重要性　165

3—4　カケスとどんぐり ……………………………………………… 169
   3-4-1　カケスの群れ行動　169
   3-4-2　どんぐりの貯食　171

3—5　爬虫類と両生類 ………………………………………………… 175
   3-5-1　里山のカメ類　176
   3-5-2　里山のヘビ類　184
   3-5-3　里山のカエル類　191

3—6　植物の根糸と菌根菌 …………………………………………… 201
   3-6-1　根圏中の土壌微生物　201
   3-6-2　菌根菌の種類　202
   3-6-3　外生菌根のタイプ　203
   3-6-4　季節・立地条件による外生菌根菌のダイナミズム　204
   3-6-5　外生菌根菌のネットワーク　207

3—7　炭素の循環とリグニン …………………………………… 211
    3-7-1　樹木の光合成産物　211
    3-7-2　植物の進化とリグニン　214
    3-7-3　里山における炭素循環　216
    3-7-4　おわりに　220
    トピックス　ハッチョウトンボ…143／菌類を利用する昆虫…166／サンコウチョウ…173／西表島に持ち込まれたオオヒキガエル…200

第4章　里山の保全に向けて

4—1　自然保護理念の発展 ……………………………………… 224
    4-1-1　原生的自然の保護から二次的自然の保全へ　224
    4-1-2　里山の保全と法律　225

4—2　二次的自然の重要性と保全運動 ………………………… 227
    4-2-1　二次的自然を保全することの重要性　227
    4-2-2　岐阜県山岡町におけるゴルフ場建設をめぐる訴訟　228
    4-2-3　名古屋市緑区の勅使ヶ池緑地における開発の例　232
    4-2-4　全国的な身近な自然の保全運動の例　239

4—3　愛知万博と海上の森 ……………………………………… 244
    4-3-1　海上の森の里山としての特徴　245
    4-3-2　万博計画と海上の森をめぐる開発と保全とのせめぎあい　249
    4-3-3　愛知万博における会場計画の問題点　259

4—4　里山を守る市民運動——海上の森の国営公園構想 ……… 275
    4-4-1　愛知万博と里山　275
    4-4-2　国営公園構想　276
    4-4-3　里山の発見　277
    4-4-4　里山保全の課題　279
    4-4-5　里山保全の現代的意義　282

4—5　里山の保全のあり方 ……………………………………… 287
　　4-5-1　雑木林の保全について　287
　　4-5-2　絶滅危惧種の保護と里山の保全との関係　290
　　4-5-3　群集の保全　291
　　トピックス　ナショナル・トラスト運動…243／環境アセスメント…254／オオタカ
　　　　…273／海上の森のムササビ…284／タケとササの問題…292

終　章　里山生態系の保全のための提言

引用文献　299

事項索引　325

和名索引　330

　　　　　　　　　　　　　　　　　　　　　　　　　口絵写真提供者
　　　　　　　　　　　　　　　　　　　　4　（花のみ）　　植田邦彦
　　　　　　　　　　　　　　　　　　　　9　　　　　　　井上　京
　　　　　　　　　　　　　　　　　　　　12, 13, 14　　　高崎保郎
　　　　　　　　　　　　　　　　　　　　17　　　　　　　江田信豊
　　　　　　　　　　　　　　　　　　　　18, 19, 20　　　矢部　隆
　　　　　　　　　　　　　　　　　　　　21　　　　　　　向井　昭
　　　　　　　　　　　　　　　　　　　　（上記以外は広木詔三）

序章
生態学の発展と里山の生態学

序—1 生態学の歴史の概観

　生態学（Ecology）という用語は，ギリシャ語の家（oikos）に由来し，生き物をその生活の場において研究しようとするものであり，生物と生物の関係，あるいは生物とその生育環境との関係を対象とする学問分野である（Odum 1971）．その歴史は，ナチュラル・ヒストリー（Natural history, 博物学）の発展を背景にダーウィンから始まり，その名称はヘッケルによって付けられた（マッキントッシュ 1989；森 1997）．

　生態学は広範囲にわたる対象を扱うが，その近代的な発展は，19世紀末から20世紀半ばにかけて森林の遷移を扱う群集生態学として始まった．前世紀初頭に，クレメンツが森林群集の遷移と極相の理論として体系化したが（Clements 1916, 1928），現在ではその全体論的な方法論が批判され，より具体的な研究をもとに理論の再構築が求められている（Finegan 1984；Drury and Nisbet 1973）．また，20世紀半ばから種の生活史の解明が大きな課題となり（Harper 1967；Harper and Ogden 1970），個体群の変動を対象とした個体群生態学や動物の社会構造を研究対象とする動物生態学が（伊藤 1973），また個体の生理的な機能をもとに種の生活を理解する生理生態学が生理学を基礎として発展した（Larcher 1995）．このような生態学に関するいくつかの分野の発展とともに，生態系の概念も誕生した．タンスレーは，生き物とその環境とを一体のシステムとして対象とする生態系（Ecosystem）という用語を発案し（Tansley 1935），ティーネマンやリンデマンらの湖沼学的研究を通して具体的な生態系の理解も進んだ（Lindeman 1942）．

さらに，生態学は 1900 年代の半ばから急速に多様な発展を遂げ，さまざまな研究分野を生んでいる．Dodson *et al.* (1998) は，"Ecology" の中で，景観生態学，生態系生態学，生理生態学，行動生態学，個体群生態学，群集生態学の 6 分野を扱っている．この本では，生態学と人間の関わりについても一章が設けられている．この他に，近年，進化生態学の分野が開花し，急速に発展しつつある．包括的な生態学の比較的最近のテキストである "Ecology" 第 4 版では，この分野の発展を反映して進化生態学に関する一章が設けられている (Ricklefs and Miller 1999)．

生態学とは異なる独自な分野として発展した，植物群集の分類を目指す植物社会学についてもひと言触れておきたい．植物社会学は，複雑な植物群集を体系的に把握する上で成功している（山中 1979）．しかし，その体系は抽象化の度合が大きく，現実の構成種間のダイナミックな相互作用をシステムとして解析するには向いていない．

以上に述べた分野の中でも，とくに景観生態学は里山の保全と密接な関わりがある．従来の生態学的研究は，比較的均質な系を対象とする傾向が強く，例えば森林と河川は別個に研究されてきた．しかし，次節で触れるように，人間と自然が織りなす里山生態系は，森林や河川はもちろんのこと田畑まで含み，それらの相互連関するシステムとして成り立っている．景観生態学はこれらの質的に異なる対象をセットとして取り扱う．しかし，そのような利点を有しながらも，景観生態学はそれらの要素の区分に終始しがちである．このような限界を乗り越えるには，環境の質的な違いを十分に踏まえた上で，それらの要素間の関連を生物群集を含めて追及する必要がある．

今や，自然に対する人間の影響は甚大で，人間の影響を無視しては多くの生態学的研究は成り立たなくなっている．このような事情を反映して，松田 (2000) は，環境生態学を提唱している．また，さまざまな生物種が人間の活動に伴って生存の危機にあることから，これらの生物の保全を目指す保全生物学（樋口 1996；プリマック・小堀 1997）や，保全生態学が提唱されている（鷲谷・矢原 1996）．この保全生態学の目的は，遺伝子，種，生態系のそれぞれのレベルにおいて，生態学的な研究成果に基づいて生物を保全するところにあ

る．この遺伝子から生態系までの保全を取り扱ったすぐれた本として，鷲谷・矢原による『保全生態学入門』(1996) があるので，保全に関するさらに詳しい理論を知りたい人にはこの本をお薦めしたい．

近年，自然界における撹乱の重要性が認識され，安定した状態である極相中心の従来の考え方から脱し，ダイナミックな非平衡状態が生態系の本質であるということが認識されてきている (Pickett 1976, 1980；Reice 1994)．このような考え方によれば，生態系というものは，部分的には相対的に安定した相を含みながらも，さまざまな大きさや頻度の異なる撹乱が生起するすこぶる複雑なシステムであると言える．里山の生態学においても，このような認識の発展を踏まえて研究や保全対策を進めることが重要であろう．

序—2　生態系の概念

里山の生態学との関わりにおいて，生態系をどのように捉えるかということはたいへん重要なので，以下に，生態系の特性について少し詳しく見てみたい．

生態系に関しては，ある程度原理的な事柄は明らかにされているが，具体的な研究そのものは湖沼生態学の分野を除いてはまだあまり進んでおらず，それをどのような対象として具体的に捉えるかについては，今のところ研究者によってしばしば異なっている．その大きな要因は，生態系の概念が，物質の循環とエネルギーフローの面から捉えた機能的な側面が中心となっており，その構造的な側面が曖昧であるためである．

生態系の構造が曖昧であることの最大の原因は，その境界が明白でないことである．このような特性を有する生態系をどのような対象として捉えればよいかということは，常に重要な問題となる．地球上の生物とそれを包含するシステムは，地球全体を別にすれば，物質とエネルギーがその中で完結する閉じたシステムではなく開放系として成り立っている．したがって，生態系という観点からは，あくまでもグローバルな地球全体が一つの連携したシステムを構成

しているので，海洋生態系や陸上生態系といえども，あくまで地球規模の生態系のサブシステムに過ぎない．そうではあるが，サブシステムとしての海洋生態系，陸上生態系，および湖沼生態系は，それぞれそれなりの独自性を有していることも疑いがなく，したがってそれぞれ独立的に取り扱うことも必要である．その場合に，基本的な機能的構造である生産者，消費者，分解者が相互に関わり合っているシステムとして成り立っているかどうかが，生態系のサブシステムとしての判断基準となり得るであろう．

リンデマン（Lindeman 1942）は，湖沼の研究を通じて，異なる栄養段階を通しての食物連鎖が成り立っていることの重要性を指摘している．陸上生態系の場合，海洋における島のように境界のはっきりしている場合は例外的であり，一つの地域におけるシステムとしての完結度は低い．この境界がはっきりしないという点は，生態系のみでなく，その構成要素である生物の個体群においても同様である．例えば，大型の鳥獣類は，その移動性が高く，個体群をどのように捉えるかという点においても明確な基準は存在しないであろう．したがって，現在のところ生態系というのは，かなり概念的な要素が強く，その実態については十分に把握されていないと言わざるを得ない．「生態系というものは，どんなレベルにおいてもシステムとして成り立つ」というような俗説が横行しているので，生態系の概念について，その原理的な側面と実態的な側面をきちんと見分けることが肝要である．

序—3　里山の生態学

(1) 里山と人間の関わり

里山の成り立ちについては次の第1章で詳しく述べるが，この節では，里山の生態学の目指すところに言及したい．Odum（1971）は，"Fundamentals of Ecology" というテキストの中で，種や個体群や群集という対象のレベルに対して，森林生態系や湖沼生態系のような研究の対象領域の違いについても，章

を設けて解説している．では，このような観点から，里山が研究の対象領域として成立するであろうか．里山という言葉は，人の手のほとんど入らない奥山に対して，農山村の人家の周辺における人の手が加わった森林を指す言葉として四手井が使用したが（四手井 1995），18世紀にすでに使用されていたという指摘もある（武内他 2001）．このように，里山は近年までの人間の生産活動と密接な関わりを有していることは否定し得ない．しかし，人間の生産活動との関わりという点では，田畑や草原も森林と同様であり，里山を人間の諸活動を含めた里山生態系として捉える必要性が生じてくる（吉良 2001）．このように里山を捉え直すと，農家周辺の森林のみではなく，田圃の畦や水路も里山の重要な構成要素となる．里山の生態系を農山村における自然と人間の生産活動として総体的に捉えるとしても，里山生態系は，すでに前節で述べたように境界のきわめて曖昧な概念であり，森林，水田，さらには草地などとそこに生息する動物のセットと言ったほうが実態に近い．里山生態系という用語は，これらの自然が人間活動と密接な関わりにあることを示す点で便利であるが，生態系と呼ぶにはきわめて不完全なシステムであることを十分に心得ておくべきである．

なお，里山を四手井が使用した本来の意味で二次的な森林や草地に限定し，それらに加えて田畑等を含む地域を里地と称する場合もある（武内他 2001）．しかしながら，人間の生産活動にともなって生み出されてきた里山の概念としての意義を認めるならば，里山を森林や草地のみに狭く限定しない方がよいであろう．森林や草地を里山と漠然と称するのではなく，それらについては二次林（あるいは雑木林）や草地というように具体的に指示し，里山は人間とそれを取り巻く自然とが相互作用するシステムとして広く捉えることが望ましい．

(2) 里山生態系の複雑さ

里山の生態学においては，自然に対する人間の影響が大きく，またその関与の仕方が多様であるため，複雑さの程度が著しい．このことから，科学的な予測についてもう一度考え直すことが要求されることになる．従来，物理学においては，自然科学上の法則に基づいて初期条件を決めることによって，種々の

事象について予測することが可能であった．しかしながら，最近，生物学の領域においては，一般的な法則は存在しないと言われており（Beaty 1995），予測についての考え方も変更を迫られている．一般的な法則は存在しなくとも，生物学において，さまざまな規則やパターンの存在は知られているため，これらの知識をもとにいろいろと予測することは可能である．その場合でも，生物は常に環境との相互作用のもとに存在するので，環境の影響を常に考慮せざるを得ず，したがってその場合の予測はかなりのあいまいさを含む．生態学的な事象においては，このことは常に当てはまり，一定の予測をした後に，その結果をもとに予測を修正するというフィードバックが必要となる．里山生態系のような場合，人間の関与そのものが予測の対象になるのであるから，従来のような一般的で客観的な予測はますます困難である．この困難を克服するためには，すでに得られている知識をもとに一定の予測を行い，この予測と実際に生起する生態学的な事象との相互関連において，試行錯誤的に問題解決の方法を見いだしていかねばならない．後に，里山の保全に関する提言において，順応的管理の問題を取り上げるが，これは以上のような自然と人間との関わりから必然的に生じてくる事柄であることを述べておきたい．ここで誤解を招かないように強調しておかねばならないことは，後に述べる愛知万博の環境アセスメントの問題とも関連するが，上に述べたような不確実性を理由に，ときには安易に予測を回避し，また，ときには事業推進者の都合のよい解釈を行うことは許されないことである．

(3) 種の保護と生物の多様性との関係

生物が実際に生存している場は，生態系というきわめて複雑なシステムの一部であるため，個々の種の保護でさえ，そう簡単ではない場合が多い．従来行われていた天然記念物の保護のような生物の生存環境と切り離した保護は，生物の保護としてたいして貢献してこなかったと言えるであろう．このような古い保護の考え方は，貴重種を移植するという誤った保護の方法を横行させてしまった．危機に瀕した種を保護することは，たった一つの種でさえ，そう簡単ではない．変動する環境のもとで，多くの他種との競争にさらされながら生存

している機構は，生態学的に十分に明らかにされているわけではないからである．自然界における撹乱のような偶然性が大きな役割を果たしているところでは，冗長性がきわめて重要な役割を果たしていることが明らかにされつつある．この冗長性が減じると，偶然的な撹乱によって種あるいは個体群が絶滅しやすいことが指摘されている (Leaky and Lewin 1995)．したがって，冗長性は，個体群，種，さらには群集が繰り返し類似した構造で存在することで，撹乱による局所的な絶滅を免れる役割を果たしていると考えることができる．

絶滅の危機に瀕している個々の種の保護を図る努力をすることは当然のことではあるが，これが生物多様性の保全と一致しないことも起こり得る．多種が共存するシステムを生かして，その中で個々の種を保護するということは，現在の生態学ではほとんど不可能であると言わざるを得ない．特定の種に的を絞った保護策では，人間の管理による影響がシステムの可塑性を低下させざるを得ないからである．このような問題は，ようやく理解され始めたばかりであり，個々の処方箋は，さまざまな問題の解決にあたりながら見いだしていく必要があるであろう．

第 1 章

里山の成り立ちと人間の関わり

　日本の地形は急峻で，地形の変化に対応して多様な植生が成立している（菊池 2001）．植生は，大まかに森林や草原，さらには湿地・湿原などに区分し得る．湿地については，後に東海地方の植生について述べる第 2 章で詳しく触れるので，ここではおもに森林に絞って，わが国におけるその成り立ちについて概観する．気候に対応した森林帯や気候変動に伴う森林の変遷について述べた後に，人間と森林との関わりを明らかにする．里山は，人間が自然に対して干渉した結果生じたものであり，この里山の雑木林の成立のメカニズムについても述べる．さらには，里山のルーツを縄文時代に遡って捉えてみたい．人間と森林の関わりにはさまざまな側面があるが，一例として，スダジイという樹木との関わりについて紹介する．スダジイの堅果である椎の実を人間が食べることと，そのことを通じて人間がスダジイの分布を拡大した可能性が明らかになりつつある．

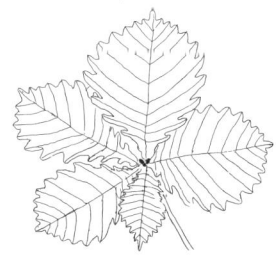

1—1
日本の森林帯と原植生

1-1-1 日本の森林帯

日本は南北に長く伸びた列島をなしており,低緯度から高緯度になるにしたがって,あるいは低標高から高標高に変わるにつれて,シイ・カシ林(照葉樹林),ブナ林(夏緑林),オオシラビソ林(針葉樹林)と森林帯が変化する(山中 1979).これらの森林帯は,気候的には暖温帯,冷温帯および亜寒帯にそれぞれ対応し,垂直分布帯としては丘陵帯,山地帯および亜高山帯にそれぞれ対応している(図1-1-1).琉球列島は,気候的に亜熱帯に属するが,森林のタイプとしては,シイ・カシを主体とした照葉樹林である.

以下に述べる中間温帯林は,独立した森林帯としては認めがたいが,人間との関わりにおいて重要な位置を占めるので,簡単に触れておきたい.

上述した暖温帯のシイ・カシ林と冷温帯のブナ林との間に,独立した森林帯が存在するかについての論争がかなり古くから行われている(山中 1979).照葉樹林はシイやカシで代表されるが,シイ類はカシ類よりも比較的高温域に分布域があるので,暖温帯と冷温帯の関係を論じる場合はシイ類はほとんど問題とならず,カシ類の分布域のみを問題にすれ

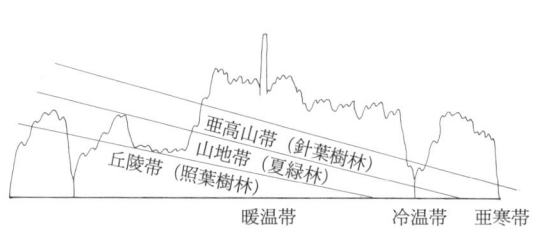

図1-1-1 日本の森林帯(琉球列島を除く).水平的に気候帯を,垂直的には森林の垂直分布帯を示してある.

ば十分である．太平洋側では，カシとブナが接しないで，その間にモミ・ツガ等の針葉樹やシデ・ナラ等の落葉樹が占める地域が存在し，このような樹種から構成される森林を中間温帯林と呼ぶ場合がある（山中 1979）．しかしながら，中間温帯林を指標とする樹種は存在せず，独立した森林帯というよりも移行帯としての性格が強い．シデ類やナラ類は，中間温帯林のみの構成種とはなり得ず，モミやツガは尾根を中心とした地形に依存した分布をする傾向が強いからである．モミとツガのみの存在で中間温帯林と称することはまず不可能である．吉良（1949）は，暖温帯域において冬の寒さが厳しい地域では，シイ・カシが分布し得ず，ナラ類やシデ類が優占することを見いだし，このような森林を暖帯落葉樹林と名付けた．このような暖温帯域の落葉広葉樹林は，冬の寒さが厳しい大陸的な気候が卓越する中国大陸において広く発達していることが知られている（Kira 1977）．わが国の太平洋側の積雪量の少ない内陸部において，このような気候的な成因の森林が発達することは事実であるが，森林帯として独立させ得るほど明確なものではない．野嵜・奥富（1990）は，中間温帯林は氷期に成立した森林の名残りであることを指摘している．太平洋側の積雪量や降水量の少ない地域では，気温較差の増大によるストレスによってブナやカシの競争力が弱まり，氷期に繁栄した種のレフュージア（避難場所）となっていることは大いにあり得る．しかしながら，中間温帯林を十分に代表し得る樹種が存在しないため，森林帯の範囲を厳密に特定し得ない．とくに人間による森林伐採の影響も密接に関わっており（野本・田柳 1983），森林帯として境界設定が困難であるので，中間温帯林という用語は便利ではあるが，森林帯としては認めずに，吉良の提唱した暖帯落葉樹林も含めて，複合的な移行帯として捉えるべきである．

　後に詳述するように，雑木林は人間の干渉によって成立したものであるが，この雑木林は上述した中間温帯林的な特徴を有し，さまざまな氷期の遺存種の生育の場を提供している．この点についても後に触れる．

1-1-2 気候変動と森林の変遷

新生代の第四紀に入ってからのおよそ160万年以降，地球は4回の大きな氷期に見舞われ，このような気候変動とともに森林帯も大きく変動したと考えられている．花粉の外壁には，スポロポレニンという分解しにくい物質が含まれており，酸やアルカリにも溶けにくく，したがって化石として過去の植生を知る手がかりとなる（辻 2000）．このような花粉化石を利用した花粉分析の手法によって，最終氷期の終わり頃から現在にかけての森林の変遷について，かなり明らかにされてきている（安田・三好 1998）．図1-1-2に，長野県の野尻湖における最終氷期から最近に至るまでの花粉分析の結果を示す．およそ今から1万年前頃には，現在では亜高山帯のような気温の低い地域に分布する針葉樹類が衰退し，それらに代わって落葉性のナラ類が優勢となる．また，図1-1-3

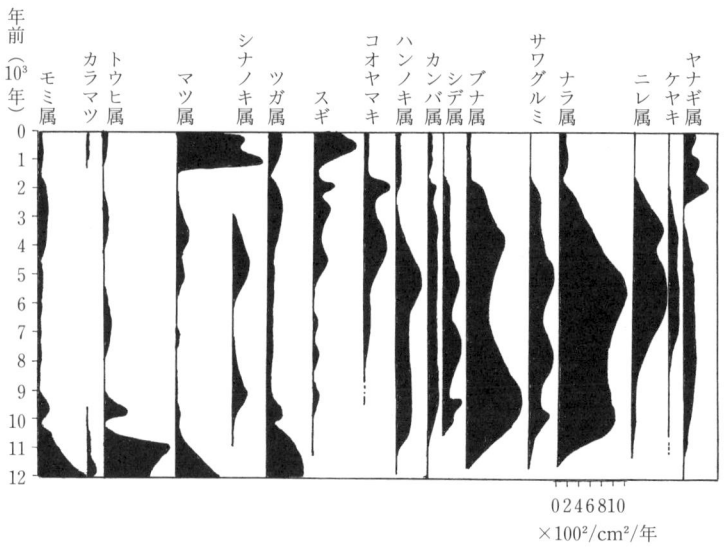

図1-1-2　野尻湖の絶対花粉ダイアグラム（塚田 1974を改変，樹木のみを示す）．

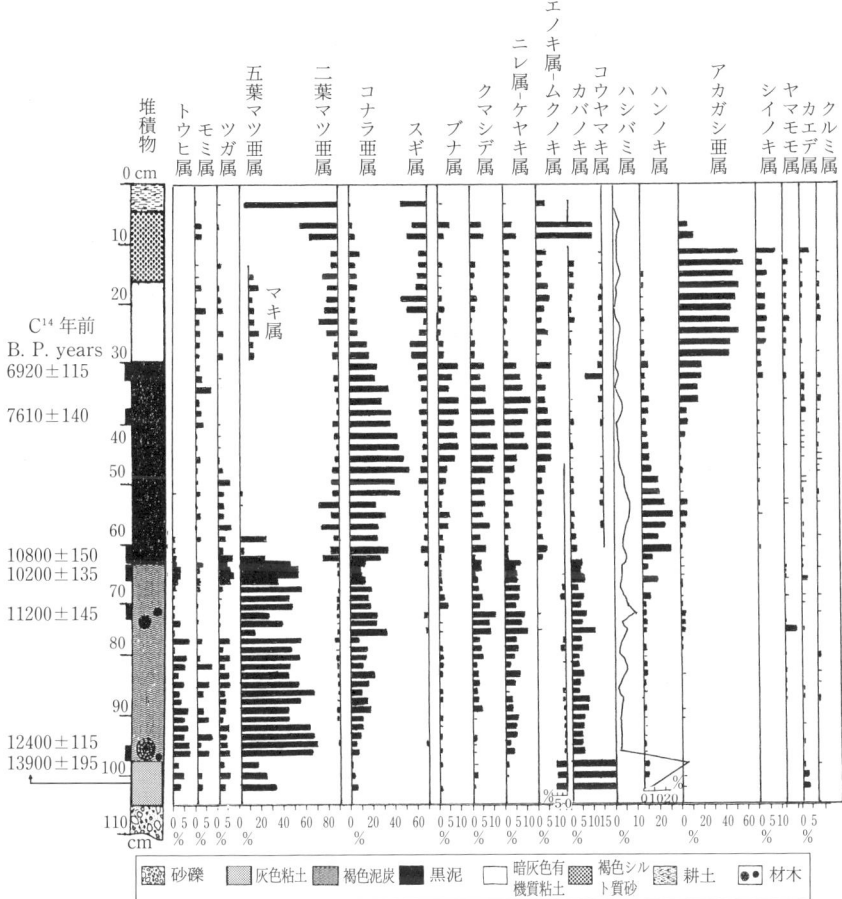

図 1-1-3 大阪平野羽曳野市古市（標高 25 m）の花粉ダイアグラム（安田 1978 を改変，樹木のみを示す）．

に，大阪平野における最終氷期末から最近に至るまでの花粉分析の結果を示す．およそ7000年前になると，常緑性のカシ類（アカガシ亜属）が優勢となる．このことは，およそ6000年前頃に，いわゆる縄文海進期と呼ばれる現在よりも気温の高い時期があったことを反映している（前田 1980）．

上述したように，長い時間のタイムスケールで見ると，森林は気候の変動を

反映して大きく変化していることが理解し得る．人間社会が文明化してから，人間の活動も森林に大きな影響を及ぼしてきた．この点については，次の節で詳しく述べる．

1-1-3　中部地方の原植生

中部・東海地方では，標高700 mから800 mあたりまでカシ類が分布し得るが，ブナが出現するのはおよそ900 m以上である（文化庁1973）．冬の寒さが厳しい内陸部では，標高500 mくらいまでしかカシ類が分布しない場合も見られるが（広木1990），このことが気候によるものか人為的な伐採の影響によるものかを判断することは困難である．カシ類の分布域とブナの分布域の間に成立するミズナラ等を交える落葉広葉樹林は，理論的には，1-1-1で述べた気候的要因によって成立する吉良の暖帯落葉樹林である可能性もあると理解しておくのがよいであろう．

東海地方の丘陵地帯は，気候的には暖温帯域に属するので，人為的な影響が弱い場合にはシイ・カシ林が成立する．シイ類の分布を見てみると，内陸部にツブラジイが分布し，

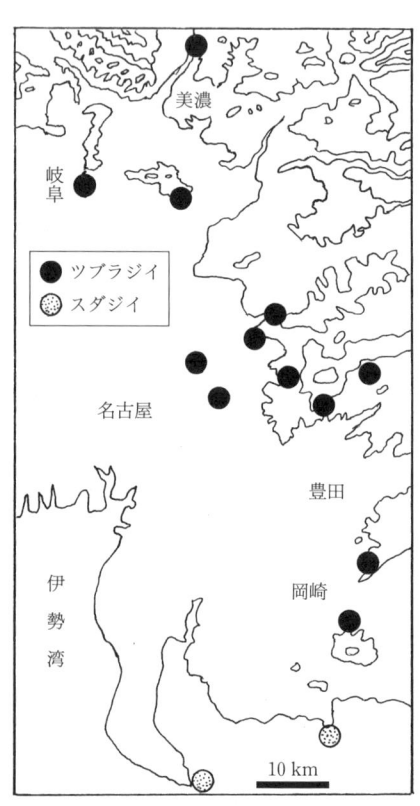

図1-1-4　名古屋周辺におけるシイ類の分布（広木・小林2001を改変，雑種を除く）．標高は200 mごとにしめし，丸印の大きさは個体数とは関係なく示してある．

海岸部にスダジイが分布する（広木・小林 2001）．

　図1-1-4に，名古屋市周辺の丘陵地帯におけるシイ類の分布を示す．ツブラジイとスダジイの雑種も存在するが，この点については1—3の人間との関わりのところで詳しく述べる．

1-2
人間活動と里山——歴史と成り立ち

1-2-1 里山とは

　里山という用語は，本来，人のあまり入り込まない奥山に対して，農用林と呼ばれていた林業上の林や農家の周辺の林を指す言葉として用いられた（四手井 1995）．この里山の雑木林は，薪や炭を生産するために利用されていたところから薪炭林とも呼ばれるが，生態学的には，人間の活動によって原生林が改変されて成立した二次林である．

　近年の二次的自然の価値の見直しとともに，里山は人間の生産活動である農林業の一環としてより広く捉えられつつある（田端 1997）．すでに述べたように，本書においては，水田や畑をも含む人間の生活の場とそれを支える周辺の森林とを一体のものとして捉え，里山を人間を含む里山生態系と見なしている．このような里山生態系においては，人間の自然への働きかけがきわめて大きな比重を占める．以下に，人間が森林の伐採を通じてどのような影響を及ぼしたかについて見ていきたい．

1-2-2 縄文時代における人間と森林

　縄文時代にも，すでに人間と森林の関わりはあったと考えられる．縄文時代の後・晩期に，焼畑農耕の可能性が指摘されているが（佐々木 1971），この焼畑が森林に対してどのような影響を及ぼしたかについてはまったく分かっていない．しかし，次のような間接的な証拠から，縄文時代にもすでに森林の伐採

が行われていたであろうと推測し得る．

　縄文時代前期後半には，どんぐりのあく抜きや料理のために火を使用していたことが知られている（渡辺 1977）．したがって，このことから居住地周辺の森林において，燃料のために多かれ少なかれ樹木が伐採されていたと考えられる．縄文後期の京都府舞鶴市桑飼下(くわがいしも)遺跡における炭化材のデータから，シイ・カシの常緑広葉樹に混じってクリ，ヌルデ，ヤマウルシ，エゴノキ等の陽樹が見いだされていおり，この遺跡周辺が二次林化していた可能性が指摘されている（西田 1974）．

　近年，青森県の三内丸山で，縄文時代中期の遺跡が発掘され，大きな定住集落と大量のクリの遺体が発見されたことは，これまでの縄文時代に対する認識に大きな変更を迫るものであった．辻（1996）は，三内丸山における花粉分析の結果，前期中葉にはブナ・ミズナラを主要構成種とする原生的な森林であったのが，中期にクリの花粉が急激に増加したことを明らかにしている（図1-2-1）．クリは虫媒花なので，その花粉はそれほど遠くへは運ばれない．したがって，クリの花粉の増加は，すなわちクリの個体群が増加したものと解釈し得る．佐藤（2000）は，三内丸山の中期遺跡から出土したクリのDNA分析から，クリの栽培化の可能性を指摘している．

　クリは陽樹であり，天然の状態では密生することはまずないので（新美・廣木 2000），上記のようなクリ花粉の急激な増加は，人間が森林の伐採を行った結果生じたものである可能性はきわめて高い．森林を伐採すると，クリの競争相手が排除されてクリにとって有利になり，また，伐採後の疎開地はクリの生存にとって好適であるため，森林の伐採が進めばクリの個体数は増加するであろう．三内丸山において，縄文中期にクリが増加したのは，人間による森林への働きかけが増大し，森林の二次林化が進んだことを示唆している．したがって，今のところは間接的な証拠に基づく推測ではあるが，この三内丸山の例は，人間による雑木林の成立を示した最初のものであると言える．

　三内丸山で繁栄した頃と時期がほぼ重なる縄文中期の粟津湖底遺跡でも，ニワトコやアカメガシワ等の二次林構成種が見いだされており（中川 1997），この地域でも人間による森林の伐採が行われた可能性は大いにある．しかしなが

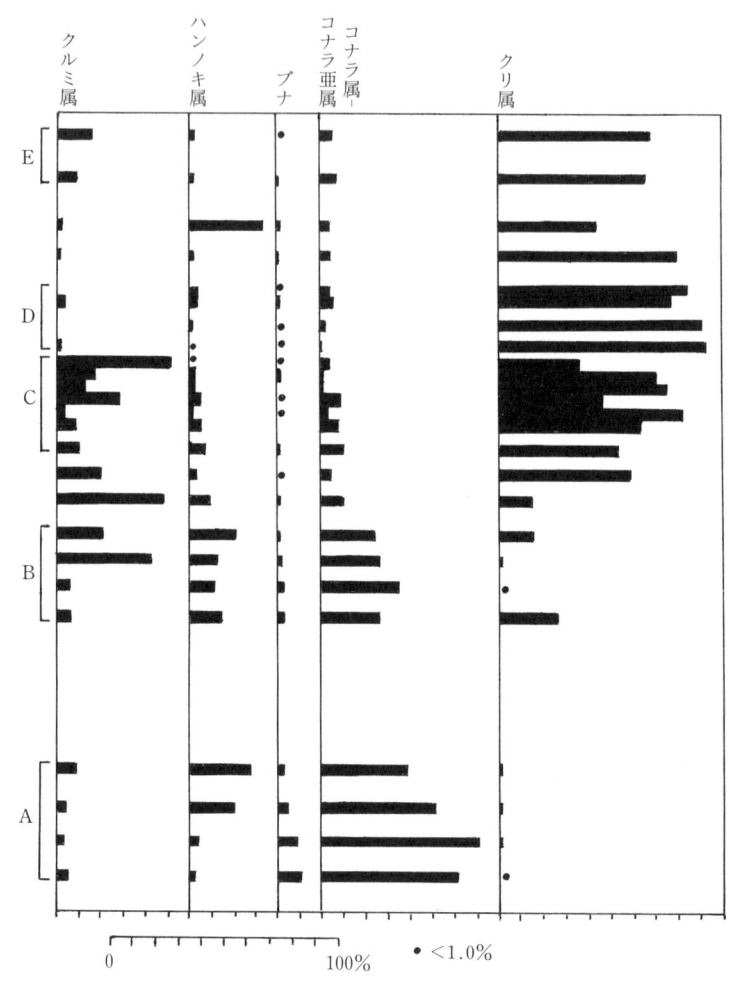

図 1-2-1 三内丸山遺跡の主要樹木花粉ダイアグラム（辻 1996 を改変）．縄文前期から中期（図の A〜E）にかけての 5 つの時代に区分してある．

ら，粟津湖底遺跡の場合は，植物遺体に含まれるクリの割合はわずかであり（中川 1997），この時期におけるクリの遺伝的な多様度も低くその栽培化は進まなかった可能性が指摘されている（佐藤 2000）．遺跡周辺の森林は，花粉分

析の結果から，アカガシ亜属の種を主要構成種とした照葉樹林であり，クリの割合はごくわずかである（吉川 1997）．クリの栽培化が進まなかった要因としては，西南日本における温暖な気候のもとでは，縄文時代中期頃の人間による干渉の程度では，クリを含む落葉広葉樹林が発達しなかったものと解釈し得る．

辻（2000）は，人間と植生の関わりを論じる中で，後氷期以降の生態系史を提示しており（図1-2-2），その中で，クリ・ナラ林が縄文時代に二次的生態系として発達したと位置づけている．すでに述べた三内丸山の例からも，縄文時代における二次的自然の発達は大いにあり得ることであるが，今後の具体的な研究に基づいて，この点についてはより実証的に明らかにしていく必要があるであろう．

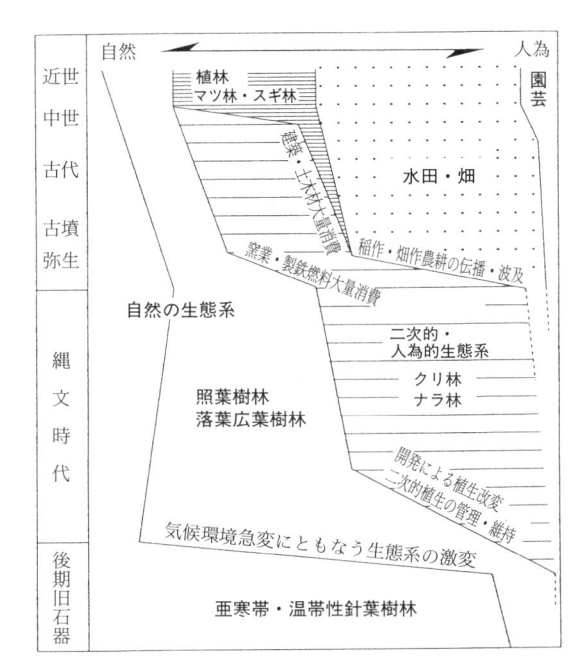

図1-2-2　後期旧石器時代以降の里山生態系発展史モデル（辻 2000）．

1-2-3　古墳時代における焼き物とアカマツの増加

九州地方の遺跡の調査や沖積平野の花粉分析結果から，マツ属の花粉が弥生中期から古墳時代（約 2000-1500 年前）に増加したことが知られている（畑中他 1998）．内陸部で生育するのは大部分がアカマツであるから，この増加した

マツ属の花粉はアカマツのものと見てほぼ間違いないであろう．アカマツ花粉の増加は，九州でも人里離れた地域になるにしたがって遅れ（畑中他 1998），また，東北地方などでは，その増加する時期はおよそ 500 年前以降であることが報告されている（日比野・竹内 1998）．このように，地域によってアカマツの増加する時期に違いはあるものの，西南日本の多くの地域で，今から 1500 年前頃には，人間の生産活動の増大とともに，アカマツが増加していたと考えられる．図 1-1-2 の長野県の野尻湖における花粉分析の結果からも，およそ 1500 年前に，野尻湖周辺ではアカマツの花粉が急激に増加したことが読みとれる．このことは，人間による森林の伐採が進んだためと推測し得る．なぜなら，後に述べるように，アカマツは他種との競争に弱く，尾根の痩せ地などに分布していたものが，人為的に森林が伐採されて競争相手が排除されて勢力を拡大し得たと解釈し得るからである．

　大阪の泉北丘陵では，紀元 5 世紀から 8 世紀にかけて，焼き物を焼いたいくつかの窯跡が見つかっている．これらの窯跡から見いだされた炭をもとに，どんな樹種が燃料として用いられていたかを調べて，燃料として用いられた材の変遷を知ることが出来る．表 1-2-1 を見ると，5 世紀頃にはアカマツが少なく，広葉樹が多いのに対して，7 世紀から 8 世紀になると，ほとんどアカマツが燃料として利用されていることが分かる．この研究を行った西田（1983）は，このような燃料の変遷の理由として，焼き物の燃料を得るために森林が伐採され，人為的な伐採の影響によって森林の構成が広葉樹からアカマツに変化し，その結果，アカマツが燃料として用いられたと解釈している．

　このような人為的な森林の伐採による森林の変化のメカニズムについては，後に詳しく検討を行う．ここでは，異なる学問分野において，ほぼ同じような結果が得られたことに注目するにとどめたい．すなわち，花粉分析と考古学によって，古墳時代の頃にアカマツの勢力が増大したことが示されたわけである．このことは図 1-2-2 に示した辻の生態系発展史モデルにおいても示されている．

　もちろん，上記に示した二つの事例は，野尻湖と泉北丘陵という異なる地域なので，アカマツの増加した時期が両地域ともおよそ 1500 年前というのは偶

表1-2-1 大阪府堺市南部の泉北丘陵で出土した窯跡における須恵器生産の燃料（西田 1976）。下段の数字は全試料に対する比率．

時期	窯番号		アカマツ	常緑カシ類	広葉樹	その他	試料数
5世紀後半	TK73		0	41 (64%)	23 (36%)	0	64
	MT-2		3 (5%)	1 (2%)	52 (91%)	1 (2%)	57
	おおはす-下		0	3 (13%)	21 (87%)	0	24
	MT-74		2 (5%)	3 (8%)	34 (85%)	1 (2%)	40
6世紀後半	TK-74		17 (25%)	3 (4%)	48 (71%)	0	68
7世紀後半	KM114	灰原	24 (48%)	16 (32%)	10 (20%)	0	50
		焚口	39 (100%)	0	0	0	39
8世紀前半	おおはす-上		38 (95%)	2 (5%)	0	0	40

然である．京都周辺ではアカマツが増加したのは平安時代以降であるという（高原 2000）．このことは，森林の伐採が，日本列島で一様に進んだのではなく，また，焼き物や製鉄等のように燃料の需要の大きい場合とそうでない場合とでは，森林伐採の程度も異なり，したがって森林の変化の度合いも異なることを示唆する．この点については，後の森林の変化のメカニズムに関する1-2-7を参照していただきたい．

1-2-4 大規模な森林伐採の概略

有史時代には，さまざまな形で森林の伐採が行われたことが知られている．とくに近畿地方において，7世紀頃に大陸文化の影響を受けて建築ブームが生

じ，大々的な用材の伐採が行われたと言われている（Totman 1989）．弥生時代以降には製鉄が盛んになり，そのための燃料として樹木の伐採が進んだと推測されている（岸本 1976）．江戸時代には製塩が盛んになって塩田の開発が進み，それとともに燃料の需要が高まり，とくに瀬戸内海沿岸地域で禿げ山が広がった（千葉 1973）．また，千葉は，『はげ山の文化』の中で，江戸時代以降に入会地における過度の伐採で禿げ山化が進行した例を紹介している．明治の初期から半ばまでに，森林の管理が行き届かず，入会地に限らず乱伐が進行し，森林の荒廃が進んだと言う（依光 1999）．中部地方では，江戸時代の終わり頃から窯業が盛んになり，燃料の需要が増大し，森林伐採の進行とともに林地荒廃が進行したと言われているが，これには陶土の採掘も大きく関わっている可能性も指摘されている（千葉 1973）．

　第二次世界大戦の終わり頃には，燃料が枯渇し，アカマツを根こそぎ堀り取り，松根油として利用したと言われている．名古屋市の東山丘陵の尾根部では，このために生じた裸地から遷移が進行して間もない貧弱なアカマツ林が成立している（高木他 1977，写真 1-2-1 参照）．その後，戦前・戦後の過度の森林伐採の影響から抜け出し，とくに 1960 年代における経済の高度成長期以降の燃料革命後には，燃料用に森林を伐採することはほとんどなくなった．しかし，高度経済成長のもとでの観光開発や国土開発が進み，森林の消失が進んだ（依光 1999）．国有林は，林野会計の独立採算性という事情もあって，大規模な皆伐が行われ，災害につながった例もある（依光 1999）．燃料革命以降，雑木林が薪炭林として利用されなくなったため，瀬戸内海の降水量の少なく森林の発達が遅れている地域を除いては，多くの二次林はより発達した森林へと遷移が進行しつつある（1-2-8 参照）．しかし，里山の雑木林が経済的な価値がなくなったため，ゴルフ場等の開発による森林の消失が増大した（ゴルフ場開発の例については，訴訟との関連で 4-2-2 で詳しく紹介する）．このように，里山では，開発の場合を除いては森林の伐採が行われなくなったのに対して，東北地方では，ブナの用材としての利用が進み，ブナ林の大規模な伐採が行われたりした（庄司 1989）．

　以上のように，わが国における森林の大規模なあるいは過度の伐採によっ

写真 1-2-1 名古屋市東山丘陵の二次林（名古屋大学キャンパス内の一画）．戦時中に裸地化した跡に，アカマツ林が形成されつつある．

て，森林が荒廃し，あるいは裸地化が進行した歴史を見てきた．このような森林の伐採とは反対に，植林の努力もなされた．日本海側の海岸に沿ったクロマツ林は，江戸時代に砂防林として大々的に植林されたものである（市川・斎藤 1985）．秋田県の庄内砂丘では，1746 年から本格的にクロマツの砂防植栽が始まった（立石 1981）．戦後のスギ・ヒノキの植林は，戦火で失われた家屋の復旧に貢献したと言われている．しかしながら，林野庁による拡大造林政策は（小澤 1996；山岸 2001），里山の雑木林を軽視して過剰な人工林を生じる行き過ぎをもたらした．吉良（2001）は，滋賀と福井の県境に位置する栃の木峠の沢沿いで，救荒食糧源であるトチノキやオニグルミの林を壊滅させてしまった例を示し，林業における植林一辺倒の弊害を指摘している．

1-2-5 土壌侵食とアカマツ林化

　広葉樹の多くは，後に述べるように，伐採されても根から再生しやすいので，森林伐採を行うとすぐにアカマツ林に変わってしまうわけではない．土壌が侵食を受けて，土壌層が薄くなると，広葉樹の再生力も弱まり，裸地化が進行する．一般に，尾根では侵食を受けやすく，裸地化しやすい．アカマツは貧栄養な立地でも十分に成長することが出来，また，乾燥にも強いので，このような裸地化した尾根にいち早く進出して生育し得るのである．初めのうちは，尾根だけにアカマツが進入するが，伐採が繰り返されて斜面も土壌侵食が進むと，アカマツの勢力が拡大する．土砂崩れを起こして表土が削られてしまった花崗岩地帯や，風化しにくいチャートの礫を多く含む砂礫層地帯では，森林伐採によってアカマツ林化が進行しやすい．

　チャートの礫はなかなか風化せず，したがって土壌形成も遅いので，このような礫を含む砂礫層地帯は痩せ地となっている場合が多い．中部地方における窯業の盛んな瀬戸や多治見周辺の丘陵地帯は，砂礫層が広く覆っており，アカマツ林化も進んでいる．これは砂礫層地帯はもともと土地が痩せているためであって，千葉（1973）も指摘しているように，窯業地帯でとくに燃料の需要が大きいために森林伐採が進んだわけではなさそうである．

　森林が発達していて，樹木の根が張っていると土壌侵食も比較的押さえられるが，裸地化すると土壌侵食の程度がきわめて大きくなる．写真1-2-2は，名古屋市昭和区の八事霊園わきの森林を道路工事のため伐採した跡である．むき出しになった礫層が侵食を受け，8年間で幅3ｍ深さ2ｍほどの谷が形成されてしまった．この八事礫層は，堆積年代が第四紀と比較的新しいこともあって，十分に固結していないため，侵食されやすいという面もあるが，樹木の根が地中を張っていれば，侵食はこれほど急激ではないであろう．

写真 1-2-2 名古屋市千種区にある八事霊園に接する裸地で，初期には雨裂（写真左，1977年）が出来，その後侵食が進み，8年後には深さ幅ともに 2 m 以上の谷（写真右，1985年）が形成された．いずれの写真でも，更新世に堆積した砂礫からなる八事礫層が認められる．

1-2-6 森林伐採と災害

　森林の過度の伐採は，災害につながりやすい．森林の荒廃と水害との関係は，よく指摘されることである（千葉 1973）．以下に，愛知県小原村の1972年（昭和47年）の集中豪雨による災害の例を示す．

　この年の 7 月 12 日から 13 日にかけて，200 mm 以上の降雨があり，土砂の流出により，死傷者が 60 名以上にも達するという被害をもたらした（堀川 1981）．愛知県小原村は，花崗閃緑岩地帯と黒雲母花崗岩地帯からなり，このときの災害はおもに後者の黒雲母花崗岩地帯で生じている．塩崎（1981）によ

ると，風化しやすい花崗閃緑岩地帯では水田が広がり人も多く住み，黒雲母花崗岩地帯は入会地として森林伐採が進み痩せ地となっていたと言う．集中豪雨の爪痕は，今でもはっきり認められ，黒雲母花崗岩地帯に無数に存在する（写真 1-2-3）．

　上記の二つの花崗岩地帯における森林発達の程度は大きく異なっている．花崗閃緑岩地帯では土壌もよく発達しており，森林も鬱蒼としているのに対して，黒雲母花崗岩地帯では土壌層は薄く，森林の大部分はアカマツを交えた矮生林となっている（広木 1982）．この森林と土壌の発達の違いが，黒雲母花崗岩地帯にとくに大きな災害をもたらしたと考えられる．興味深いことに，"モンゴリナラ"はやせ地である後者の黒雲母花崗岩地帯にのみ分布するが，その理由については 2-3-4 で詳述する．

写真 1-2-3　愛知県小原村の黒雲母花崗岩地帯（1979 年撮影）．1972 年 7 月に被った集中豪雨の爪痕が認められる．

1-2-7 伐採による森林の変化のメカニズム

森林を伐採すると,伐られた樹木の根から新しい個体が再生するか,あるいは発芽した種子が成長して,森林は再生する.根から再生する場合,根元で萌芽し,多くの枝が再生する.この再生した萌芽枝は,最終的には数本に間引かれて株立ちする.再生した個体は,たいていこのように株立ちするので,森林を伐採して成立した林はひと目でそれと分かる(写真1-2-4).このように森林が伐採されて,再生を繰り返すと,より再生力の大きい樹木からなる森林に変化する.例えば冷温帯では,ブナ林が伐採されるとミズナラ林に変化し,場合によってはコナラ林へと変化してしまう場合もある(石塚 1968).暖温帯域の特に気候が温暖な地域では,常緑広葉樹を伐採しても,その再生力が大きく,常緑広葉樹の二次林が成立する(伊藤・川里 1978).常緑広葉樹の再生が間に

写真1-2-4 コナラ二次林(茨城県水戸市千波町).伐採後に再生して株立ちしている様子が見てとれる.

合わないほど伐採の程度が大きくなるか，あるいは暖温帯でも比較的気温の低い地域では，後に述べるようなメカニズムで落葉広葉樹林に変化してしまう．

　中部地方では，九州南部や静岡と比べてやや気温が低いので，大部分の森林は落葉広葉樹の二次林となっている．ツブラジイやアラカシの常緑広葉樹林は，伐採され続けると，たいていはアベマキやコナラの落葉広葉樹林へと変化する．写真1-2-5に写っているのは，静岡県三方原における雑木林で，そこにはツブラジイが混じっている．静岡県は愛知県よりも温暖なので，ツブラジイの再生力が比較的大きく，雑木林にツブラジイの混じる割合が高いが，伐採が続くとそれは次第に消えてゆく．

　伐採が繰り返されると，どうして上記のように構成種が常緑広葉樹から落葉広葉樹に変化してしまうのだろうか．それは以下のような理由による．アベマキやコナラ等の落葉広葉樹では，根に光合成産物を多く蓄えているのに対して，アラカシ等の常緑広葉樹ではほとんど蓄えていない．1年生から5年生にかけてのアベマキの根には35-46%のデンプンが蓄えられているのに対して，

写真1-2-5　静岡県引佐郡都田町の三方原丘陵における二次林．比較的温暖な地域なので，伐採が繰り返されたにもかかわらず，ツブラジイが残存して混じっている．

アラカシでは 4 年生までの個体で，根にはほとんど貯蔵物質は存在せず，フリーの養分がわずかにあるのみであることが報告されている（Matsubara and Hiroki 1985, 1989）．このような貯蔵養分量の違いが，伐採された後の根からの再生力の差となって現れてくると考えられる．次に，具体的な再生量について，アベマキの例で見てみよう．

　写真 1-2-6 は，森林を伐採した翌年に再生したところを撮影したものである．常緑樹の背丈が 2-30 cm なのに対して，アベマキの樹高は 1.7 m にも達している．また，写真 1-2-7 は，10 年生のアベマキを伐採した後，遮蔽して根の養分だけで再生したところを示したものである．樹高 5.4 m，胸高直径約 8 cm の個体で，地上部の乾重は 43.5 kg，暗条件下での再生量は 1.2 kg であった．アベマキの葉の重さを仮に一枚 0.2 g とすると，この根からの再生量で 6000 枚の葉を合成することが出来る．実際には，展開した葉も光合成を始めるので，おそらく 1 万枚ほどの葉が形成されることになるであろう．このように，アベマキの場合はその根に蓄えられた養分から，多くの葉が形成されるこ

写真 1-2-6　伐採された翌年春に再生したアベマキ．およそ 1.7 m ほどの萌芽枝が 2 本再生しているのが中央に認められる．丈の低い常緑広葉樹の大部分はヒサカキ．

写真 1-2-7 伐採後に再生したアベマキ．光合成をしないように，黒い遮光ネットで覆いをかけて再生させてある．

とが分かる．

 それでは何故，落葉広葉樹は根に養分を蓄えるのであろうか．落葉広葉樹は，冬のあいだ葉を落とし，翌年の春に光合成を行うためには，光合成を行う器官である葉をまず作りださなければならない．その葉を形成するための養分を幹や根に蓄えているのである．アラカシ等の常緑広葉樹も萌芽再生する能力は有しているが，春には，まだ前年の葉が付いており，常緑広葉樹類はこの古い葉による光合成で新葉を形成する．落葉広葉樹の，新しい葉の形成のための仕組みが，たまたま人間の生産活動による森林伐採という影響に適応的であったために，森林の伐採が進行することが落葉広葉樹にとって勢力拡大の要因となったわけである．

 上記のような広葉樹の萌芽再生に関する生態学的な研究はわずかな例外を除いて（例えば石塚 1966）ほとんどなされていないが，薪炭林の維持・管理には，長い年月をかけた経験的な知識が蓄積されている．薪炭林の伐採のサイクルはおよそ 15 年から 20 年程度と言われており，東北地方のコナラ林では 20 年の周期で伐採された例が示されている（穂積 1975）．

 一般に，若いうちほど根に蓄える養分の割合は高いが，養分の量そのものは比較的少ない．樹齢が大きくなると蓄える養分量も増大するが，幹に蓄える量

| トピックス |

樹木の繁殖戦略

　植物の繁殖戦略は，植物が子孫を増やす重要な適応的な性質で，大きく分けて種子繁殖と，枝や根で再生する栄養繁殖とがある．栄養繁殖は，草本として繁栄している被子植物の方が多様であるが，樹木においてもさまざまな繁殖方法が見られる．

　裸子植物の多くは，マオウのなかまやイチョウなど少数の例外を除いて，根元で伐採してしまうと再生しないものが多い．アカマツも，伐採した後は，根から再生せず枯死する．

　このように裸子植物の再生力は，全体的に被子植物よりも劣るが，裸子植物でも特殊な再生力を示すことが知られている．雪の多い日本海側に分布するスギは裏スギと呼ばれていて，下の方の枝が雪圧で押されて地面に接すると，枝が発根して新たな個体を再生する．これは伏条枝と呼ばれている．写真は，鈴鹿山系御在所岳の本谷で見られる天然スギが伏条枝で再生しているところである．

　一方，被子植物の再生の仕方は多様で，ヤナギ類は枝が落ちた後に，枝から発根して再生することはよく知られている．ヤマグルマは比較的起源の古い被子植物であるが，山岳地帯の岩場で生き延びており，これに比較的近縁のフサザクラも穂高連峰の山岳地帯の崩壊斜面に分布している．このフサザクラは，山地帯から丘陵帯の崩壊地に広く分布し，とくに崩壊斜面や地滑りにうまく適応している．房総半島の地滑り地帯の急斜面に分布しているフサザクラは，予備の休眠芽をつけており，樹冠が傾くと，根元から次世代の萌芽枝を再生する仕組みを獲得しているという（Sakai et al. 1995；酒井 2000）．被子植物の繁栄は，上記のような栄養繁殖や種子繁殖において多様な特性を獲得してきたからであると言える．

の割合も高くなる．老木になると再生力が低下することや，伐採を繰り返すと再生能力が劣ってくることが知られている．名古屋大学情報文化学部の圃場で植栽されたクヌギで三度の伐採を行った結果（伐期は6年から10年の間で，樹高は7-9 m，幹重は60-70 kgであった），この三度目に伐採されたクヌギは，再生せず枯死してしまった．地上部を再生するたびに根を再生させる必要があり，おそらく根の再生能力には限度があるのであろう．若い樹木や草本では，地下部に養分のある限りは根の再生が可能なので，この点は，被子植物の特性としても興味のもたれるところである．

1-2-8　二次林の遷移

　すでに述べたように，わが国の経済の高度成長期以降，石油が燃料として利用されるようになり，薪や炭の需要がなくなった結果，雑木林が薪炭林として利用されなくなり，森林の遷移が進行しつつある．人間による伐採の影響を免れて，二次林である雑木林は元の姿に戻ろうとしている．そのパターンは中部地方においては大きく二つあり，アカマツ林から落葉広葉樹林への変化と落葉広葉樹林から常緑広葉樹林への変化である．もちろんアカマツと落葉広葉樹は混じり合っている場合が多いので，この区分は便宜的なものであり，以下の例は典型的な場合を示しているに過ぎない．

　まず，アカマツ林から落葉広葉樹林への変化の例を示す．名古屋市の東山丘陵におけるアカマツ林の例では，アカマツ林下の相対照度は10-15％である（松原・広木 1980）．この林床はアベマキ，コナラ，ソヨゴなどの広葉樹で占められ，地表の相対照度はかなり低くなっている．アカマツは典型的な陽樹であるため，その実生は生存できない．アカマツ林内で，アカマツの種子が発芽し，実生が現れても，光不足のため，せいぜい2週間程度で消失してしまう．

　次に，伐られずに放置された落葉広葉樹を含む雑木林の多くは，シイ・カシが進入し，再び常緑広葉樹林へと遷移を開始しつつある（Hiroki 2001）．具体例として，愛知県春日井市の東部丘陵地帯における二次林の遷移を紹介する．

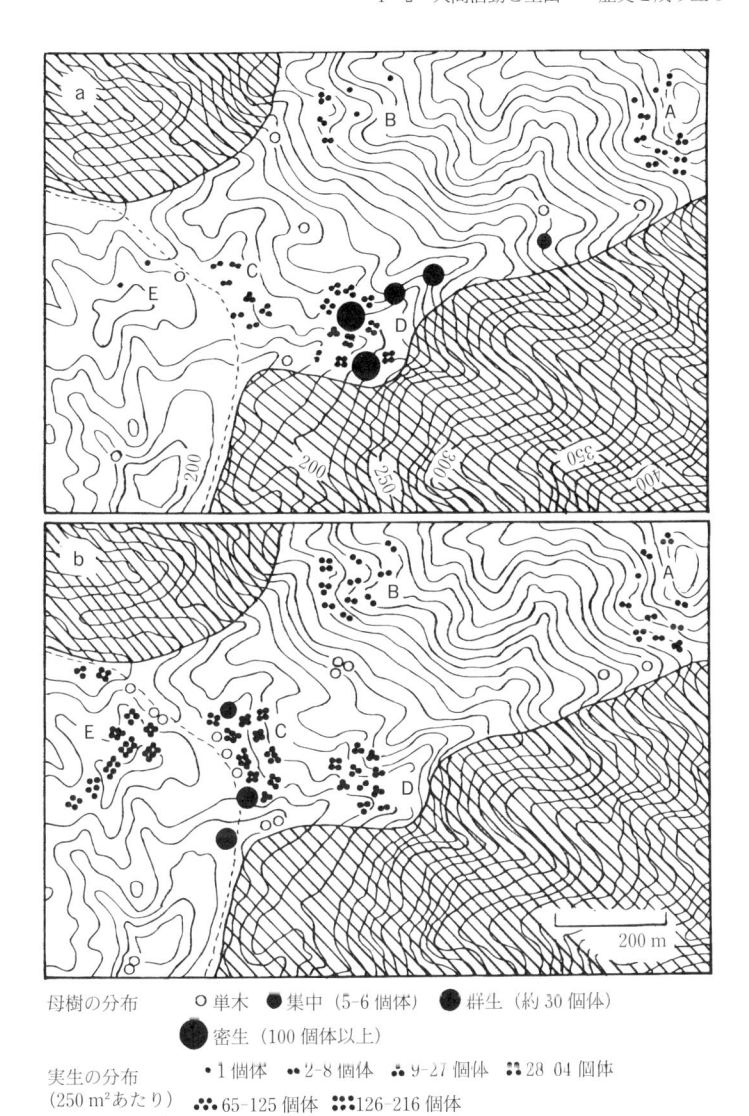

母樹の分布　　○ 単木　● 集中 (5-6 個体)　● 群生 (約 30 個体)
　　　　　　　● 密生 (100 個体以上)

実生の分布　　・1 個体　・・2-8 個体　∴ 9-27 個体　∷ 28-64 個体
(250 m² あたり)　∴∴ 65-125 個体　∷∷126-216 個体

図 1-2-3　弥勒山（春日井市）西部斜面から山麓にかけてのツブラジイ(a)とアラカシ(b)の分布（Hiroki 2001）。区域区分は，山頂部(A)，山腹(B)，山麓(C)，谷(D)，砂礫層地帯(E)．

表1-2-2 弥勒山の西斜面から山麓部にかけての二次林におけるツブラジイとアラカシの実生密度 (Hiroki 2001).

地域区分		密度（個体数/250m^2）	
		ツブラジイ	アラカシ
A	山頂	4.5±3.6	7.2±4.3
B	山腹	1.8±2.5	7.6±5.2
C	山麓	6.4±8.5	71.5±41.4
D	谷	27.8±15.7	15.7±7.1
E	砂礫層地帯	0.2±0.4	118.0±65.0

記号A～Eは，図1-2-3の記号に対応している．

図1-2-3は，春日井市の東部に位置する弥勒山（標高436 m）の西部山麓部における二次林において，ツブラジイとアラカシの母樹と実生の分布を調査した結果を示したものである．ツブラジイとアラカシの分布を上下の図に分けて示してある．谷部にツブラジイの残存林があり，単木のツブラジイ母樹も調査地内にわずかに点在する．アラカシの母樹は弥勒山の山麓部に多く，単木の母樹もツブラジイよりはやや多く点在する．実生は，ツブラジイ林域を除けば，アラカシの方が密度は高い．とくに，弥勒山の山麓部の西部に広がる砂礫層地帯では，アラカシの母樹がほとんど存在しないのに，実生の密度が最も高くなっている（表1-2-2）．このことは，ツブラジイの母樹に近いところでは比較的速くツブラジイ林が回復するのに対して，ツブラジイの母樹が存在していないところでは，アラカシの方が先に森林を形成することを示している．母樹が近くに分布していない地域で，ツブラジイ林よりもアラカシ林の方が先に成立するということは，3—4において，カケスとアラカシのどんぐりとの関係で述べるように，アラカシのどんぐりがカケスによってかなり遠くまで運ばれるという事実と密接に関わっている．

　中部地方の二次林は，もともとはシイ・カシの常緑広葉樹林であったものが，人間による伐採によって成立したものであり，人間の手が加わらなくなると，上述したように，再び常緑広葉樹林へと遷移する．このような二次林の遷移のメカニズムは，それぞれの種間の光をめぐっての競争に基づいている．森林が発達すると，林内は暗くなり，より耐陰性の強い常緑広葉樹の後継者のみが生き残り得るからである．常緑広葉樹の間でも耐陰性の程度には違いがあり，ツブラジイの方がアラカシよりも耐陰性が強いので（Kusumoto 1957；Hiroki and Ichino 1998），先に示した弥勒山西部山麓部においても，後に述べ

るように一部の厳しい生育環境を除けば，一旦成立したアラカシ林も次第にツブラジイに取って代わられることが予想される．

1-2-9　人間による森林伐採と森林の再生

　本来は，競争力の強いシイ・カシ類が土壌の発達した資源の多い場所を占有し，落葉性のナラ類はシイ・カシ類との競争を避けて，よりストレスを強く受ける地域に分布するという関係が成り立っていた（広木 1986）．また，アカマツは土壌のほとんど発達していない尾根の岩場や，あるいは瀬戸内海沿岸の降水量が少ない地域の痩せ地などにほそぼそと生育していたものと考えられる（Toyohara 1984）．中部地方を含む暖温帯の一部の地域では，このような樹種間の関係が人間の伐採という行為によって，シイ・カシの常緑広葉樹林はコナラ・アベマキの落葉広葉樹林へと変化し，さらに過度の伐採によって裸地化が進行するとアカマツ林が拡大するに至ったと一般化し得る．このような伐採による退行的な森林の変化に対して，人間が伐採等の干渉をやめると，森林は自律的に遷移を開始する．中部地方においては，一般的にアカマツ林は，コナラ・アベマキ林へ，そしてさらにシイ・カシ林へと遷移が進行する．この遷移を引き起こす要因は，前項で述べたようにいずれもそれぞれの種の光をめぐっての競争である．

　里山の雑木林の多くは，適度な伐採を行うことによって落葉広葉樹林として維持されてきた．吉良（1976）は，このような人間による森林の伐採とその自律的な回復作用によって維持されてきた雑木林を，半自然と呼んだ．自然度の高いシイ・カシ林も原生的な森林の代表として重要ではあるが，本節で概観してきたように，人間と森林の長い関わりを反映した雑木林は，里山の身近な自然としての重要性をも備えていると言えるであろう．人間の活動によって生み出されてきた雑木林が，さまざまな植物や昆虫の生活の場としての観点から見直されつつあるが，この点については第3章で触れる．

1—3
人間によるスダジイの分布拡大

　栽培植物や食用植物については，人間による伝播について詳しく論じられている（中尾 1966）が，樹木についてはこれまであまり明らかでなかった．近年，樹木と人間との関わりに関する研究が進みつつある．例えば花粉分析によって，ヨーロッパグリの人間による伝搬の可能性が論じられている．最終氷期には，ヨーロッパグリは地中海沿岸には分布していなかったが，およそ3000年前ごろに南ヨーロッパ全体に急速に分布を拡大したと推測されている（Fineschi *et al.* 2000）．ここでは，わが国におけるスダジイの分布拡大に人間が関与した可能性について述べる．

　最終氷期に，より温暖な地域に追いやられていた照葉樹林が，後氷期の温暖化とともに，どのように分布を拡大したのかというのは，たいへん興味深い問題である．塚田（1974）は，最終氷期には平均気温が7℃低かったと推定されていることをもとに，照葉樹林は当時九州と陸続きであった屋久島周辺まで追いやられていたと推測した．これに対して，前田（1980）は，最終氷期に，房総半島に照葉樹林が残った可能性を指摘している．この前田の指摘はまだ実証されていないが興味深い仮説である．シイの場合は何も本州に残っている必要はない．氷期に，伊豆大島などの伊豆諸島に分布していたものが，温暖化とともにまた分布を拡大した可能性も十分考えられる．松下（1988, 1989, 1990, 1991, 1992）は，縄文海進期（約6000年前）には太平洋沿岸地域のいくつかの地点で，シイ・カシの照葉樹林が成立していたことを明らかにしている．中部地方以東の太平洋岸沿岸で，最も早く照葉樹林が確認されているのは，伊豆半島の松崎低地の例で，およそ8600年前には，シイが出現している（松下1990）．ツブラジイは現在でも静岡県の富士川以西にしか分布しておらず，静

岡県の富士川以東から関東地方にかけてや，伊豆諸島にはスダジイのみが分布することから，この松崎低地のシイはスダジイであったとみて間違いない．最終氷期の終わり頃からこの8600年前までのおおよそ1500年の間に，スダジイが屋久島あたりから伊豆半島まで分布を拡大したとは考えにくい．伊豆諸島に残存していたスダジイが本州へ分布を拡大したという可能性がきわめて高い．

ところで，スダジイを伝播したのは何かという問題が残る．スダジイは現在伊豆大島，三宅島，御蔵島，さらには八丈島まで分布している．かつては，九州地方で起源したスダジイが分布域を広げ，伊豆諸島の八丈島まで分布を拡大した歴史があるはずである．シイ類のような堅果の分布拡大についてはネズミや鳥類が関与していることが知られている (Miyaki and Kikuzawa 1988；Johnson and Webb 1989)．しかし，鳥類では，数十kmにわたって重い堅果を運ぶことは出来ない．実証することはきわめて困難であるが，人間が伝播したと考えれば話は簡単である．伊豆諸島には，スダジイは分布するにもかかわらず，カシやナラのなかまが分布しないことが知られている (吉岡 1942)．このことは人間がスダジイを選択的に運んだと考えると納得がいく．つまびらかにされてはいないが，縄文時代早期の遺跡が三宅島から見いだされているので，人間の行き来はかなり古くから行われていたと推測し得る．伊豆諸島に分布するスダジイが人間によって運ばれたというのは，今のところ大胆な仮説であるが，大いにあり得ることである．

上記のような伊豆諸島におけるスダジイの分布の問題は，大胆な推測の域を出ないが，先に述べた松崎低地における8600年前のスダジイは，人間によって分布を拡大したと考えるのが合理的である．前田の指摘するように，最終氷期にスダジイ等の照葉樹林の構成要素が房総半島に残存した可能性も今のところは完全には否定し得ないが，当時の気温の低下から判断して，スダジイに関してはその可能性はきわめて低いであろう．本州と伊豆諸島の人間の行き来を考慮するならば，伊豆諸島から伊豆半島へのスダジイの伝播は，むしろなかったとすることの方が不自然である．松下による花粉分析の結果を見ると，カシ類よりもシイの方が先に分布拡大をしている (松下 1988, 1989, 1990, 1991, 1992)．図1-3-1に静岡県榛原郡榛原町の花粉ダイアグラムを示す．このダイ

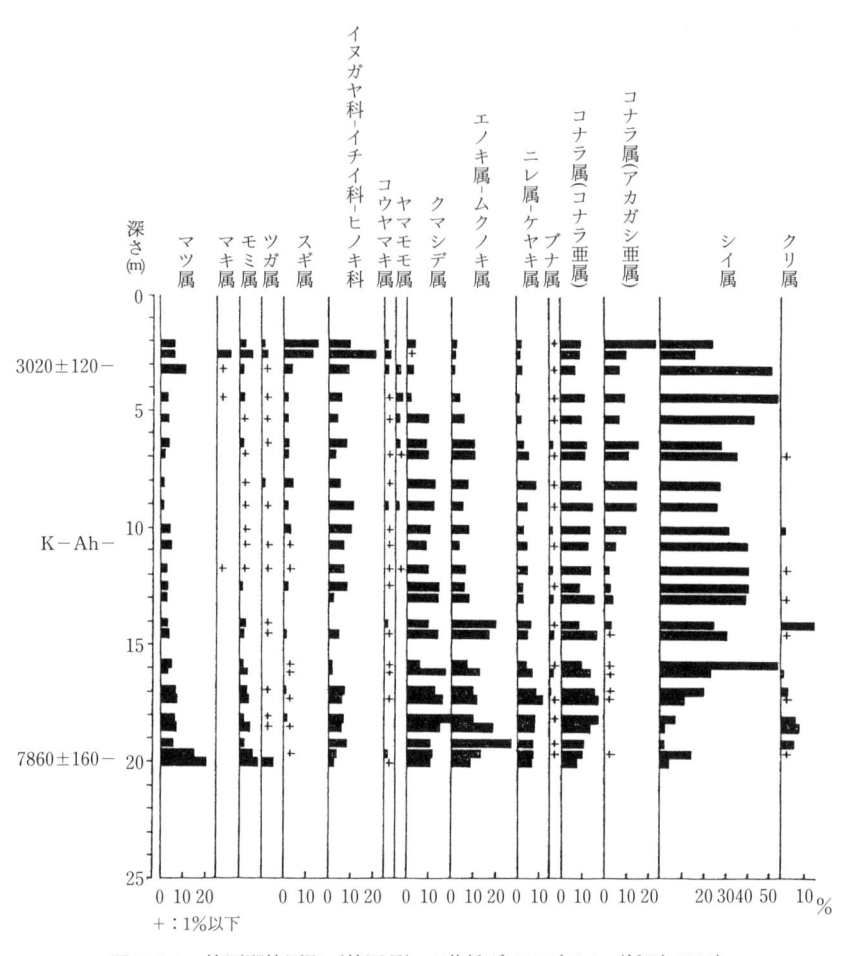

図 1-3-1 榛原郡榛原町（静岡県）の花粉ダイアグラム（松下 1989）．

アグラムでは，今から 7800 年前頃にカシ（アカガシ亜属）よりもシイ（おそらくスダジイ）が先に出現したことが読み取れる．この花粉分析の結果は，以下に述べることから，スダジイの分布拡大に人間が関与した可能性を示唆する．一般に，カシ類は，シイ類との競争を避け，シイ類の分布の周辺や，より寒い地域に分布する．また，遷移の進行を考えた場合，カシ類は，一般にシイ類よ

りも先に現れる．1-2-8で見たように，春日井市の東部丘陵における二次林では，アラカシの方がツブラジイよりも先に進出した．1-1-2で示した大阪平野の花粉ダイアグラム（図1-1-3）でも，カシの方がシイよりも早く現れている．したがって，榛原町の花粉ダイアグラムにおけるように，シイがカシよりも早く出現するのは例外的なことである．人間が関与しない場合には，カケスの働きでカシの分布拡大はシイよりも速いが，人間が選択的にシイを伝播させれば，その分布拡大は飛躍的に速まるであろう．

　以上のように，スダジイの伝播を考える場合，人間以外の動物ではなく，人間が運んだ可能性が高いが，このように人間による伝播を考慮すると，その分布拡大の異常な速さの説明もつく．縄文時代の人々は，船を利用して海を渡って交易をしていたと言われているので，スダジイがそれらの人々とともに分布を拡大した可能性は高い．三内丸山では，5500年前頃に北海道からの黒曜石が持ち込まれており（岡田2000），また，伊豆諸島の神津島の黒曜石は8000年前から八丈島までわたっているという（小山1996）．

　縄文時代前期中葉以降，あく抜きの加工をしてどんぐりを食べていたことが知られているが（渡辺1977），シイ類はタンニンを含まないので，あく抜きをしなくてもそのまま食べることが出来る．したがって，どんぐりのあく抜きが始まるかなり以前にシイの実を食べていたと考えられ，クリのような栽培化には至らなくとも，食料としての重要性から分布拡大に貢献したことは，大いにあり得ることである．ただ，ツブラジイの堅果はスダジイのそれに比べてかなり小さいので，スダジイの方が選択的に食された可能性が高い（広木・市野1991）．スダジイは，神社・仏閣の境内に植栽されることが多く，ときには多くの城郭内にも植えられている（広木・市野1991）．これらの事実から，スダジイを救荒植物として利用したのではないかと推測される．

　上記のように，人間が食料のために植栽したかどうかは別として，人間によるスダジイの植栽によって，ツブラジイとの雑種が形成されている事実が明らかにされている．中部地方の内陸部は，ツブラジイの分布圏である（井波1966；広木・市野1991；広木・小林2001）．このツブラジイ分布圏における多くの神社・仏閣の境内にはスダジイが植栽されており，その中に雑種が混じっ

ている場合も多い（広木・市野 1991）．愛知県豊川市の財賀寺では，財賀寺の裏山に天然のツブラジイ林が広がり，境内にはスダジイが植栽され，その結果として，雑種形成が生じたことが明らかにされている（小林 1999）．このように，もともとは分布の異なる種を人間が人為的に分布を拡大したために，雑種形成が生じたのである．

　スダジイは，四国や九州では内陸部まで分布する場合もあることが知られているが，その多くは海岸か島嶼に分布している（山中 1966）．しかし，よく考えると，これらの島に分布するスダジイはどのようにして分布を拡大したのだろうか．これらの島におけるスダジイの起源には，人間が関与したのではないだろうか．今後，スダジイの分布に対する人間の関与という点に焦点を当てて，より実証的な研究を進める必要があるであろう．

第2章

東海地方の植生の特色

　東海地方の丘陵地帯は，気候的には暖温帯に属しており，第1章でも触れたように，安定した状態が続けばツブラジイやアラカシの常緑広葉樹林で覆われるのが一般的であるが，その多くは人間の伐採によって二次林化して雑木林となっている．このような一般的な森林のほかに，東海地方に特有の植物も分布しており，その一群に東海丘陵要素と呼ばれる樹木や草本がある．本書においては，森林のみでなく，湿地を含めて里山として扱っているが，そのような東海丘陵要素の多くはこの里山の湿地に分布する．

　東海丘陵要素植物群が起源した地史的な背景として，愛知・岐阜・三重・静岡の丘陵地帯には，鮮新世の末から更新世にかけて堆積した砂礫層が広く堆積していることが深く関わっている．この砂礫層地帯では，尾根の乾燥しやすい場所には"モンゴリナラ"が分布し，谷間の湿地にはシデコブシや多くの湿地性の草本が生育している．

　本章では，東海丘陵要素の特徴やその起源について述べるとともに，東海丘陵要素を育む湿地の特徴や，湿地植生および湿地に生育する樹木について解説し，湿地以外に生育する東海丘陵要素である"モンゴリナラ"やヒトツバタゴについても簡単にその分布や生態を紹介する．

2—1
東海丘陵要素の起源と進化

　20世紀最後の10年間に分類学は究極の武器を手に入れた．分子系統学的な解析方法である．分類群を認識することによって生物の多様性を整理してきた分類学は，これにより，実際に起きた進化の道筋を直接に解明して再現し，それを分子系統樹として表すことが可能となった．ここに系統学が誕生した．ところが，こうして系統関係が解析できるようになると，贅沢なことに，更なる欲求が湧いてくる．我々が直接に目にしている，このめくるめく生物の「かたち」の多様性がどのようにして進化し，生まれてきたのか，が知りたくなる．これも，驚くべき事に，この20世紀最後の5年間で見通しがつくようになった．すなわち，形態形成に関与する遺伝子が解析出来るようになったからである．シダの胞子嚢形成に関わる遺伝子が，花の形成に関わる遺伝子と直系の祖先・子孫関係にあるのか？等といった疑問が解決可能となった．
　これで我々の知的好奇心はようやく満足するだろうか？　進化学はとりあえず目的を達成したであろうか？　答えは，無論，否，である．
　我々が知りたいこと，それは，この目の前に広がる自然が全体としてどのように移り変わってきたのか，そしてその要因は何だったのか，そのトータルな答えである．残念ながら，しかし，系統関係や形の変遷の跡付とは異なり，このトータルな理解は極めてむつかしい．それはその解析に分子生物学的なデータをほとんど用いることが出来ないからである．現在の生物社会の多様性についてすら，様々な環境要因からの解析だけでも困難である．それどころか，自然の移り変わり全体となると過去の要因も同様に判明していなければならず，普通は不可能と言わざるを得ない．
　そのような中で数少ない答えの一つを紹介したい．それはある特定地域に遺

存的に残存している植物群を対象とすることで，その特定地域の地史的な変遷を探ろうとするものである．

2-1-1 東海丘陵要素と周伊勢湾地域の認識

ハナノキ，ヒトツバタゴ，ヒメミミカキグサ，ヤチヤナギ等の特異な植物が東海地方（静岡，愛知，岐阜，三重の4県を指すこととする）に分布することは古くから有名である．加えてこの地方には固有・準固有分類群や著しい隔離分布種が他にも存在することが知られるようになり，シデコブシ（写真2-1-1），ミカワシオガマ，シラタマホシクサ，ミカワバイケイソウ（写真2-1-2），ウンヌケ，ナガバノイシモチソウ，ヒメミミカキグサ，"カンサイガタコモウセンゴケ"，"ミズナラ類似植物"等の分布型，地質，生育環境などが井波（1956, 1959, 1960, 1966, 1971），Komiya and Shibata（1978, 1980），杉本（1984）らによって判明してきた．これら一群の植物を植田（1989a）は東海丘陵要素と名付けた．従来は東海地方に見られる全ての特徴的な植物，すなわち，上記のような主として湿地生の特徴ある植物に加え，超塩基性岩地帯，鳳来寺火山地帯などに見られる固有種や稀産種等を併せて東海固有要素または周伊勢湾要素と名付けられていた（井波 1960, 1966）．しかし，植田（1989a）は，これらは複合されたものを現在の分布域だけからくくったものであると考え，湿地生ならびにその特異な湿地の周辺の荒れ地にのみ分布する一群の植物だけをくくって認識すべきであると考えた．すなわち，東海地方の丘陵，台地の低湿地およびその周辺に固有，もしくは日本での分布の中心がある植物を東海丘陵要素と呼ぶことを提唱した．

その後"カンサイガタコモウセンゴケ"については雑種起源の明白な種として再検討し，トウカイコモウセンゴケと命名した（中村・植田 1991）．またクロミノニシゴリがトウカイコモウセンゴケ型の分布域を示すことが判明した（永益 1992）．これらの植物も東海丘陵要素に分類される．すなわち表 2-1-1 に示した15種である（植田 1990a, 1994）．中でもシデコブシ，マメナシ（イ

第 2 章 東海地方の植生の特色

写真 2-1-1 シデコブシ.

写真 2-1-2 ミカワバイケイソウ.

表2-1-1 東海丘陵要素.

科 名	種 名 (和名/学名)
モクレン科	シデコブシ　Magnolia tomentosa
バラ科	マメナシ（イヌナシ）　Pyrus calleryana
メギ科	ヘビノボラズ　Berberis sieboldii
ブナ科	ミズナラ近似種("モンゴリナラ")　Quercus sp.
モクセイ科	ヒトツバタゴ　Chionanthus retusus
ハイノキ科	クロミノニシゴリ　Symplocos paniculata
ツツジ科	ナガバノナツハゼ　Vaccinium sieboldii
カエデ科	ハナノキ　Acer pycnanthum
モウセンゴケ科	ナガバノイシモチソウ　Drosera indica
	トウカイコモウセンゴケ　D. tokaiensis
タヌキモ科	ヒメミミカキグサ　Utricularia nipponica
ゴマノハグサ科	ミカワシオガマ　Pedicularis respinata var. microphylla
ユリ科	ミカワバイケイソウ　Veratrum stamineum var. micranthum
ホシクサ科	シラタマホシクサ　Eriocaulon nudicuspe
イネ科	ウンヌケ　Eulalia speciosa

ヌナシ），ハナノキ，ナガボナツハゼ，ミカワバイケイソウ，シラタマホシクサ，"ミズナラ類似植物"は周伊勢湾地域の固有種である.

　周伊勢湾地域の痩悪地に見られるミズナラ類似の植物（モンゴリナラと仮称されていることが多い）は，ミカワバイケイソウ同様に，冷温帯性のミズナラが氷河期の残存型として暖温帯である周伊勢湾地域に見られるものと考えられ，東海丘陵要素とみなされる．しかしながら正式には記載されていないままであり，新和名も正式には提唱されていない（モンゴリナラは大陸産種の和名であり，東海地方固有のこの植物を指すものではない）．この種やウンヌケの生育地は低湿地を取り囲む荒れた痩悪地であり，湿地ではない．しかし，後で述べるようにこの痩悪地こそが周伊勢湾地域を成り立たせており，したがって分布域も完全にオーバーラップするので，東海丘陵要素に含める．ナガボナツハゼは限定された周伊勢湾地域の中でもさらに限定され，東三河の新城市から渥美半島の痩悪地だけに限定されて生育する稀産種であるが，東海丘陵要素の範疇に入ると考える．

　さらに，東海丘陵要素と共存する湿地植物の中にはきわめて興味深い分布様

式を示すミズギボウシ，ヤチヤナギ，ミズギク，イワショウブ，ミカヅキグサ，ミカワタヌキモなどがある．これらは周伊勢湾地域においては東海丘陵要素と同様の地史の影響を受けていると思われ，広義には東海丘陵要素に含める方がよいかもしれないが，分布型が大きく異なるので一応除いておく．準構成員，といったところだろうか．

　ヤチヤナギは寒帯に分布し，日本では北海道では普通に見られ，東北北部で時に見られる．そして飛んで尾瀬に隔離分布している．ところが，この寒地性の植物が暖帯のしかも海抜0mに近い周伊勢湾地域の湿地の数ヶ所から知られている．明らかに最終氷期のきわめて著しい遺存である．また，ミズギク，イワショウブ，ミカヅキグサや，周伊勢湾地域ではむしろ湿地が荒れてくると目立ってくるので嫌われているヌマガヤなどは，東日本の山地から亜高山帯の湿原に見られるものだが，周伊勢湾地域の低湿地に普通に見られ，さらに飛んで宮崎の湿地にも（後述）知られている．

　一方，ミカワタヌキモはヒメミミカキグサやナガバノイシモチソウ同様に広く熱帯に分布し，西日本各地から点々と知られているが，周伊勢湾地域では密に分布している．ミズギボウシは上記の宮崎の湿地以外では四国と中国地方に知られ，周伊勢湾地域では密に分布している．ここまでを念頭にいれ，東海丘陵要素の起源と進化を以下考えていきたい．

(1) **生育環境**

　上記に言う周伊勢湾地域とは，以下の伊勢湾を取り囲む地域の丘陵・台地・段丘地帯を指す．すなわち，鈴鹿山系東麓，知多半島から庄内川・木曽川流域（名古屋東部丘陵，東濃地域，木曽谷最南部），天竜川中流域（飯田周辺），矢作川中流域（豊田周辺），東三河（新城〜渥美半島）〜西遠（天竜川）の各地域である（植田 1989b, 1994）．これらの地域は土岐砂礫層によって形成された土岐面（森山・丹羽 1985；森山 1987）に代表されるように，鮮新世後半〜洪積世の砂礫層が丘陵・台地の地表面を形成している．湧水が随所に見られ，それに続く斜面や谷底平野の流水面に湿地が形成されている．

　これら湧水に涵養されて維持されている低湿地は，水はごく貧栄養で比較的

低温で（浜島 1976；波田・本田 1981），土壌層が存在せず，砂礫が裸で露出しているという，特異な湿地である．この湿地が東海丘陵要素の主たる生育環境である．生物学用語としては湿原と呼ぶのが本来ではある．しかし，湿原と言うとどうしてもいわゆる高層湿原としての尾瀬や低層湿原としての釧路湿原のイメージが強すぎるために，あえて湿地と呼んでおく．こうしたところに，食虫植物やミカヅキグサ，シラタマホシクサなどが生育しており，低湿地周辺や低湿地内の若干の土壌部分にヘビノボラズなどが見られる．一方，砂礫層では，もう少し水量があって沢を形成し，礫が散乱しているようにごく小さな谷底平野が見られるが，そうした場所こそがシデコブシ，ハナノキ，ヒトツバタゴ，ミカワバイケイソウ等の生育環境である．また，こうした湿地や沢を取り囲む荒れた斜面にはアカマツやアベマキに混じって"モンゴリナラ"が普通に見られ，一方，荒れ地で草原状になっているところではウンヌケが見られる．

濃尾平野などの沖積平野にはこれら東海丘陵要素はまったく姿を見せないし，矢作川と豊川の間の三河高原（領家変成帯）にも，両側には東海丘陵要素が豊富に見られるにも関わらず，まったく見られない（作手盆地にはミカワバイケソウが知られている）．従ってこれらの地域は周伊勢湾地域には含めない．なお，三河高原の作手などに見られる中間湿原は厚い泥炭層を伴うことから，周伊勢湾地域の低湿地とは異なるものである．

周伊勢湾地域と兄弟関係と言える滋賀〜播磨にかけての湿地帯にも足を伸ばしているものとしてトウカイコモウセンゴケ，クロミノニシゴリがあり，近畿のみならず，後述する宮崎の湿地にも見られるものとしてヘビノボラズがある．一方，中国大陸，台湾，朝鮮からも知られており，対馬に1ヶ所知られ，東濃に見られるのがヒトツバタゴであり，植物ではないが同様の分布型，生育環境のものとして昆虫のヒメタイコウチが有名で，中国東北部，朝鮮，近畿，周伊勢湾地域と分布する．熱帯では広く見られるが日本では周伊勢湾地域にだけというのがヒメミミカキグサで，一方，ナガバノイシモチソウは熱帯，関東，周伊勢湾地域と宮崎に見られる．ウンヌケは周伊勢湾地域の他に四国，九州からごくわずかに知られ，大陸をパキスタンまで足を伸ばしている．

(2) 東海丘陵要素の規定要因

　一見バラバラに見えるこれらの植物に共通するものは何なのだろうか．東海丘陵要素は，周伊勢湾地域という丘陵・台地地形が形成されてきた地史的影響によって現在この地域に集中している植物群として捉えられる．すなわち，本要素の分布域が周伊勢湾地域に限定されているのではなく，上記のような固有分類群以外にも日本の他の地域に僅かには見られるものや，アジア大陸にも分布が見られる種類もある．また東海丘陵要素各分類群は単一の起源をもつものではないと思われる．ミカワバイケイソウや"モンゴリナラ"のように氷河期に周伊勢湾地域に降りてきたものが残存し，さらに周伊勢湾地域で分化したと考えられるもの，母種から湿地により適応して周伊勢湾地域で分化したと考えられるシデコブシのようなものがある一方，いわゆる大陸要素の残存分布と考えられるヒトツバタゴ，ウンヌケなどや，アジア・オセアニアの熱帯・亜熱帯域に分布し，日本では周伊勢湾地域に分布するヒメミミカキグサやナガバノイシモチソウがあり，各分類群それぞれが複雑な歴史を有している．

　しかしここで重要なことは，これら全てが現在周伊勢湾地域，即ち大きな断層群によって形成された山地帯に囲まれた丘陵〜台地という特定の地形の範囲内の低湿地や礫性の谷底平野，またはその周辺の荒れ地に集中して生育していることである．ヘビノボラズ，トウカイコモウセンゴケの近畿地方での分布域も同様である．さらに植物だけにとどまらず湿地の昆虫であるヒメタイコウチの国内での分布域，生育環境は東海丘陵要素と同所的である．このことは東海丘陵要素各分類群の個々の起源がどのようなものであれ，この地域特有の環境が長期間存在し続け，そのことが固有植物群を成立させたり，遺存種を残し得たことを意味している．

　一方，周伊勢湾地域から遠く離れた宮崎県児湯郡の鮮新世〜洪積世起源の台地上に見られる湿地の植物も重要である．南谷（1985）によればここには周伊勢湾地域以東に分布するミズギク，東海丘陵要素のナガバノイシモチソウ，ヘビノボラズなどが飛び離れて生育し，ミズギボウシやサクラバハンノキなどが九州ではここだけに分布している．これら興味あるものすべてが湿地植物で，

この地域と周伊勢湾地域とはともに鮮新世〜洪積世の丘陵・台地地域に低湿地が多数存在していることで，周伊勢湾地域と一致する．反面，周伊勢湾地域が瀬戸内に次ぐ乾燥地帯であるのに対し，こちらは日本有数の多雨地帯である．

これらのことから判断して，東海丘陵要素という植物群の存在には，現在の気候等より地史的な要因の方が大きく働いていることは疑いがない．すなわち，数百万年に渡っての砂礫層が地表面を長期に占めていることが重要と結論される．

したがって東海丘陵要素は東海地方に特徴的な山地型，三遠型，超塩基性岩型分布植物と呼ばれている植物群とは成立要因が明らかに異なっていると考えられる．だからこそ東海丘陵要素は，井波による周伊勢湾要素などから明確に区別して提唱したものであった．現在でも井波（1966）による周伊勢湾要素という用語の方にオリジナリティがあるとして，後に提唱した植田（1989a）の定義による東海丘陵要素を周伊勢湾要素と呼ぶ向きがあるが，定義が明らかに異なるものである．周伊勢湾要素と呼ぶのであれば蛇紋岩地の植物なども含めた範疇のものを纏まりとして認識することが前提となる．

2-1-2 周伊勢湾地域の形成過程

周伊勢湾地域を特徴づける砂礫層の形成過程を考えてみる．東海地方には木曽川，飛騨川のような大きな河川がある．一般にこのような長大河川は山地をえぐりとりながら大量の土砂を運搬し，その結果，砂礫が扇状地や沖積平野を形成する．しかし，地質学的な時間単位のうちにはしだいに土砂の供給源である山地帯がやせ細り，やがては土砂の供給が著しく減少してしまう．ところがこの地方ではそうはならなかったのである．何故そんな不可思議なことが起きたのであろうか．それは第四紀を通じて，濃尾傾動運動というかなり大規模な地殻変動が続いたからである．

名古屋東部丘陵を中心として北東方向，すなわち日本アルプス方面がおよそ1500mほども隆起し，逆に養老山脈の東麓から伊勢湾にかけての方面が1500

mも沈降したのである．この沈降に対して西側の鈴鹿山脈もまた地塁山脈として隆起している．そして信濃・美濃の国境に沿って見られる有名な阿寺断層が信州の山地帯と東濃の丘陵地を分断し，同様に北西〜南東のいくつかの断層が名古屋方面との間に走っている．また，それと直角に走る多数の断層がありこの地域に複雑な菱形のブロックを作り出している．こうした地殻の動きは常に山を押し上げ続けたため，絶え間なく河川に砂礫を提供したことになる．これが上記の疑問に対する答えである．こうして砂礫層がこの地域の至る所に形成されたのである．

　鈴鹿山脈東麓の砂礫層も小規模ではあるが，同様の成因である．また，豊川流域，三方原などの浜名湖周辺台地なども同様に河川の絶え間ない土砂運搬で出来た台地である．一方，三河高原の平坦な高原地帯にも湿原が発達するが，これらの湿地は準平原的な高原中の浅く窪んだ盆地状地形に発達したもので，一般の湿地の形成過程の通りに出来あがったものである．したがって，先に述べたように周伊勢湾地域には入らない．低湿地とはその成因が根本的に異なるものである．

　もっとも典型的なものとしてシデコブシの分布を例としよう（図2-1-1参照）．丘陵，台地は数十mの標高から始まる．ここでは100mの等高線がまず示してある．また，日本では地形学的な定義として600m以上が山地であり，それ以下は丘陵とされる．この600m以上の地は影がつけてある．こうして見るといかにシデコブシがこの（50〜）100〜600mの範囲にのみきれいに分布しているかがよく分かる．また，この分布域は鮮新世〜更新世の地層が地表面を形成している地域ともよく一致している（地図では名古屋東部から知多半島にかけて等高線からはずれて分布しているが，ここは標高は低いものの同じ地質，地形の場所である．50mの等高線を引けるデータが入手できなかったため，100mで代用している）．この，三河高原・信州の山地帯・美濃高原と濃尾平野に囲まれた地域と渥美半島や三方原，そして鈴鹿東麓が周伊勢湾地域であり，シデコブシの分布の中核をなす．

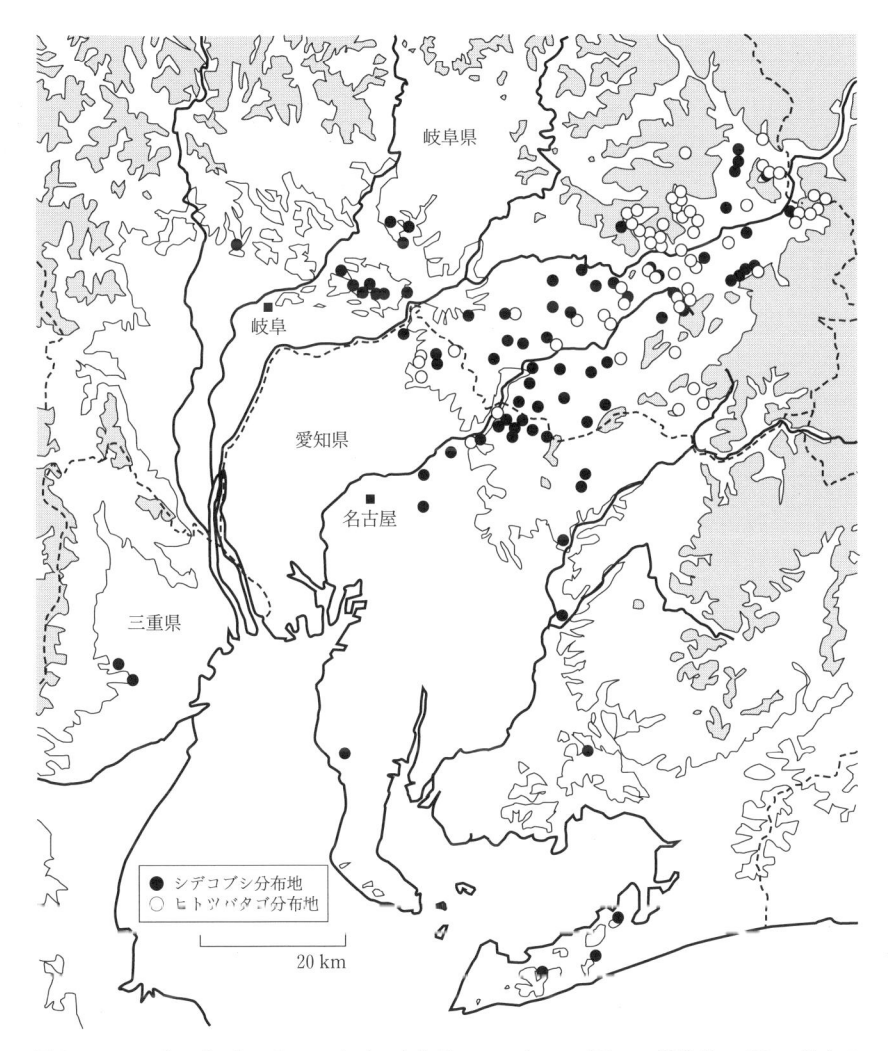

図 2-1-1 シデコブシとヒトツバタゴの自生地．コンター：100 m．網部分：600 m 以上の地域．破線：県境．

2-1-3 低湿地の成立過程と遷移

　土岐砂礫層の存在様式がこの周伊勢湾地域の湿地のでき方に大きくかかわっている．
　この地域は砂礫層が地表面を形成していて土壌の発達が一般に悪く，痩悪地が続くことで有名である．砂礫層地域は丘陵・台地地形であるから，里山と呼べる範囲に入り，そこでは確かに人間の永続的な影響が強く働いていることは確かである．しかし，痩せ地であることは砂礫層そもそもの性質であることもまた確かである．同様に人間の影響でできた二次林でも，たとえば他の地域ではコナラ・クヌギ林になるような場所は，この地域ではごく浅い土壌にも耐えられるアベマキや"モンゴリナラ"が優占している．一方，この地域は第四紀を通じて暖かな気候が続いたために，古赤黄色土と呼ばれる土壌が広がる．こうした古赤黄色土の土壌が広がっているところで地下水が豊富であると，地下水がもろい古赤黄色土をつきやぶって土壌層を剝いでしまう．このためにこの地域ではごく小規模の地滑りが頻繁に生じることになる．この地滑りした部分の上部の線に沿ってその崩壊の原因となった地下水が湧水としてあふれてくることになる．こうした地形を地下水崩壊型地形と呼ぶ．
　この湧水が，土壌が剝がれて砂礫層がむき出しになった地面を湿地に変えるわけである．湿地を涵養する水は砂礫層を通ってきたためにそもそも高度に貧栄養である．さらに，その水が流れる所は土壌が剝がれた砂礫層がむき出しのところである．こうしてどこにも栄養の求めようのない裸の湿地が出来あがる．このような所に生育できる植物は当然のことながら限られたものとなる．このようにこの地方の湿地は特異な成因であり，釧路湿原に代表される河川の氾濫原に展開するいわゆる低層湿原ともまったく異なるし，尾瀬に代表されるみかけの上では高層湿原と呼ばれている湿原とも根本的に異なる湿原，ここでは低湿地と呼んでいるものが，出来あがるのである．
　水は湧水源から常に供給されているが，地面を濡らす程度である．しかし，

一方，常にその水は流水である．また，上記のような成因のために尾根筋にも形成され得ることは，一般に湿地が谷にしか出来ないことからは大きく異なる．もちろん，この地方でも谷にこうした湿地が出来ることの方が普通ではある．いずれにせよ，泥炭の堆積はおろか，普通の土壌の堆積もあまり見られない．

　この低湿地には地形学的にいくつかのタイプが見られる．まず，尾根筋などに出来る湿地で，水が続く限り裸地的状況が維持され，食虫植物やミカヅキグサが混じった程度の湿原である．このようなタイプのものがもう少し傾斜が緩やかで，比較的広い谷底平野に展開すると，シラタマホシクサなどの背丈の低い草本の湿原となる．ただし，このような傾斜の緩いところではしだいにシラタマホシクサの株の周りなどに土壌が少しずつ溜り始め，やがてヌマガヤのような高茎草本が侵入して来る．こうなるとシラタマホシクサなどの低い草本は日光不足となり，生育できなくなり，ますます高茎草本の湿原化が進むことになる．さらに人為的に富栄養化するとヨシやアンペライなどが入って来ることになり，東海丘陵要素を中心とした湿地とは言えない状態になってしまう．いずれにせよ，高茎草本が入ればやがてさらに土壌が堆積し，アカマツやイヌツゲなども侵入し，ついには周りの森林に飲み込まれてしまうことになる．ただし，この過程で通常はシデコブシのような東海丘陵要素の木本植物の多くは現われることは少ない．それは生育場所がさらに異なっているからである．シデコブシ，ハナノキ，ヒトツバタゴの立地は必ず礫が散らばる斜面に形成された，ごく細い水路沿いである．すなわち，湿地を形成するような湧水源から流れ出した水が地形的な要因で面を濡らして行くのではなく，水路を形成する場合である．こうした場所は砂礫層というよりは礫が優占している．その水路に沿ってシデコブシなどが見られる．ヒトツバタゴは礫と言うよりはもっと大きな石や岩が優占する水路に沿っていることが多い．このシデコブシなどの林もやがて周りの林が成長して来るとシデコブシを日陰に追い込むことになり，シデコブシは衰退し，周りの林に飲み込まれて行くことになる．

2-1-4　湿地の保全と生物学

　ここまで述べてきたように，東海丘陵要素は，周伊勢湾地域という丘陵・台地地形が形成されてきた地史的過程の中でこの地域に集中して生育している植物群として捉えられる．だから周伊勢湾地域の固有分類群以外にも，日本の他の地域に僅かには見られるものやアジア大陸にも分布が見られる種類も含めている．また，東海丘陵要素各分類群は単一の起源をもつものでもない．氷河期に周伊勢湾地域にまで分布したものが残存したものや，さらにはそのうえ周伊勢湾地域で分化したと考えられるものがある一方，いわゆる大陸要素の遺存と考えられる種類や，アジア・オセアニアの熱帯・亜熱帯地域に分布し日本では周伊勢湾地域に残存分布するものもあり，各分類群それぞれがまるで異なる歴史を有している．このことは，だからこそ，東海丘陵要素各分類群の個々の起源がどのようなものであれ，この地域特有の環境が長期間存在し続け，そのことが固有植物群を成立させたり遺存種を残し得たことを意味し，その結果として現在一つのまとまりとして認識できるものと考えられる．長期間にわたって低湿地が存在し続ける環境が多くの種を呼び込み，レヒュージアとして働いたのである．そして，周伊勢湾地域では200万年を超える期間，低湿地が高密度に形成され続けてきたと思われる（植田 1991, 1992, 1993, 1994）．

　東海丘陵要素植物群が維持されていることは，湿地が高密度に存在し続けていることが重要な要因である．個々の湿地の寿命はせいぜい100-1000年程度であろう．また，一つ一つの湿地の大きさは多くのものが10×10 m から20×20 m 程度である．ある意味，取るに足らない貧弱な湿地である．だから，東海丘陵要素の立地は遷移の進行に伴ってかなりの速度で周りに飲み込まれてしまう．そうであれば，本当に周伊勢湾地域でこれらの植物が永らく存続してきたのだろうか，そういう疑問が生じても当然である．しかし，人類の影響がなかった，もしくは小さかった時代には崩壊地は無数に出来ていた．現在でもそのような小さな地滑り地を多く見る．そのことを前提に丹念に地形を調べ，湿

地の痕跡を調べて行くと，この周伊勢湾地域の斜面のほとんどが湿地であったと言っても過言ではないという結論に達する．このようにして，結果として，たとえ一つの湿地が滅んでも，そこに生育していた植物は自由にごく近くの別の湿原に住処を求めて移動することが可能であり，実際そのようにして周伊勢湾地域全体として東海丘陵要素の種が命脈を保ってきたと考えられる．他の地域ではたとえ似た環境の湿地が形成されてもこのような高密度にはない．周伊勢湾地域というそれなりに大きい地域に，常に砂礫が流れ込み続けたようなイベントは他ではないのである．

そしてこれらの特異な植物たちが，一見したところ何の価値もなさそうな都市近郊の里山地域に散在しており，しかも，その一つ一つの湿地は取るに足らないほど小さい．そういう存在様式なのである．良好な条件の湿地においてすら，自然を自然のままに保つことによって湿地を良好に保つことは，達成不可能である（植田 1990b, 1990c, 1993）．また，そもそもどこにどのような湿地がどういう状態で存在しているのか，という一番基礎的な情報すらも，その集成はそれほど簡単なことではない（菊池他 1991）．

このことを理解することが，保全とは何を守ることなのか，どう保全すべきなのか，を考えるときに，最も重要なことである．『我が国における保護上重要な植物種の現状』(1989)，本邦初のいわゆる植物レッドデータブックにもこのことが詳細に論じられているところである．

こうしたことを理解した上で，最後に，東海地方の低湿地の保全についての問題点を列挙したい．

何をおいても最初に指摘すべきことは，湿地が湿地として成立している要素の解析である．遷移の進行によって湿地が森林に復帰していく過程を止めても湿地を保全するのであれば，その要素が判明していない限り有効な手段を講ずることは出来ない．各地の現場で担当されている方々が必死の思いで試行錯誤を重ねておられるが，必ずしも完全に成功しているとは言い難い．それは基礎的な研究がないからであって，したがって有効な手段が科学的に確立されていないからである．そのような地道な解析が進められる研究環境の確保が何にも増して必須である．

次に指摘すべき点は，あらゆるレベルでの植え込みの問題である．まったくの善意である場合から，個人的な趣味心を満たすためだけの自己中心的な場合まで，さまざまな要因で植え込みが行われる．こうした中で最も根源的に生物学的に困るのが，安易な「湿地の植物の増殖・復元」である．湿地にコスモスや桜を植え込むなどは論外であるが，それはそれとして，このような植え込みの除去は容易である．そのようなものが湿地に存在しているはずがなく，単純に除去すればよい．愛好家が多いせいか外来種等の食虫植物の植え込みもよく見かけるが，雑種を形成したり，自生種のニッチを奪ったりすることでたいへん悪質であるが，判別が可能であり，除去が困難とはいえ可能ではある．きわめて悪質な結果を招くのが，同種の植え込みや，もしくはその湿地に自生していても不思議ではない種の持ち込みである．地域個体群はそれぞれの歴史を経て進化してきた遺伝的な纏まりをもった集団である．そのような存在を，同種の植物を購入したり，搬入したりして遺伝的に汚染した場合，その汚染を指摘することは通常不可能だし，また植え込まれたものだけ除去することも不可能である．持ち込み種は，たとえ詳しい観察が継続されている湿地であっても，過去に生育していたものの復活かどうか判別不可能である．一見違和感のない汚染は，こうして，判別不可能な故にもっとも根源的に悪質である．東海丘陵要素のある種は東濃および遠く離れた自生地とに隔離分布していて，それぞれが個別の進化をとげてきている．詳細な研究結果により，両者は形態的にも遺伝的にも相当分化していることが最近ようやく判明した (Soejima *et al.* 1998)．ところが両地方間で姉妹都市関係を結び，その種を互いに自生地に植えるというとんでもない暴挙がなされた．関係者には遺伝的汚染を指摘しておいたが，すでに汚染しているとしたら，両地域集団の独立して進化した過去が全否定されることになる．善意に基づく行為だけに中止の呼びかけが困難な場合もあるであろうが，結果の重大性を説き，こうした安易な行動がいっさい消滅することを切望している．

　さらに指摘しておくべきことは，植え込みに限らず外来のものに対する根本的な誤った考え方である．上記の例は善意など非生物学的な観点からの行為であった．ところが近年さらにやっかいな傾向が出てきた．生態系さえうまく循

環していればよいと学問的に公言する生物学関係者が出現してきている．とんでもないことである．上記のような遺伝的汚染の問題などに関して一切の関心を払わず，生態系が動いていれば自然を保護していると信じ込んでいるのである．河川浄化のために平気で栄養要求性の高い他国の植物を持ち込んで植えたりしているのである．その種類が各地で猛繁殖し，在来種を追いやったり，さらには近縁自生種と雑種を形成したり，近縁種に訪れる訪花昆虫を奪ってしまったりしていることにもまったく目を向けない．こうした「保全」は開発による破壊よりもはるかに根源的な自然破壊であることに一刻も早く気づいて欲しい．

　最後にシンボル主義について言及したい．オオタカは，正しい意味での生態系保全の象徴として法律的にも保全対象となっている．すなわち食物連鎖の最上位に位置する種としてである．ところがこれがいつの間にか主客転倒し，オオタカさえ守ればよいという主張に置き換えられていることがある．植物でも同様でシデコブシさえ守ればよいという考え方である．このような考え方が行政サイドからの言い訳に使われるのならばまだしも，保全を進める立場からも時にみられるのはどうしたことだろう．シデコブシを単木的に移植して植えるのであるなら，庭木として園芸店から購入して育てることと何ら変わりない．シデコブシが生育している環境全体が重要なことはもう繰り返すまい．その根底にあるのは，植え込みとも生態系の機械論的解釈とも同一である．

　ここで述べてきた怖るべき事態は，生き物はすべて歴史的存在である，というもっとも根幹的な尊厳さに対する徹底した軽視が根底にある．歴史的な存在様式という考え方を学ばない限り，生物学的な保全は決して語ることが出来ないのである．

2—2
東海地方の湿地の特色

2-2-1 湿地・湿原の区分と呼称

　わが国では，湿原を広義な意味にとらえて湿地と同義語として扱うことが多い．つまり過湿な立地に植物群落が発達していれば，それをすべて湿原と呼ぶ習慣がある．しかし湿原とは，狭義には有機質土壌いわゆる泥炭の上に発達した主に草原状の植生を指す．一方，湿地 (wetland) は，最近では湿原，河畔や湖沼，塩性湿地，マングローブ林，干潟，さらには深さ 6 m 以下の灌水域，人工の水田なども含めた非常に広範囲に及ぶ湿性な立地の総称として扱われている (Matthews 1993). 従って，湿原と湿地は同義語ではない．
　湿原は，地下水位の高さによって，地下水の供給を受けずに降水のみで涵養される過湿・貧養・強酸性のものを高層湿原，そしてまた，水位の高い地下水に直接涵養され，川や湖沼の岸周辺に成立する富栄養なものを低層湿原と区分することもある．中間湿原とは，まさに高層湿原と低層湿原の中間的な性質をもったものを呼ぶのだが，後に触れるように，泥炭地以外の湿地で高層湿原と低層湿原にあてはまらないものは，多くの場合中間湿原とされてきた．また，トピックスの「泥炭地湿原」で示したように，泥炭の堆積状況から湿原を高位泥炭地と低位泥炭地に区分する方法もある．
　Gore (1983) は有機質土壌（泥炭）を形成するタイプの湿地を mire とし，鉱質土壌上に形成される湿地を marsh と定義している．marsh は開水域をもつ草本の生えた湿地であり，mire は降水によってのみ涵養される貧栄養性の bog と，鉱物質涵養性の fen とに区分される．このような区分は，すでにタンスレーが英国における湿地・湿原を記載した際に用いている (Tansley 1965).

これらの区分に従えば，泥炭地上に発達する狭義の湿原とはまさに mire に相当し，bog とは地下水の供給を受けずに降水のみで涵養され，過湿・貧養・強酸性でミズゴケで覆われるような高位泥炭地の湿原を指し，fen は地下水位が高く鉱物質に富んだ水の影響を直接受け，ヨシやスゲの卓越するような低位泥炭地の湿原を指すことになる．

　本書においては，一部，岐阜県恵那市飯地町における泥炭の堆積する湿原を取り扱っているが，他の大部分は東海地方の泥炭の堆積しない湿地を対象としている（東北日本から北海道にかけて広く分布する湿原についてはトピックス「泥炭地湿原」を参照）．広木は，このように泥炭が堆積せず，その湧水によって涵養され，鉱質性土壌上に成立し，開水域を有する湿地（marsh）を湧水湿地と呼んでいる（2-2-4参照）．しかし，これは湧水性の湿地をすべて指すわけではなく，東海地方から西日本にかけて広く分布する砂礫層や花崗岩地帯の貧栄養な marsh の一形態を指すものとして用いている．本項の最初に示したように，湿性な立地をすべて wetland と称するようになった今日では，湿地という用語は，きわめてあいまいであり，この湧水性の湿地をとくに指し示す用語が必要とされたためである．また，2-2-4 で紹介するような東海地方の湧水湿地の多くは，貧栄養な立地に成立しているので，広木・清田（2000）は，山地の火山灰地に生じる山地貧養湿原（斉藤1977）に対して，丘陵性貧栄養湿地と名付けている．このような貧栄養な立地に対して，多くの河川周辺の比較的富栄養な立地では，ヨシやミゾソバが生育するのが通例である．

　上記のような湧水湿地も含めた西日本の低地の湿地・湿原は，従来，地下水位を基準とした中間湿原という区分が使用されてきた．例えば，宮脇昭編（1985）の『日本植生誌　中部』において，植物社会学の立場から区分された植生単位であるシラタマホシクサ群集やイヌノハナヒゲ群集は，中間湿原という項目に収まっている．これらの植生は，上述した湧水湿地の代表的な植生である．わが国では marsh に対する認識が十分でなかったため，湿生植物群落の多くを泥炭性の湿原区分にあてはめて見る傾向が強かったためであると思われる．また，上記のように植物社会学的な立場によらない場合は，低湿地という用語が用いられることも多い（沼田・岩瀬1975）．低湿地は，沖積平野の低

地あるいは凹地における湿地という地形学上の用語で，生態学的には曖昧な用語であり，先に述べた湧水湿地とは起源を異にする．

　菊池は，次項において，東海地方の湿地のタイプに関して，湿地林とイヌノハナヒゲ型の二つを認めている．湧水湿地としては同じ起源のものであるが，菊池によれば，その成立要因として地形が深く関わっているという．すなわち，前者は，基本的に谷底を立地としており，後者は，一般的な斜面を立地としている．

2-2-2　東海地方に見られる2つのタイプの湿地

　東海地方の丘陵地で，この地方固有の特徴をもっとも顕著に示す植生はといえば湿地のそれであろう．いわゆる東海丘陵要素といわれる種群の多くが湿地に生育しているためである．ただし実態は多様で，シデコブシ，ハナノキ，ヒトツバタゴなどがつくる森林群落からシラタマホシクサ，トウカイコモウセンゴケ，ナガバノイシモチソウなどの生育地となる半裸地状のものまである（2−1参照）．菊池他（1991）はシデコブシ，ミズギボウシ，ミカワバイケイソウなどを含む湿地林が，谷地形最上流部からの湧水によって涵養され，湿地となっている谷底面に成立していることを述べた．加えて，水流による直接の侵食はこの立地に及んでいない事も重要な要件であることを指摘している．シデコブシが優占する湿地林については，立地を微地形単位に基づいて特定する立場から後藤・菊池（1997）が追求し，谷頭の下端から始まる谷底面を立地にしていることを明らかにした．谷底面という地形単位はさらに下流に連続していくが，この場合はその最上流部に限ってのことで，菊池（1994），後藤・菊池（1997）は特に水路底の名称で呼んでいる．谷底面は河川の侵食作用の一翼を荷って物質の移動・運搬の場になっており，本来，地表の撹乱が顕著な土地である．しかし菊池他（1991）や菊池（1994）が報告したシデコブシ湿地林の立地では，下流側に露岩があって遷急点が形成されており，下流部で顕著な侵食の作用が立地に及ぶことを阻んでいた．いわば隔離・温存された土地であっ

た．そのように安定な谷底面が斜面から供給された湧水によって飽和され，且つ流出していくことでシデコブシ湿地林の立地が成り立っていると観察されている．この立地を特に水路底と呼んだのは，谷底面とは言ってもこの特異な性格を明確にしたいとの意図があったからである．

東海地方にはこの他にもハナノキ林やヒトツバタゴ林など，特徴的な森林群落がある．これらの立地についてはシデコブシ林ほどの情報はなく，よく分からない．ヒトツバタゴについては岩塊地や河川際に生育し，岩場の排水のよい立地であるとの指摘がある（清田・広木 1998）．シデコブシの場合と違って斜面の開析との関連がむしろ強く，斜面崩壊による物質の堆積地，とくに土石流堆積地を立地にしている疑いがあるが，確かなことは今後の研究に期待したい．

樹木が優占するこのような湿地のほかに，カヤツリグサ科ミカヅキグサ属（イヌノハナヒゲ，コイヌノハナヒゲなど），ホシクサ科ホシクサ属（シラタマホシクサなど）などが優占し，モウセンゴケ科モウセンゴケ属（モウセンゴケ，トウカイコモウセンゴケ，ナガバノイシモチソウなど），タヌキモ科タヌキモ属（ミミカキグサ，ホザキノミミカキグサ，ヒメミミカキグサなど）の食虫植物などを含む湿地がある．このタイプの湿地にも多くの東海丘陵要素の種が生育しており，その点から，東海地方独自の特徴を濃厚に示す植物群落である．ミカヅキグサ属，ホシクサ属，モウセンゴケ属，タヌキモ属などを要素とするこのタイプの湿地を仮にイヌノハナヒゲ型湿地と呼ぶと，イヌノハナヒゲ型湿地はかならずしも当地方特有のものではなく，むしろ西日本に広く分布しているといっていい（Hada 1984）．さらに，その要素は東日本，あるいは高山地の湿地でも重要な組成要素であることに変わりはなく，少々極端ながら，泥炭湿地の中心部に発達する過湿な凹部（シュレンケ）の群落とされているミカヅキグサ―ミヤマイヌノハナヒゲ群集（宮脇・藤原 1970）などとの関連も視野に入れたいところである．このような広い共通性の基盤の上に東海丘陵要素植物群を中心とする種が組成に加わり，この地方の独自性が生まれていることを認識したい．

菊池他（1991）は東海丘陵要素植物群の生育地121ヶ所を調査して，そのう

ちの70%弱は10アール以下という小面積のものであり，1アール以下というきわめて小規模の生育地が約30%にも達すると報告している．東海丘陵要素植物群の生育地というのは，大部分は本節が取り上げている湿地である．中でも，小規模生育地の実態は，ほぼ上記のイヌノハナヒゲ型湿地である．その湿地は斜面上に発達し，斜面の一部に線状に横に連なる湧水点があって，その下方に10度内外の傾斜をもって湿地が形成され，湧き出た水は湿地に面的にひろがって地表を常時流下していると記されている．そして湿地の少なくとも中心部では有機物の集積はないという．この点については灼熱減量が10%からせいぜい20%にすぎないということも報告されている（波田・本田 1981）．

これらの記述から浮かび上がる東海地方のイヌノハナヒゲ型湿地の姿は，湧水に依存して斜面に形成され，湿地自身も傾斜をもち，湧水は地表にひろがって流れ下り，有機物の集積はなく，無機質の地表がむき出しになっているというものである．葦毛湿原はこのタイプの植物群落が発達する最大規模の湿地である（次項参照）．

2-2-3 葦毛湿原における地下水と植生の成り立ち

(1) 葦毛湿原の概要

葦毛湿原は愛知県豊橋市の東部郊外にある．豊橋市の東は弓張山地で縁取られるが，葦毛湿原の地形は，市域の大部分を占める更新世の台地（愛知県 1978）とこの山地とが接する部分に発達した山麓扇状地と考えられている（豊橋市 1999）．つまり後背地にあたる山地から供給された物質が谷口の傾斜遷緩点付近に形成した堆積地形と考えられている．付近の基盤岩は大部分がチャートで，湿原とその周辺ではこぶし大から豆粒大のチャートの角礫が堆積し，湿原の中心部では表層に黒色のシルト・粘土層の分布が見られる．ただしその厚さは10 cmから20 cmで，最大でも40 cmを超えないとされており，植物遺体の堆積層は全く存在しないという（愛知県 1978）．

2—2 東海地方の湿地の特色 63

　図 2-2-1 は 1984 年時点の葦毛湿原の植生図である（倉内・中西 1990）．図の上辺が高く，手前に向かってゆる全体がゆるく傾斜している．縁辺の森林や低木林を除いた湿地中心部だけで約 50 アールの面積をもち，規模が小さいものが多

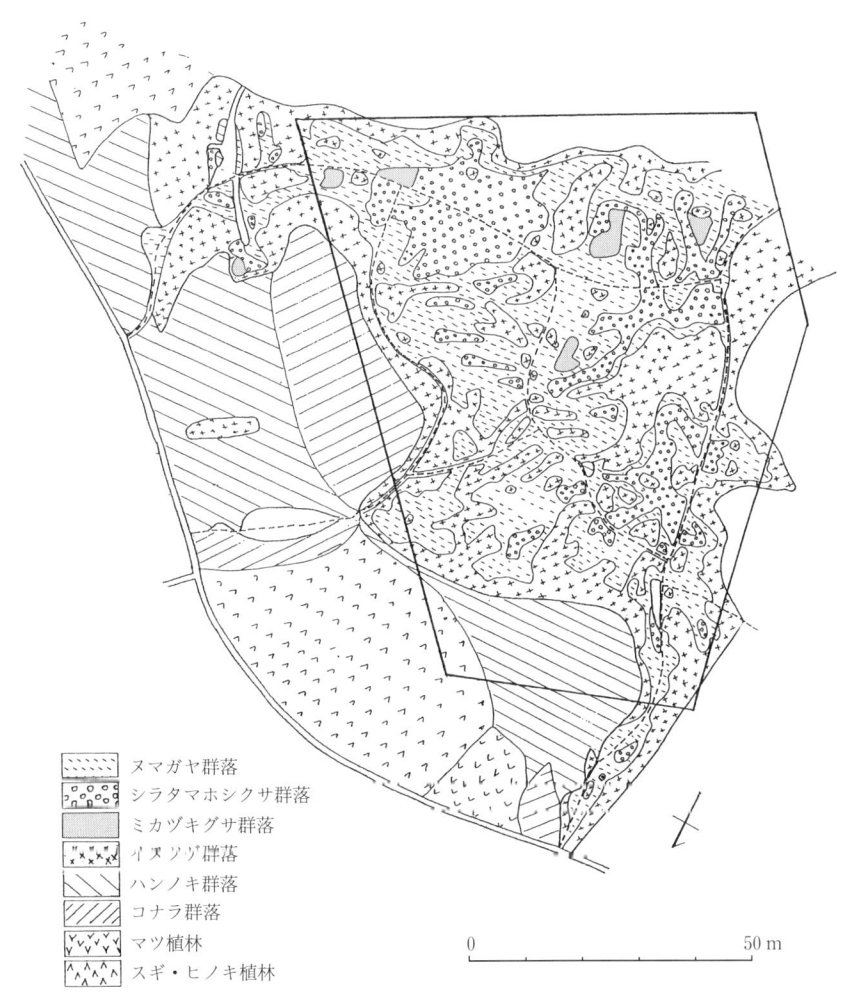

凡例:
- ヌマガヤ群落
- シラタマホシクサ群落
- ミカヅキグサ群落
- イヌノハナヒゲ群落
- ハンノキ群落
- コナラ群落
- マツ植林
- スギ・ヒノキ植林

0　　　　　　　50 m

図 2-2-1　葦毛湿原の植生図（1984）．図の上辺から手前に向かって傾斜している．右半分の囲みは図 2-2-3 の範囲．

い東海地方の湿地の中では（菊池他 1991）例外的に大きな規模のものである．そのうちの4分の3程度はヌマガヤ群落が占め，イヌノハナヒゲ型湿地に含まれるシラタマホシクサ群落とミカヅキグサ群落は合計で14アールほどにすぎない．湿原全体から見るとそれらの分布は不均一で，湿原の上部中央，上部西側（図の右側），および中部西側に集中的に分布する部分がある．

(2) 葦毛湿原の地下水

葦毛湿原の水環境については，背後の山腹斜面に安定な湧水があり，そこから供給される水が斜面の傾斜が緩く変わる付近に帯水層を形成して湿地を生み出していること，湧水はきわめて貧養であるが湿地内を流下するに従って富養化すること（愛知県 1978），降水量と蒸発散量の関係を検討すると8月には水不足になる危険があるものの山腹斜面からの流水が湿地の高い地下水位を支えていること（池田 1990），などが報告されている．

地下水の調査法のひとつにピエゾメーターを使用する方法がある．図2-2-2のように先端が開放されているパイプを垂直に設置しただけの構造であるが，これを地下水にとどくように設置すると，パイプ内には地下水が浸入してきて水柱をつくる．水頭と呼ばれる頂端の高さは，パイプ下端における地下水の圧力に応じたものになる．同じ地点に複数のピエゾメーターを深さを違えて設置したとき，図2-2-2のように深く設置したピエゾメーターの水頭が浅いものよりも高くなれば，地下水の圧力は深い部分でより高

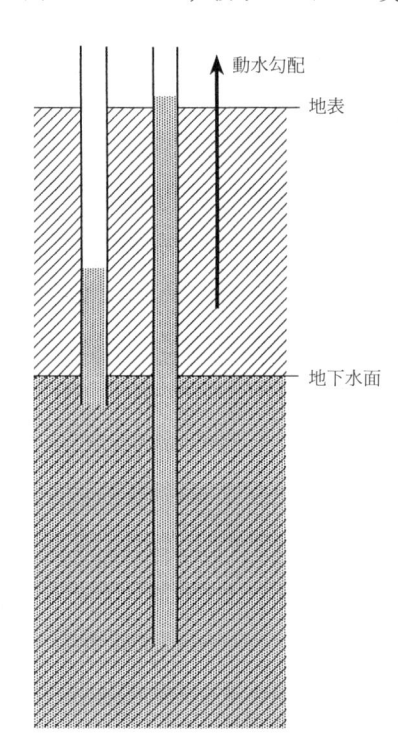

図2-2-2　ピエゾメーターによる動水勾配の測定を示す模式図．

いことを意味する．水には上方に移動するような圧力がかかっていることになる．つまり動水勾配は上向きということで，湧水が期待できる．反対に深く設置したパイプの水頭が低いときは動水勾配は下向きで，水は浸透傾向にあると判断される．適当な距離を置いてピエゾメーターを設置し，同じような比較をすれば，水平方向の動水傾向が見てとれることになる．設置地点の間に高度の差があれば圧力に差が生じるので，この場合は水頭の差に比高を加えて比較する必要があるのは言うまでもない．

葦毛湿原全体に配置した40点余りの地点でこのような測定を実施した．地下水面にとどく最短のピエゾメーターの水頭は地下水位として近似できる．図2-2-3は湿原全体についてそのように得られた地下水位面を等高線で表したものである．ピエゾメーターとしては，内径20 mmの塩化ビニールパイプを使い，1地点についてそれぞれ100 cm，50 cm，25 cmのパイプを上部10 cm程度を地上に残して設置し，観測した．地下水は等値線に直交する方向に流れていることが期待されるが，この方向

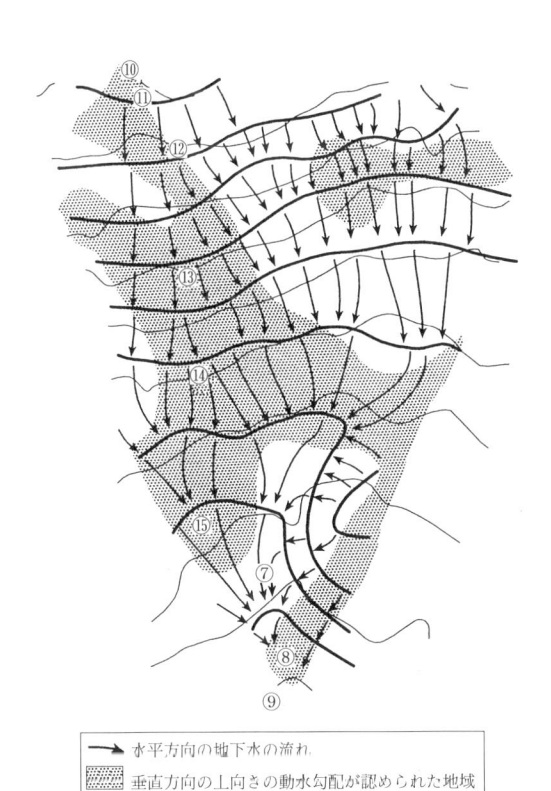

図 2-2-3　水頭から推定した地下水位面等高線図（1 m間隔）．地表高度を示す等高線（1 m間隔）は地下水位面とともに上辺が高く，手前に向かって傾斜している．数字は水質分析のための採水地点（表2-2-1参照）．図の範囲は図2-2-1参照．

が矢印で示されている．また，垂直方向で上向きの動水勾配が認められた部分をアミ掛けで示した．

　湿地全体は図の下方に傾斜しているので，等高線が図の下方に向かって彎曲している部分は，水頭の高さが周囲よりも相対的に高いことを意味する．この部分では水が水平方向に発散するように流動（流下）する傾向にあることが動水勾配から読み取れる．このような部分を中心として，上向きの動水勾配が湿原全体に広く分布している．ごく概略的にみれば，先に述べたシラタマホシクサ群落とミカヅキグサ群落が集中する部分には，水平方向には発散するような流動を示す一方，垂直方向には湧き上がる傾向の地下水の流動が認められる．

　先に，斜面の一部に線状に連なる湧水点があって，その下方にイヌノハナヒゲ型湿地が形成され，湧水は湿地に面的に広がって地表を常時流下しているという観察例を述べた（菊池他 1991）．今回の観測結果によれば，このタイプの湿地を支える地下水の動態はそのようなものではなく，湧水は湿地のほぼ全般にわたって存在することが動水勾配の事実から推定できる．上記は水の流動を地表から観察してのもので，湿地内に湧出する水は把握されていなかった．ピエゾメーターを使った今回の観測からは，湿地全体が湧水の上に直接成立している様子が浮かび上がる．中でも地下水の湧出傾向が強く，水平方向には発散するように流動する立地にイヌノハナヒゲ型湿地が成立している．湿地のほかの部分には一般にヌマガヤが優占する湿地植物群落が成立している．

　表 2-2-1 は湿地の縦断面を示すように選んだ 9 地点について（図 2-2-3 参照），ピエゾメーターの中に湧き出した水の水質を分析した結果である．東海地方の湿地の成立に関与している湧水はきわめて貧養であると言われており，水質は純水に近いほどのものであるとの記述もある（植田 1994）．葦毛湿原についても表流水の分析から同様のことが指摘されているが（愛知県 1978），表 2-2-1 の結果でも，窒素，リン等はほとんど，あるいは全く検出されないなど，総体に貧養な水質特性が明らかである．その点では，データは従来指摘されてきたことを裏付けている．

　しかし，貧養湿地や湧水湿地と言われるものの中にはアルカリ性の強いもの，強酸性を示すものなど各種のものがある．例えば欧米の泥炭地では，泥炭

表2-2-1 ピエゾメーター中に湧出した水の水質分析．2000年8月8日，9日に採水．

深さ	地点	pH	EC (μS/cm)	濃度 (mg/l)									
				Cl	NO_2-N	NO_3-N	PO_4-P	SO_4-S	Na	NH_4	K	Mg	Ca
深*	10	7.36	104.4	12.534	0.000	0.079	0.000	0.629	5.898	0.877	7.464	1.893	8.448
	11	7.22	87.8	5.558	0.000	0.059	0.000	0.813	5.220	0.613	0.888	1.689	5.845
	12	6.90	89.9	33.277	0.000	0.031	0.000	0.488	6.024	0.517	23.491	1.842	5.063
	13	6.85	129.5	4.847	0.000	0.000	0.000	0.657	6.979	0.000	0.660	2.800	8.913
	14	6.16	120.5	5.719	0.000	0.000	0.000	0.273	6.805	0.000	0.735	1.978	8.764
	15	5.90	95.3	22.134	0.000	0.206	0.000	0.908	5.239	0.968	10.510	1.049	4.227
	7	7.17	142.2	8.117	0.000	0.051	0.000	0.496	8.808	0.876	3.464	2.508	9.062
	8	6.82	112.0	5.090	0.000	0.000	0.000	0.575	8.286	0.000	1.000	2.796	7.600
	9	5.94	78.2	13.454	0.000	0.113	0.000	0.433	9.437	0.000	4.091	2.633	4.697
浅**	10	6.58	93.2	6.692	0.000	0.121	0.000	0.460	6.861	0.930	1.654	1.549	3.620
	11	5.63	35.6	5.938	0.000	0.000	0.000	0.665	4.626	0.365	0.600	0.798	1.115
	12	6.24	58.6	6.778	0.000	0.000	0.000	0.211	5.113	0.650	2.100	1.548	3.252
	13	6.28	109.8	4.198	0.000	0.000	0.000	0.264	8.098	0.871	0.768	2.816	7.406
	14	6.57	120.6	7.307	0.000	0.035	0.000	0.214	5.529	0.582	1.074	2.091	11.174
	15	—	—										
	7	6.80	114.8	7.547	0.000	0.062	0.000	0.104	6.376	0.775	1.781	2.646	11.863
	8	6.67	111.3	7.858	0.000	0.059	0.000	0.335	8.649	1.166	1.493	2.684	6.437
	9	5.39	59.9	6.821	0.000	0.000	0.000	0.422	7.924	1.565	0.836	1.326	2.301

* 長さ100cmのピエゾメーターへの湧水．
** 長さ50cmのピエゾメーターへの湧水．

地に雨水の下降流が出来，雨水を起源とする強酸性，貧養の水がbogと呼ばれるミズゴケ泥炭地の植生を形成する場合と，アルカリ性の地下水が泥炭地に湧昇し，rich-fenと呼ばれる高等植物の湿地植生を形成する場合とが知られている．後者のアルカリ性の湧水は岩石の化学的風化に伴う緩衝作用によって形成されるもので，水質がアルカリ性に変化するのに伴って風化鉱物がリンを吸着，除去することで貧栄養生態系が形成されている．前者は陽イオン濃度が低く強酸性の地下水，後者は陽イオン濃度，pHがともに高い地下水が湿地を涵養するという，全く異質な水質的特徴がある．これらに照らして，湿地の性格づけとして，貧養という事からさらに踏み込んだ検討が必要であるが，pH価が中性を示すこと，陽イオン濃度が高くないこと，EC（電気伝導度）の値が高くないことなどを葦毛湿原の特徴的な性格と捉えることができる．ただし，この点は，湿地の水質について2-2-5に述べるように，東海地方の湿地に一般的

な特徴と考えられる．ECの値が低いという特性は，そもそも溶出物質のごく少ない地下水が湧き出すことで生産性が低く維持されるところにあるのであろう．溶出物質が少ないという点は化学的風化作用に対する抵抗性が高いチャートという地質に依存するところが大きいと考えられるが，その結果，地下水涵養性の湿地でありながら雨水涵養性に近い水質条件が成立しているのが葦毛湿原の特異なところである．湧水が安定にもたらされる一方で溶出物質が乏しいという条件は，東海地方の湿地の特質とみることが出来るが，おそらくこの条件は他の地方のイヌノハナヒゲ型湿地にも共通するものであり，その検討が待たれる．

　東海地方では東海丘陵要素に含まれる組成要素をその上に加え，当地域特有の湿地植物群落を成立させている．むしろ，シデコブシ，ハナノキ，ヒトツバタゴ，トウカイコモウセンゴケ，ミカワバイケイソウ，その他多くの湿生植物を含む東海丘陵要素の成立は湿地を足がかりにしたものと考えるべきかもしれず，その時は，湧水が上記のように成立する地質的，地形的条件が当地域に普遍的に存在することの解明が課題となる．

(3) 里山の湿地としての葦毛湿原

　葦毛湿原における地下水の流れには，水平方向には発散しつつ湧き上がる部分があり，ここを中心にしてシラタマホシクサ群落やミカヅキグサ群落が成立していると述べた．東海地方の典型的な湿地群落を取り上げる視点から，本項ではこの部分を中心にして述べて来たが，ほかに，収束するような反対の流動を示す部分がある．ここにはイヌツゲ群落が対応して成立する傾向があり，両者の中間的な性格の立地にはヌマガヤ群落が広く発達している．さらに湿地全体としての地下水の流れには，湿地の下端部に向かって集中し，そこに湧出する傾向が見られる．ここにはハンノキ林が発達している．地表水については，地表を流下する過程で富養化していることが知られており（愛知県 1978），ハンノキ林の成立にはそのことも関与しているかもしれない．

　このように，葦毛湿原には異なる立地が隣りあって形成されており，対応してそれぞれ異なる植物群落を成立させている．地下水の流れには湿地内に微妙

な場所的違いが生まれており，その違いに応じて植物群落の分化が生み出されているということである．葦毛湿原はそれらの総和である．

この分化に異変が起きていることが指摘されている．葦毛湿原を構成する植物群落の面積が，1976年から1984年の間にシラタマホシクサ群落が当初の面積の70%弱に，ミカヅキグサ群落では40%強に縮小したことが報告されている．替わってイヌツゲ群落や裸地が増加している（倉内・中西 1990）．とくにシラタマホシクサ群落とミカヅキグサ群落の減少は，葦毛湿原の中心的要素の減少という観点から深刻に受けとめられており，その維持管理のための手法の開発をめざしてさまざまな試みがなされている（倉内・中西1990；中西・倉内1994；中西2000）．植生のこの変化は湿地の乾燥化と捉えられている．かつての葦毛湿原の湧水は今よりもはるかに豊富で，シラタマホシクサ群落やミカヅキグサ群落が広くひろがっていたが，最近は水が枯渇ぎみで，ヌマガヤ群落やイヌツゲ群落ばかりが目立つという指摘である．残念ながら地下水，あるいは湧水の変化を実証する観測資料はないが，地下水の総量は変わらず，湿地内における分配が変わったのであれば乾燥化の一方で過湿に変化した部分が生ずるであろう．その事実はなく，湿地中心部に比べればより乾燥傾向の立地に見られるヌマガヤ群落やイヌツゲ群落が増加している事実をふまえれば，湿地全体に対する地下水の供給が減少していると見るのは自然である．問題が湿地に対する水の供給にあるとすれば，その解決のためには湿地に対して後背の位置にある集水域全体に目を向け，地下水の動態にかかわる諸要因の変化について考えてみる必要がある．

空中写真から判読したところでは，1960年代から1970年代初頭までの集水域の植生は未熟なものであった．一方，現在は十分な被覆をそなえた植生が発達しており，その内容は人工林，半自然林（二次林）で，それは里山そのものである．里山では，伐採などによる植生の破壊とその後の再生がくり返される．葦毛湿原の1960年代の未熟な植生がどのように成立したものかは分からないが，この湿地の最近数10年の植生変化を，里山ならば通常のこととして行われる伐採とその後の植生回復という視点から捉えてみてもいいのではなかろうか．森林では樹冠が降雨を捕捉し，そこから直接水を蒸発させてしまうの

で地表に達する雨水の量を制限する．また一旦は地下に浸透した水を根から吸い上げ，蒸散によって葉から放出する．両者の合計は降雨量の半分に近い量になり（Waring and Schlesinger 1985），その結果，森林の発達は地下水の量をある程度まで制限することになる．森林の伐採はこの制限を大幅に除くことになり，そのために，地下への水の付加量が増えて地下水の増加をもたらす．

　里山は，植生の除去（伐採）とその後の再生がくり返されることによって成立し，維持されてきたという．そうだとすれば，伐採と再生の繰り返しに追従して地下水も増減をくり返し，地下水にうるおされる湿地も発達と衰退をくり返して来たのではあるまいか．集水域の植生の消失とともに地下水が増え，湿地は活性化されて，特にイヌノハナヒゲ型群落を中心にして湿地植生は拡大するかもしれない．しかし，それが湿地の恒久的な姿というわけではなく，集水域に植生が再生し，森林の発達が進むとともに地下水は減少し，湿地は縮小，衰退へと向かうことが予想される．その行き着く先は湿地の消滅であろうか．湿地の保全・管理のためにはこの問いに対する答えが欲しいが，水の動態から集水域の植生と湿地の興亡を解明した例は見あたらない．地下水に対して植生は制限的に作用するとは言ってもそれには限界があり，植生がどんなに密に発達しても，それによって地下水が涸れるはずはない．縮小はしても一定の立地は湿地として残るに違いないが，いずれにしても，その事態に行き着く前に次の植生の破壊（伐採，利用）が起こり，湿地は活性化され，湿地植生の再拡大が実現するのが里山だったであろう．里山の湿地はそのように維持されてきたに違いないが，人によるこの働きかけが途絶え，湿地の先行きが不透明になっているのが現在の状況である．このことは湿地だけのことではなく，里山そのものの命運にかかわるが，里山に発達する湿地の保全にとって，ひいては里山そのものの保全にとって，植生の破壊と再生のサイクルをどうにかして取りもどすことが管理として不可欠である．

2-2-4　春日井市東部丘陵地帯における湧水湿地とその成因

　東海地方には，愛知万博予定地となった瀬戸市の海上（かいしょ）の森（もり）や長久手町の愛知青少年公園をはじめ，鮮新世末から更新世初期に堆積したと考えられる砂礫層地帯が広範囲に広がっている．この砂礫層地帯には，砂礫層から湧出する湧水で涵養される湿地が多数分布している．この項では春日井市東部丘陵の西側山麓部一帯に分布する砂礫層上に成立する，比較的小規模な湿地群の成因について紹介する．泥炭の堆積する湿原（mire, bog）と区別して，ここでは砂礫上に成立する湿地をTansley（1965）のmarshの一形態を意味する湧水湿地と称する（2-2-1参照）．すでに前項で紹介した豊橋市の葦毛湿原も湧水湿地であるが，葦毛湿原はチャートの砕けた角礫の堆積層上に成立することと規模が大きい点で，ここで紹介する湧水湿地群とは異なっている．本項では，湧水をもたらす砂礫層の地質調査と砂礫の粒度分析の結果を示してその成因を検討する．

(1)　地史的背景

　鮮新世には東海湖と呼ばれる巨大な湖が存在していたことが知られている．昔の木曽川，飛騨川，および揖斐川が延々と砂礫を運んで，この巨大な湖の底にそれらの砂礫を堆積させたと推測されている．愛知県春日井市の東部に，このような砂礫層からなる地域が存在している．この東海湖に由来する地層は東海層群と呼ばれており，おもに東濃地方の土岐砂礫層と名古屋市東部丘陵の矢田川類層からなるが（日本の地質「中部地方Ⅱ」編集委員会 1988），今のところ，春日井市東部丘陵の地質がこのどちらに所属するかは不明である．

(2)　湧水湿地の特徴

　春日井市の東部丘陵地帯における築水池北側の砂礫層上に成立する湧水湿地の分布を図2-2-4に示す．表2-2-2には，築水池北側に分布する7つの湧水湿地の規模とその特徴を示してある．100 m² 程度のものが多く，最大でも400

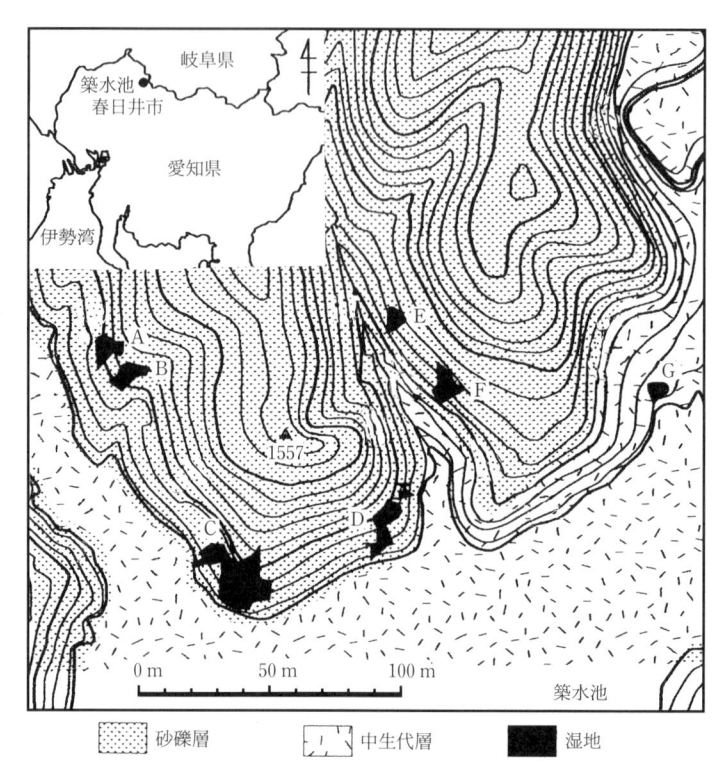

図 2-2-4 春日井市東部丘陵の砂礫層地帯における湿地の分布 (広木・清田 2000). A〜Gの記号は表 2-2-2 参照.

m² である. このことは東海地方の湧水湿地を調べた菊池他 (1991) の報告とほぼ一致している (2-2-3 参照). 菊池他によると, 調べた 116 の湧水湿地のうち 1000 m² 以下のものが 68%を占めたという. 築水池北側の 7 つの湧水湿地のうち, 6 つは比較的緩やかな斜面上に成立しており, また, 残りの 1 つは築水池の湖底に連なる谷部の平坦地に成立している.

7 つの湧水湿地のうち 3 つで測定した電気伝導度の値は 16.9, 18.2, 18.9 (μS/cm) と低く, 一般に東海地方の湧水湿地は貧栄養であるという指摘と合致する (浜島 1976; 波田・本田 1981, 2-2-5 参照). 電気伝導度は, 溶液中のイオン濃度を示すもので, 必ずしも栄養塩類のみの濃度を示すわけではないが,

表2-2-2 春日井市東部丘陵の築水池北側に分布する湿地の面積，地形，傾斜度および各湿地の優占種（広木・清田 2000）．

湿地	面 積 (m²)		地形	傾斜度（比高）	優 占 種
A	87.3		斜面	15.7°（3.2m）	ニッポンイヌノヒゲ
B	87.2		斜面	13.4°（2.5m）	イヌノハナヒゲ
C	399.3	11.7	平坦	—	ミミカキグサ，ニッポンイヌノヒゲ
		10.5	平坦	—	トウカイコモウセンゴケ
		377.1	斜面	16.0〜22.0°（4m）	ヌマガヤ，イヌノハナヒゲ
D	121.5	41.6	斜面	17.2°（2.7m）	シラタマホシクサ
		10.9	平坦	—	トウカイコモウセンゴケ
		69.0	ほぼ平坦	—	ヌマガヤ
E	48.7		斜面	24.0°（4.1m）	ヌマガヤ
F	94.6		斜面	20.2°（3.4m）	ヌマガヤ
G	73.1		谷底	5.0°（1.2m）	ヌマガヤ，タイワンカモノハシ

その値が低いことは栄養塩類が少ないという大まかな指標となり得るであろう．したがって，春日井市東部丘陵地帯の砂礫層から湧出する水の水質は，かなりの貧栄養であると言っても差し支えないであろう．上記の砂礫層地域内を流れる川と，弥勒山の山麓部から築水池に流れ込む川とで水の電気伝導度を比較すると，前者では20.4μS/cmであるのに対して，後者では109.7μS/cmと，砂礫層地域内を流れる川の方がきわめて低い値を示す（広木・清田 2000）．海上の森（愛知県瀬戸市）の花崗岩地域内や，長湫（愛知県長久手町）におけるヨシやミゾソバの生育する水田周辺の沼沢地では，55-118μS/cmと高い値を示すことが見いだされている（清田 1999）．

(3) 堆積物の地層と粒度分析

築水池周辺の地質は，泥岩を主体とする中生代層の上部に砂礫層がのっており，築水池の縁では，これらの中生代層と砂礫層の境界が現れている．この砂礫層の構成要素は肉眼と手触りで，大まかに粘土，砂，礫等に識別し得るが，19地点において地層の断面を調べた結果を，図2-2-5に地質柱状図として示

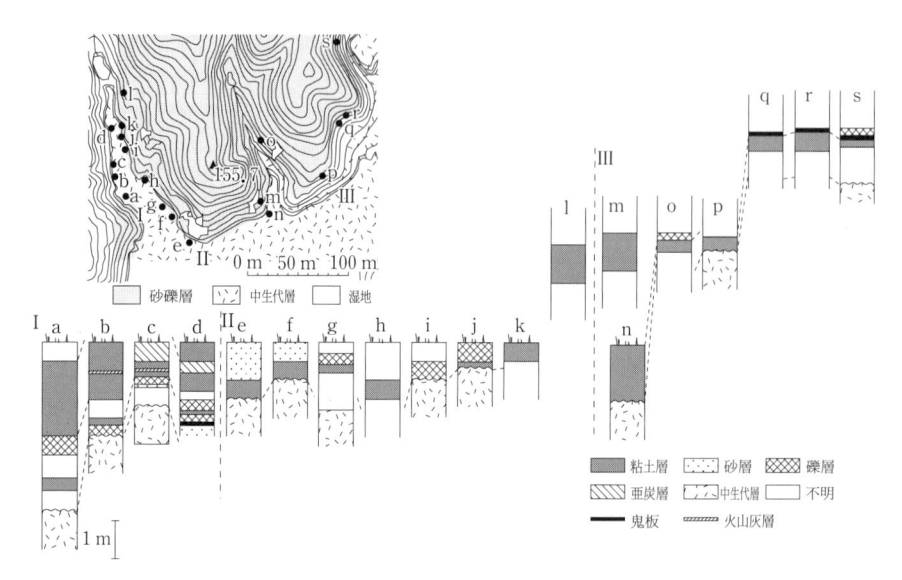

図 2-2-5　春日井市東部丘陵の築水池北側の砂礫層地帯における地質柱状図（清田 1999）．

してある．この地質柱状図を見ると，粘土層が中生代層に接したすぐその上に堆積している場所もあるが，中生代層よりも 1-2 m ほど上部に粘土層が堆積している場所も数ヶ所存在する．

　湧水による湿地の成因として，粘土層の役割が指摘されている（浜島 1976；本田 1977）．そこで，上述の砂礫層地域の粘土層を含む 6 地点において，堆積物を採取してその粒度分析を行った結果を図 2-2-6 に示す．粘土の割合は，地点 1 を除けば 10％程度であり，地点 1 においても 40％程度に過ぎない．シルトと粘土を合わせた含有量の割合は，地点 1 のおよそ 90％という値を除くと，20-50％であり，これらが不透水層としての役割を果たしているかどうかには疑問が残る．このことは，堆積物のサンプリングを行ったのが湧水地点であって，明らかな露頭でなかったという方法上の問題があるかも知れない．もう一つの可能性としては，粘土の含量が純粋に 100％でなくとも不透水層が形成されることがあり得るか，あるいは難透水性の場合でも湧水の湧出が起こることが考えられる．つまり，粘土とシルトがある程度混じることで，難透水層が形成され，その結果水が飽和して側方への水の移動が生じ，それが湧水と

なることもあり得るであろう．

築水池における露頭で，中生代層と砂礫層の境界から水の流出しているところが見られる．築水池北側に分布する湧水湿地は，中生代層との境界面よりも 4-5 m ほど上方に位置しているに過ぎない．このことと，地向が東北方向から西南方向に緩く傾斜していることを考慮すると，中生代層の上部の砂礫層で水が飽和状態になって，基盤よりも上方で湧出することもあり得るのではないかと考えられる．森山 (2000) は，海上の森における屋戸川流域と寺山川流域での湧水湿地の成因を論じた際に，両河川における流水の比流量が高いことを指摘するとともに，電気探査法による調査の結果をもとに，両河川の河道付近における砂礫層基底面が浅いことを推測している．また，彼はこれらのことをもとに，砂礫層中のシルト層が難透水層となり，そこから湧水が生じて湿地を形成していると推論している．

この難透水層が湧水の起源となり得るかどうかについては，今のところ推測の域を出ていないので，不透水層としての粘土層の役割も含めて，実証的な研究が必要である．

(4) 湿地の植生

図 2-2-4 中の湿地 A と湿地 B における 5 種（ミカヅキグサ，ニッポンイヌノヒゲ，ヌマガヤ，イヌノハナヒゲおよびノギラン）の分布パターンを図 2-2-7 (湿地 A) と図 2-2-8 (湿地 B) に示す．それぞれの種の分布パターンは，2 つの

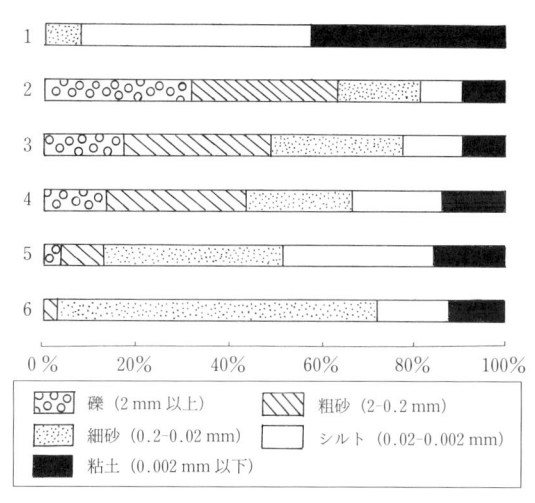

図 2-2-6　6 ヶ所の湧水地点から採取した堆積物の粒径分布（質量%）（広木・清田 2000）．

凡例：
- 礫 (2 mm 以上)
- 粗砂 (2-0.2 mm)
- 細砂 (0.2-0.02 mm)
- シルト (0.02-0.002 mm)
- 粘土 (0.002 mm 以下)

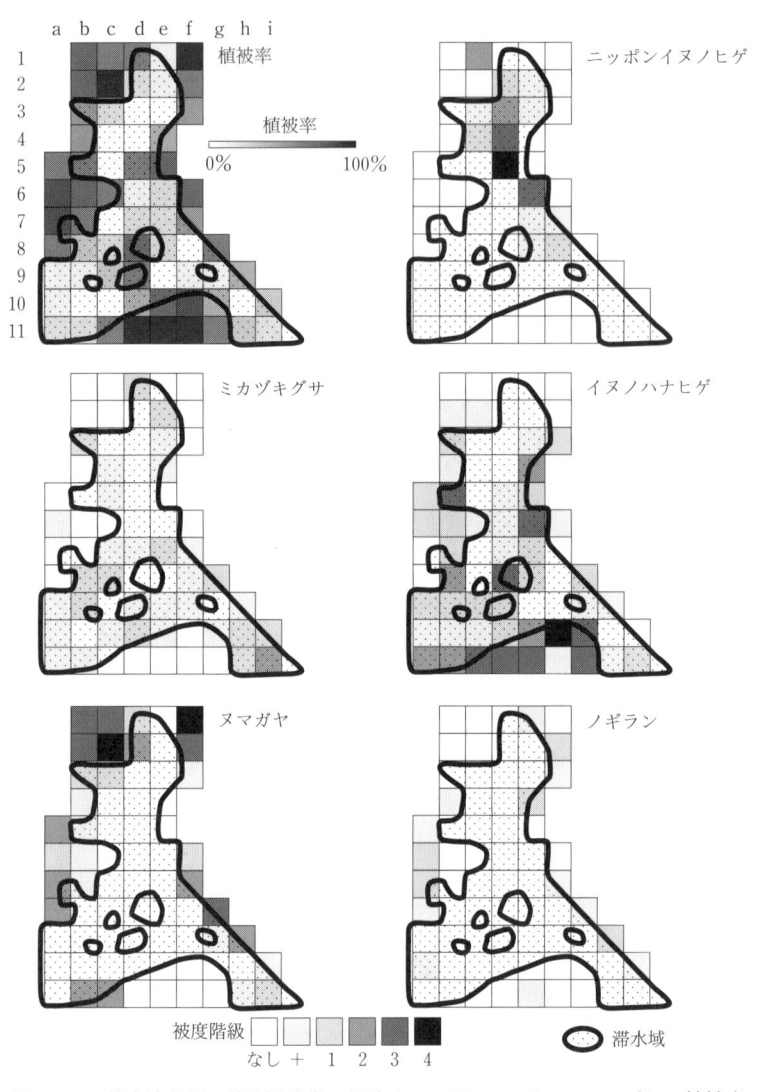

図 2-2-7 築水池北側の砂礫層地帯の湿地Aにおける1m²メッシュごとの植被率と主要植物種の分布パターン（広木・清田 2000）．被度の階級は5を100%として20%ごとの5段階に区分し，図では4以下を示してある．ごくわずかな個体が認められた場合は＋として表示した．メッシュの大きさは1m×1mを示し，小さい数字は斜面上方を示す．

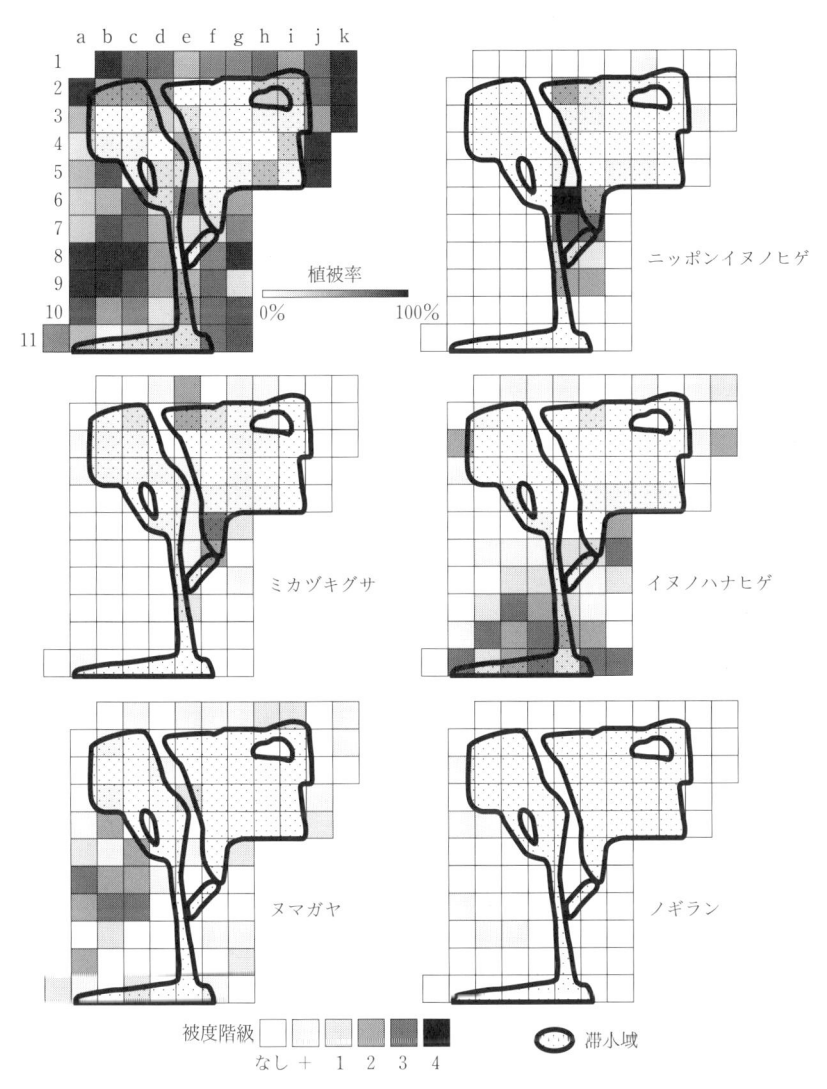

図 2-2-8 築水池北側の砂礫層地帯の湿地 B における 1 m² メッシュごとの植被率と主要植物種の分布パターン（広木・清田 2000）．図の説明は図 2-2-7 を参照．

湿地でよく似た傾向を示す．いずれの湿地においても，渇水期でない時期には水が流れている滞水域を実線で示してある．多年生草本であるヌマガヤやノギランは滞水域の外側に分布し，一年生草本であるミカヅキグサやニッポンイヌノヒゲは滞水域内に分布する．イヌノハナヒゲとニッポンイヌノヒゲはすみ分ける傾向を示すが，草丈の高いイヌノハナヒゲは斜面のより下方に分布する．このことは，斜面の下方ではシルトや有機物を含んだ泥土が堆積しやすく，草丈の高いイヌノハナヒゲが根を張る上で条件が良いと推測し得る．ヌマガヤの生育している場所は，滞水域よりも比高が数cmほど高まっているが，根系が密生したヌマガヤによって泥土がトラップされたためであるとともに，もう一方では，緩やかな流水のエネルギーはわずかではあっても，滞水域では流水によって砂礫が侵食されることも考慮する必要がある．

　湿原における種の分布とその生育環境との関係を具体的に明らかにした例として，橘と斉藤（Tachibana and Saito 1972）が吾妻山の弥兵衛平湿原で行った研究がある．彼らは，湿原に出現するさまざまな種が，乾湿の勾配と栄養塩類の濃度の勾配との2つの軸に沿って配列し得ることを示している．築水池北側の湧水湿地の場合は，種の分布は，流水の程度と微地形によって大きく規定されていると考えられるが，流水の程度は乾湿の勾配をもたらすであろうし，微地形は栄養塩類の蓄積の違いをもたらすであろう．したがって，乾湿の勾配と栄養塩類の勾配は，植物の生育上直接的に作用する生理的な要因と考えられるのに対して，流水の程度や微地形はそれらの生理的な要因の差異をもたらす物理的環境要因として捉えることが可能であろう．弥兵衛平の場合は泥炭の堆積する湿原であるのに対して，築水池北側の湿地は非泥炭性の湧水湿地であるという点でその成因を異にしているにもかかわらず，植生を構成する種間の関係に，一般性が見いだされることは興味深いことである．

　築水池北側に分布する7つの湧水湿地のうち，1つは築水池の湖底に連なる谷部の平坦地に形成されている（図2-2-4，表2-2-2）．この湿地では，ヌマガヤとタイワンカモノハシが優占しており，砂礫層の斜面域のものとは若干様子を異にしている．この湿地は谷部に位置しているため，泥土の堆積量が大きく，十分に根を張ることの出来る種が優占しているのであろう．

> トピックス

食虫植物

　食虫植物の多くが貧栄養な湿地で進化したことは，チャールズ・ダーウィン以来よく知られた事実である（Givnish 1989）．以下に述べるさまざまな食虫植物は，貧栄養な立地において，窒素やリンを昆虫などから補給することで生存してきたと考えられている（Givnish 1989）．

　ウツボカズラ科のウツボカズラ属（*Nepenthes*）は約70種ほどが熱帯に分布し，特異な捕虫袋を形成するので有名である．

　モウセンゴケ科の植物は，熱帯にも分布するが，温帯にも広く分布している．その中でもモウセンゴケ属（*Drosera*）は，約90種と最も繁栄しているグループである．東海丘陵要素の一つであるトウカイコモウセンゴケ（*Drosera tokaiensis*）は，モウセンゴケとコモウセンゴケの雑種起源の種であるとされている（中村・植田 1991）．モウセンゴケが湿地の冠水する場所に限られるのに対して，トウカイコモウセンゴケは湧水量が少ないときには干上がってしまう場所にも，乾燥に耐えて生存することが出来る（口絵6参照）．

　上記のウツボカズラ科やモウセンゴケ科の植物は，捕らえた昆虫などを消化酵素で分解してしまう能力を有しているのに対して，タヌキモ科のミミカキグサ属（*Utricularia*）の植物は，根に着いている独特の捕虫嚢（図）で小さな生物を捕らえて生活する．この捕虫嚢にはバクテリアが共生しており，このバクテリアがミミカキグサ類が捕らえた生き物を分解するという仕組みになっている．

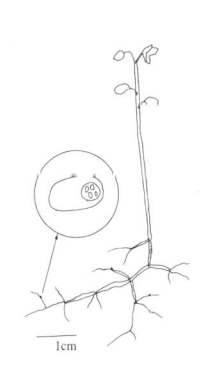

　ミミカキグサ属の多くは1年生で，小型のものが多く，タヌキモのなかまやミミカキグサのなかまが存在する．東海地方の湿地には，ミミカキグサ，ムラサキミミカキグサ，ヒメミミカキグサ等のミミカキグサ属の種が分布する．とくに愛知県と三重県にのみ分布するヒメミミカキグサは，東海丘陵要素の一つで，危急種とされている．

ミミカキグサと捕虫嚢（円内，約300μm）

(5) 湧水湿地の成因としての斜面崩壊と地形

湧水湿地の成因としては，これまでに述べたような湧水の湧出が重要であるが，その湧水が生じるためには，斜面崩壊が大きな役割を果たすことが指摘されている（Ueda 1988）．波田他（1999）は，海上の森における砂礫層地帯で，多数の地滑り型斜面崩壊の存在を明らかにしている．砂礫層は固結の度合いが弱く，谷部の侵食が進むと，勾配の大きい傾斜を維持できなくなり崩壊しやすいと考えられる．より一般的には，湧水の湧出による谷の侵食（seepage erosion）も，斜面崩壊を促す作用として働くことが重視されつつある（恩田 1996）．

上記のような，湧水を生じる要因としての斜面崩壊とは別に，湧水湿地の成立形態を変化させる要因として地形もきわめて重要な役割を果たす．傾斜が急であると，水が短時間のうちに流失してしまい，湿地を涵養することが出来ない．また，傾斜が緩やかであっても，流水路が形成されると，湿地を涵養する水の多くが流水路を通じて流れてしまい，やはり湿地は形成されにくい．湿地が形成されるためには，平坦な地形や緩やかな傾斜で水が地表全体を流れることが必要条件である（口絵11参照）．したがって，地形のあり方とともに，流水のあり方も湿地の成立に深く関わってくる．流水量が多く，水の運動エネルギーが大きいと，流水路が形成されやすく，流水路が発達してくると，地下水位がより低下し，流水路でない部分の乾燥化が進行して湿地は消滅しやすいと考えられる．しかし，以上に述べたような湧水湿地の成因については，まだ実証的なデータは少なく，その十分な理解のためには今後の研究の発展を待たねばならない．

2-2-5 湿地の水質

東海丘陵要素植物群が生育するような湿地では，その水質が植生維持に大きな役割を果たしていると考えることが出来る．これらの湿地を涵養する水は，

主に湧水である．湧水は不透水層の存在により浸透が妨げられた地下水が湧出したものである．

地下水の水質形成にはさまざまな過程が関わっている．特に，東海地方の湿地は周囲を森林に囲まれたものが多く，湿地の水質形成と森林との関わりが興味あるところである．そこで，まず森林を通しての水質の形成過程について解説し，東海丘陵要素植物群の見られる湿地の水質の特徴について概説する．

(1) 水質の変化過程

湿地にしみ出す水の元をたどっていくと，その供給源は降雨である．降水には，さまざまな化学成分が含まれている．日本では近年，日常的に酸性雨が降っている．酸性雨とは，大気中の二酸化炭素が溶け込んだ状態の pH 5.6 よりも酸性度が高く（pH が低く），人為的な大気汚染による酸性物質を含んでいる降雨のことを言う．この降水が地表に達し，土壌にしみ込んでいく．この際，森林など地表が植生に覆われている場所では，植物に接触した雨が土壌に到達する．土壌にしみ込んだ水は，表層付近の有機物や土壌鉱物と接触し，さらに深部では母岩を構成する種々の鉱物と接触しながら移動し，湧出地点から地表に出てくる（図 2-2-9）．このような経路をたどる間，さまざまな化学反応

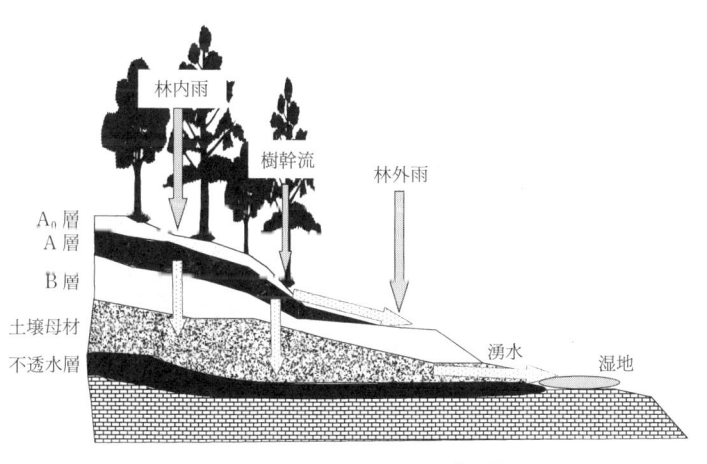

図 2-2-9 森林を通した湿地への水の流れ．

で水質が変化していく.

まず,降水が森林において葉や枝と接触して地面に到達するとき,この雨を林外雨に対して林内雨と呼ぶが,葉や枝の表面に付着していた物質を溶解し,また葉や枝から植物体内の化学成分を溶かしだすため,一般に溶存成分濃度は増大する.また,一部の降雨は樹幹を伝って地表に到達する.この雨を樹幹流と呼び,樹木にとっては根圏に供給される水として重要な役割を果たす.この樹幹流においても,幹表面,樹皮からさまざまな化学成分が溶けだし,溶存成分濃度が上昇する.図2-2-10,図2-2-11に愛知県稲武町の名古屋大学附属演習林内で,1993-1995年に観測された降雨のうち,林外雨のpHが低い順に番号を付した降水イベントにおけるスギ林の林内雨,樹幹流のpHと電気伝導度(EC)のデータを示す(竹中他1996).電気伝導度(EC)は溶存イオン濃度の総和を示す指標となる値である.林外雨の電気伝導度はpHが上昇する(試料番号が大きくなる)につれて低下していく.すなわち,溶存イオン濃度の低い清浄な雨水は,pHが高くECが低いということが出来る.図2-2-10において,pH 4以下からpH 6まで幅をもつ林外雨に対し,スギの樹冠を通過して地面に到達する林内雨のpHは,4〜5.5という値になる.すなわち,スギの樹冠がpHの高い降水についてはpHを低下させる役目を果たしており,これは主に葉に付着している酸性沈着物が溶出することによるものである.また図2-2-10より,スギの樹幹流pHが林外雨のpHに関わらず,3〜4の値となることが明らかである.このような林内雨,樹幹流の化学特性は樹種によって異なることが報告されており(佐々他1991;真田他1991,1992;塚原1994;竹中他1998),一般に,広葉樹の樹幹流pHは5〜6であり,針葉樹の樹幹流では3〜4程度と林外雨よりもpHが低下する傾向にあることが知られている.また,林内雨・樹幹流のECは林外雨よりも高い値をとり,特に樹幹流では林外雨の10倍以上に高くなることもある.このように,降水は地表に達するまでに植生と接触することにより化学特性が大きく変化し,その変化は植生の状態に依存する.また,一般的に降水の10〜20%が樹冠で遮断され,70〜80%が林内雨,10%以下が樹幹流として地表面に到達すると言われているが(生原1992),この割合も植生によって異なるため,湿地における湧水の起源として

2—2 東海地方の湿地の特色　83

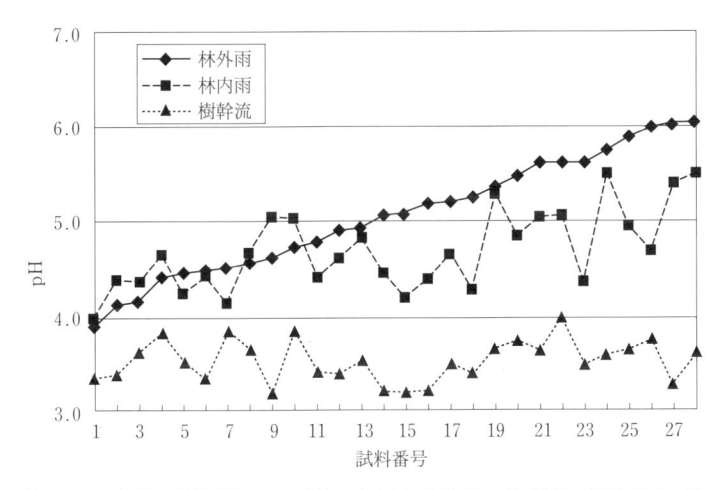

図 2-2-10　愛知県稲武町のスギ林における林外雨・林内雨・樹幹流の pH（1993-1995 年の観測より）．

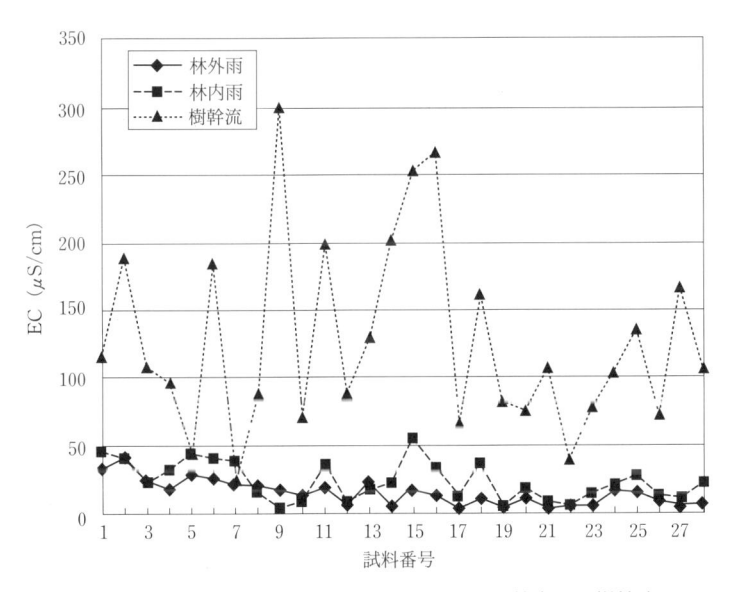

図 2-2-11　愛知県稲武町のスギ林における林外雨・林内雨・樹幹流の EC（1993-1995 年の観測より）．

降水を考える際には，まず降水域の植生の状態を把握することが重要である．

森林内で地表面に到達した雨は，落枝落葉の層（A_0層），有機物を多く含む土壌層（A層），ほとんど有機物を含まない土壌層（B層）を通過して土壌母材に到達する．このような地中での水の動きや化学成分の出入りを正しく把握するのは非常に困難であるが，土壌層に含まれる水（土壌水）の分析や，小流域単位では降雨に対する流出量変化やそれに伴う流出水の化学成分濃度の変化から，ある程度推測することが出来る．土壌層では，微生物による有機物の無機化で放出されるイオンの溶け込みや，有機物や粘土鉱物への吸着やイオン交換サイトにおけるイオン交換反応などにより，土壌水の化学成分濃度が変化する．例えば，酸性の林内雨や樹幹流が土壌層を通過する際には，カルシウムやマグネシウムのような塩基類と水素イオンとの間にイオン交換反応が起こり，通過水のpHは上昇する．この過程は土壌の酸中和作用と呼ばれる．また，有機物の無機化や硝化過程によりアンモニウムイオンや硝酸イオンなどが生成し，土壌水中に溶出する．これらのイオンは，植物の成長過程に応じて植物に取り込まれ生態系内を循環するが，一部はさらに下方へと浸透する．

また，土壌水には生物遺骸の分解生成物である水溶性有機物が溶け込んだり，土壌呼吸で多量に生成する二酸化炭素の溶け込みが起こる．このような土壌水が浸透して，土壌母材に到達すると，次に母材を構成する鉱物の化学的風化により水質の変化が起こる．化学的風化は，主に二酸化炭素が水に溶解して生成する水素イオン（$CO_2+H_2O \rightarrow H^+ +HCO_3^-$）によるものである．

例えば，NaとCaが1:1の組成をもつ斜長石の化学的風化反応は次の式で表される（鹿園 1997）．

$$4Na_{0.5}Ca_{0.5}Al_{1.5}Si_{2.5}O_8 + 6CO_2 + 9H_2O$$
$$\rightarrow 3Al_2Si_2O_5(OH)_4 + 4SiO_2 + 2Na^+ + 2Ca^{2+} + 6HCO_3^-$$

この反応により，粘土鉱物であるカオリナイトが生成する．このような化学反応の結果，SiO_2（ケイ酸）やHCO_3^-（重炭酸イオン）がナトリウムやカルシウムなどの陽イオンと共に水に溶解してくることから，これらのイオンの溶存量が化学的風化の指標とされている．

このように森林を通して地中に浸透し，湿地に供給される水の水質は，流出経路における植生，土壌状態，土壌母材によって異なる過程を経て形成されるわけである．一般に，上述のような水と土壌粒子や鉱物との相互作用の程度が大きいほど，溶存イオン成分は増加すると考えることができる．

これらのことから，湿地を水質という観点から保全する際には，それぞれの湿地に供給される水の流出経路とそれぞれの場での水質変化の過程を詳細に検討し，その全体を保全する姿勢が重要であると言えよう．

(2) 東海地方の湿地の水質

東海地方には，東海丘陵要素植物群が自生している湿地が点在しているが，その中で代表的な湿地の植生と水質（pH・電気伝導度EC）について表2-2-3に示す．この表に示すように，東海丘陵要素植物群の見られる湿地は，pH値が3～6の範囲で，EC値は10～50 μS/cmと低い傾向にあり，いわゆる酸性・貧栄養湿地であると特徴づけることができる．

瀬戸市海上の森には，ヨシやミゾソバといった植生の富栄養型湿地と，東海丘陵要素植物群の見られる湿地を，それぞれ海上川水系，屋戸川水系に見ることができる．この2タイプの湿地の水質について長期間観測し比較した結果を，図2-2-12と図2-2-13に示す．屋戸川水系の湿地BとCでは，常に海上川水系の湿地よりもpHが低く，ECが安定して低いという特徴がある．森山（2000）は，海上の森の貧栄養湿地は，風化が進行しにくいチャート礫を主構成要素とする砂礫層を通過し，不透水層の存在により湧出してきた溶存成分濃度の低い水に涵養されていることを指摘している．一方，花崗岩や流紋岩などの火成岩には比較的化学的風化を受けやすい鉱物類が含まれており，そのような地層の通過水は，一般的には化学的風化由来の溶存成分を多く含むことが予想される．実際，地質が花崗岩である瀬戸海上川水系では，砂礫質の屋戸川水系よりもEC値が高く，すなわち溶存成分濃度が高くなっている．しかしながらこのことは，同じ花崗岩質の恵那大根山や濃飛流紋岩の三郷における湿地の水質にはあてはまらない．これらのデータは，先述したように湿地の水質はそこを涵養している湧水の流出経路によって決定されるものであり，地質はその

表2-2-3 東海地方の湿地の概要と水質.

地 名	瀬戸 海上川水系	瀬戸 屋戸川水系	春日井 みろくの森	豊橋 葦毛湿原	恵那 大根山	恵那 三郷
地 質	花崗岩	砂礫質	砂礫質	チャート	花崗岩	濃飛流紋岩
植 生	スギ人工林 ヒサカキ ヒイラギ	コナラ アベマキ シデコブシ ガマズミ	サクラバハンノキ シデコブシ	ハンノキ サクラバハンノキ アカマツ イヌツゲ	ハナノキ シデコブシ アカマツ	シデコブシ
	ヨシ カサスゲ ミゾソバ	オオミズゴケ ヤチカワズスゲ タイワンカモノハシ ミカヅキグサ サギソウ	タイワンカモノハシ ミゾソバ トウカイコモウセンゴケ シラタマホシクサ ヌマガヤ ミミカキグサ イヌノハナグサ	イヌノハナヒゲ モウセンゴケ オオミズゴケ ヌマガヤ アリノトウグサ ミカヅキグサ シラタマホシクサ	ヒツジグサ ミミカキグサ シラタマホシクサ サギソウ	シラタマホシクサ サギソウ
pH	5.0〜7.0	3.9〜5.6	4.8〜5.8	3.9〜5.7	4.0〜5.4	4.8〜5.4
EC (μS/cm)	35〜98	18〜46	16〜27	30〜50	11〜14	15〜29
Total-N (ppm)	0〜0.9	0〜0.4	0〜0.1	0〜1.4	0	0〜0.5
TOC (ppm)	0.5〜5	0.3〜8	2〜8	2〜6	0.9〜7	3〜5

中の一要因に過ぎないことを意味している.

(3) 酸性・貧栄養の水質の成因

　東海丘陵要素植物群の見られる湿地は，前述のようにpHやEC（電気伝導度）が相対的に低いことから「酸性・貧栄養湿地」と特徴づけられている．しかしながら「貧栄養」の本来の意味は，植物にとって必要な窒素，硫黄，リン，カリウム，カルシウム，マグネシウムなどの元素を含む塩類に乏しいことであり，ECが相対的に低いだけで湿地の植生にとって「貧栄養」と言えるのかは問題であり，溶存成分の組成も判断の基準とすべきである．

　湖沼の富栄養化の指標には一般に全窒素と全リンの濃度が用いられ，水質環境基準では全窒素が 0.4 mg/l 以下，全リンが 0.03 mg/l 以下と定められてい

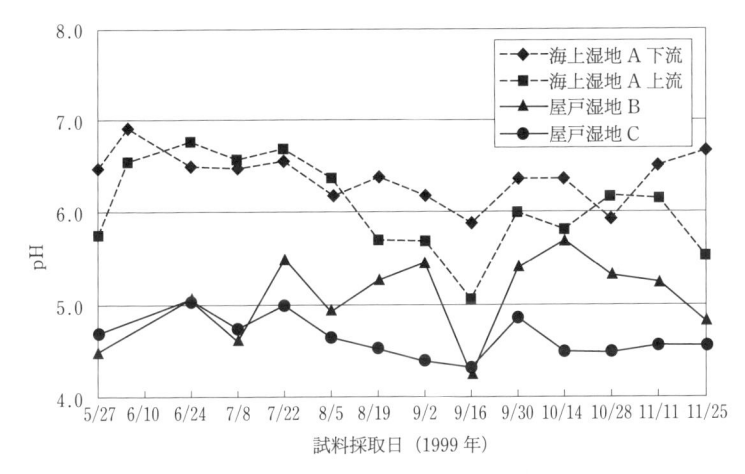

図 2-2-12 海上の森に見られる富栄養型湿地（海上川水系）と貧栄養型湿地（屋戸川水系）の水の pH.

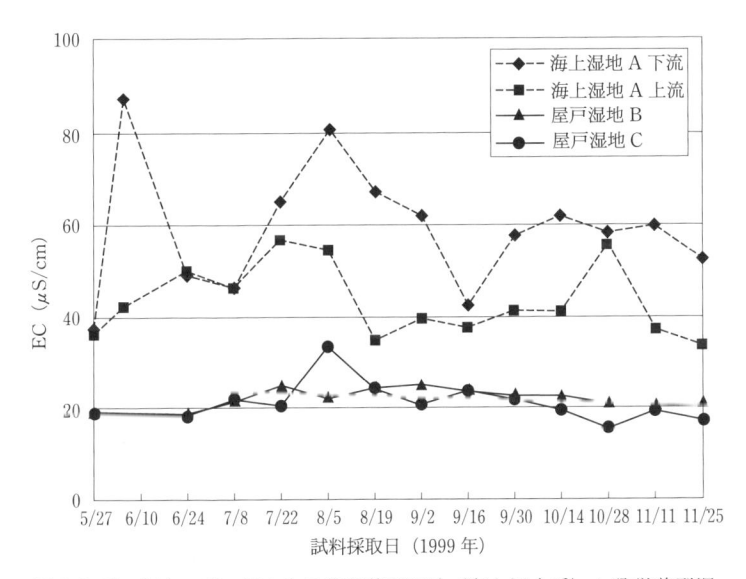

図 2-2-13 海上の森に見られる富栄養型湿地（海上川水系）と貧栄養型湿地（屋戸川水系）の水の EC.

る．この観点から東海地方の湿地の水質をみてみると，葦毛湿原では全窒素濃度が環境基準を越える水が存在するため，必ずしも貧栄養であるとは言い難い．近年，降水中の硝酸イオン濃度は増加する傾向があり，酸性雨の原因物質として問題となっている．植生の存在するところでは，降水により供給された硝酸態やアンモニウム態の窒素は，有機物の無機化やその後の硝化作用で生成する無機態窒素とともに，植物の成長に利用される．しかしながら，植物の生育に対して過剰な量の窒素が供給された場合には，地下水に溶けた状態で流出し，下流域における富栄養化の原因となることが指摘されている（伊豆田 2001）．従って，湿地の水の窒素含有量には，集水域における大気からの窒素の供給量と植生の発達との関係が重要である．葦毛湿原においては 2-2-3 で述べられているように，集水域の植生は過去 10 数年の間に未熟な状態から二次林へと変化していることから，植生の変化が地下水の量的な変化のみならず，水質の変化を引き起こしていることが予想される．

もうひとつの富栄養化の指標であるリンについては，表 2-2-3 に示した湿地のほとんどの試料で検出限界以下であった．通常，湖沼の富栄養化を引き起こす過剰リンは，リン酸の施肥や生活排水中の洗剤由来のリンがおもな原因であるとされており，集水域が自然植生である湿地においては，リンによる富栄養化は考えにくい．

これらの湿地において溶存イオン成分が全体として少ない原因としては，上述したように風化が進行しにくい地層を水が通過してきている，あるいは，むしろイオンの吸着が起こるような層を通過してきていることが考えられる．また，地中での水の滞留時間が短いことも要因かもしれない．

次に，湿地の水が酸性を示す原因としては，主として次のような過程を考えることができる．(1)二酸化炭素の溶け込みによる水素イオンの解離(2)有機物の分解過程で生成する有機酸の寄与(3)酸性雨の直接流出(4)硫化物層を通過する際の硫化物の酸化である．これら以外にも，森林生態系内では NH_4^+ の硝化や植生による陽イオン吸収の際にも酸（H^+）が放出される．まず，(1)の炭酸由来による酸性化は，通常の大気中の二酸化炭素濃度では pH 5.6 程度にしかならないため，それ以上の酸性度の場合にはその他の酸性化メカニズムが働

いていると言える．次に，一般に高層湿原・低層湿原では，低 pH の水がしばしば認められ，これは，上記(2)の有機酸の存在によるものとされている（鈴木 1994）．しかしながら，表 2-2-3 の湿地において TOC（全有機炭素）のレベルは低く，また酸性度と TOC との間に関係は認められないことから，有機酸による pH 低下は考えにくい．また，森山（2000）は，海上の森の砂礫層地域の水が酸性を示す理由として，湿地を形成する生物的作用を挙げている．しかしながら，図 2-2-12 に示した海上の湿地 A の上流（湧水地点に近い）と下流（湿地内を通過）を比較した場合，上流側で pH が低い場合が多いことから，湿地内の生物相によって pH が低下するとは言い難い．

東海丘陵要素植物群が酸性の水質によって維持されているのか，貧栄養型であることが重要であるのか，あるいはその両方の要因が必要なのかは現在のところまだ不明である．また，酸性・貧栄養の水の成因も明らかではない．今後，東海丘陵要素植物群を含む湿地を水質という点から保全していくためには，これらの課題の詳細な研究が必要である．

2-2-6 湧水湿地の遷移

(1) 遷移の理論上の問題

遷移に関する研究は，古くは 17 世紀にも遡るが，19 世紀の終わり頃までには，ヨーロッパでは現象論的な研究が蓄積されていた．かつて湖沼だった地域に，森林が発達していることから，遷移という現象が事実であるという認識が進んだ（Clements 1928）．その後，20 世紀に入り，北米での研究が進み，クーパー（Cooper 1913）は，スペリオル湖のロイヤル島における研究において，遷移の乾性系列と湿性系列という遷移の進行に関する研究をまとめた．しかしながら，現在まで，時間の経過とともに湿原が森林に変化することを具体的に明らかにした研究例はほとんどなく，推測に基づいている場合が多い．倉内（1973）は，愛知県豊橋市の大池において，15 年間にハスやマコモが大幅に分

布を拡大した例を示しているが，その後森林にまで発達するかどうかは不明である．この大池の場合でも，ハスやマコモの分布拡大には，周辺の工事による水位の低下や，土砂の流入等の影響があったという．したがって，この例は，撹乱等の外部的な要因を排除した自発的遷移の例とは言えない．もちろん，さまざまな環境要因の作用で，他発的に遷移が生じることも認められてはいるが，一般に湿地・湿原が遷移すると言う場合は自発的遷移を指している．近年，花粉分析に基づく研究によって，湿原が森林に変化したのはおもに気温や降水量の変化を伴う気候的な要因であるということが示されている（Jackson et al. 1988；Singer et al. 1996；Yu et al. 1996）．このような気候変動に伴う遷移は，少なくとも1000年単位の現象なので，その変化の実態を把握することはたいへん困難である．湿地・湿原の遷移に関しては，具体的な解析をもとに遷移の理論を再構成する必要があるであろう．本項の後半部で，次節で紹介する大根山湿原の例をもとに，この理論的な側面に若干触れる．

一般的な遷移の理論においても，従来のように空間的な植生の配列を時間の系列に単純に置き換えて遷移系列を読みとる方法については厳しい批判がなされている（Drury and Nisbet 1973；Finegan 1984）．異なる植生の配列が単純に時間の変化を示すとは限らず，それは環境要因の違いに対応しているだけかも知れないからである．Tansley（1965）は，"The British islands and their vegetation"において，イギリスにおけるマーシュ（marsh）の記載を行っており，その中で，湿地は森林へとは遷移せずに，ミズゴケの生育する泥炭湿原（bog）へと移り変わると指摘している．この点については，気候と泥炭形成との関連で後に触れるが，このことは，湿地・湿原の置かれている条件をきちんと把握した上で遷移について論じる必要があることを示している．

(2) 葦毛湿原の場合

東海地方の湿地は，放置しておくと森林へと遷移が進行するものと一般的には考えられている．すでに紹介した愛知県豊橋市の葦毛湿原は湧水湿地の1つであるが，1976年から1984年の間に湿地の植生が大きく変化したことが報告されている（倉内・中西 1990）．シラタマホシクサ群落が一部ヌマガヤ群落に，

そして，ヌマガヤ群落の一部がイヌツゲ・ハンノキ群落に変化したと言う．中西・倉内（1994）は，これらの変化の事実から葦毛湿原全体が森林へと遷移し，湿地が消滅してしまうと推測している．

しかしながら，葦毛湿原の一部で遷移が進行しつつあることは事実であるにしても，湿地全体が消失してしまうと結論づける根拠は見あたらない．湿地の成立要因には，地形と流水量が大きく関わっており（広木・清田 2000），十分な流水量がある場合には，遷移をさらに進行させるヌマガヤ等の生育は押さえられる可能性がある．したがって，葦毛湿原の場合においても，現実に進行しているのは，一部に遷移を伴いながらの湿地の分化であって，葦毛湿原全体が森林へと遷移しているわけではないであろう．微地形の形状とシルトや泥土の堆積状態の関係，さらには流水量との関係を具体的に調べる必要があるであろう．ヌマガヤ等の大型の多年生草本は，根系を発達させ，その遺体が樹木の進入を促進する可能性がある．葦毛湿原の斜面下部は，もともとハンノキ林を切り開いて水田とした跡も認められるので，そのような部分は遷移が進行しやすい立地であったと考えられる．葦毛湿原では，ヌマガヤやイヌツゲ等の除去実験を行い，湿地の維持を図っている（中西・倉内 1994；中西 2000）．一部で，一時的にシラタマホシクサが増加し，その後減少したと言う．人間の意図で，特定の種の維持を図るのは，湿地の場合きわめて困難である．植物種間の競合を通じて，湿地植生が維持されることが望ましい．上記の実験の結論はまだ出ていないが，人間による干渉が植物種の集団にどのような影響を及ぼすかという貴重な事例となるであろう．その場合，植物種間の競合と環境の関係で，さまざまな遷移のパターンが認められるに違いない．

(3) **砂礫層地帯の湧水湿地の場合**

東海地方の湧水湿地は，一般に面積が小さいものが多い．菊池他（1991）は，東海地方の116の湧水湿地を調べ，100-1000 m^2 の面積のものが39％を占め，1000 m^2 以下のものは全体の68％におよぶことを報告している．2-2-4ですでに述べたように，春日井市東部丘陵の7つの湧水湿地は最大でも400 m^2 である（広木・清田 2000）．

上記のように，湧水湿地の面積が小さいことが，遷移が進行して湿地が消滅してしまうと考えられている大きな理由であるように思われる．しかし，比較的小さい面積の湿地でも，湧水量が多い場合は森林が湿地に迫ることはそう容易ではないと推測し得る．湧水量が多ければ，流水によって泥土や植物遺体が流出し，ヌマガヤ等の遷移を進行させやすい大型多年生草本の生育が妨げられるからである．とくに，東海地方の砂礫層地帯における湧水湿地では，風化しにくいチャートの礫が底に堆積していると，土壌形成も進みにくい．まだ，これらの点については研究をもとに裏付けられた十分なデータは存在しないが，例えば，比較的傾斜度の大きい斜面において流水量が十分にあれば，上述したようなヌマガヤ等による遷移の進行も抑えられる可能性は十分に考えられる．すでに 2-2-4 で紹介したように，春日井市東部丘陵地帯における砂礫層地帯の湧水湿地では，微地形に応じた流水のあり方によって，ヌマガヤの生育し得る範囲が制限されている（広木・清田 2000）．さらに，湧水そのものによる侵食によって，裸地化が維持される可能性もあるので，地形に応じた具体的な湧水湿地についての解析が必要である．

　上述したように，湧水湿地の寿命が短いとは一般的に言い切れないという考えに対して，小さい湧水湿地は比較的短期間で消失してしまうという見解もある．この推測は，まだ実証されたわけではないが，地形と湧水量との関係では寿命の短いものもあり得るであろう．このような湧水湿地の寿命の短さを斜面崩壊による湿地の生成で補ってきたと考える立場もある．植田（1993, 1994）は，小さい湿地はその寿命は短いが，地域全体に湿地の数が多いことで，個々の湿地性植物が生き延びてきたと推測している．個々の湿地には，湿地性植物の種数がきわめて限られているという菊池他（1991）の報告は，この植田の指摘を裏付けているのかも知れない．

　菊池他（1991）の報告によれば，小さい湿地ほど破壊されていたり，絶滅しかかっていたりして，人為的な影響が大きいと言う．この場合，人為的な影響の内容については具体的には触れていない．このような人為による湿地の衰退は，いわゆる自発的な遷移とは異なるものであるが，このような人為も含めた他発的遷移も湧水湿地の消滅に大きな影響を及ぼすので，十分に考慮する必要

があることは当然のことである．その場合に，その外的影響を具体的に把握する必要がある．一般に，宅地造成等の地域開発の際に，地下水位の低下等の影響によって，湧水量が減少して湿地が消滅するということが起こる．このような場合，単に，湧水湿地の遷移として論ずるのではなく，人為的な環境の改変そのものが問題である．近年の人為的な開発によって，無数の湧水湿地が消失したが，このことと湧水湿地の遷移とはその性格を異にするので，分けて考慮する必要があろう．

(4) 泥炭形成と遷移

一般に，東北地方や北海道のような冷温帯域では平均気温が低いため，植物遺体は分解が進まず，泥炭として堆積しやすい（トピックス「泥炭地湿原」参照）．これに対して，名古屋市周辺や春日井市周辺の標高の低い丘陵地から低山地（50-500 m）にかけては，暖温帯域に属し，平均気温も比較的高いため，泥炭の堆積はほとんど認められない．しかし，同じ東海地方でも，岐阜県の標高 700 m における大根山湿原では，泥炭の堆積が著しい．この大根山湿原では，次節で述べるように，アカマツやソヨゴの進入も認められる．泥炭の堆積は，ヌマガヤ等の比較的大型の多年生草本が繁茂し得る場を提供し，それらの草本がさらに腐植を供給してさらに泥炭の堆積を進行させる．

遷移の進行は，このような泥炭の堆積とも関連するが，ミクロな地形の分化・発達とも密接に関連する．より流水量の多い区域では土壌の侵食を増大させるのに対して，泥炭がより堆積した区域では土地が相対的に盛り上がり，それに応じて流水量も減少する．大型の多年生草本は，小型のものよりも光合成生産がより大きいため，水をより多量に消費し，したがって土壌の乾燥化を促進させる．このような乾燥化が進行した区域では，アカマツやソヨゴの進入を可能にするのであろう．

上述したような比較的大型の多年生草本の繁茂と泥炭の堆積の関係，あるいは泥炭の堆積に伴う流水の変化と地形の関係は，今のところ現象論的な観察に基づく推論にすぎず，今後の具体的な解析に基づいて実証される必要がある．そのためには，従来のクレメンツ（Clements 1916, 1928）以来の抽象的な遷移

> トピックス

泥炭地湿原

　一般に湿原とは，泥炭上に発達した草原状の植生をさし，ミズゴケで覆われるような高位泥炭地と，ヨシやスゲ類が卓越するような低位泥炭地に区別される．これに対して東海地方の湿地は湧水地の鉱質土壌上に形成されるもので，marsh の一種と考えることができる（2-2-1 参照）．

　我が国の泥炭地湿原の南限は，7 月の平均気温 25℃ の等温線である本州の敦賀湾から伊勢湾を結ぶ線とほぼ一致し，さらに海抜 100 m 以下の低地に大規模な貧栄養性の泥炭地が分布する南限は，北海道の長万部付近となる（Sakaguchi 1979；Suzuki 1977）．これを Wolejko and Ito (1986) の日本の湿原帯区分と照らし合わせると，渡島半島以北の北海道が泥炭湿原地帯，東北地方から中部地方までが移行帯，中部以西の西南日本が非泥炭湿原地帯（鉱質土壌型湿原）に相当する．泥炭の形成には，堆積が開始した数千年〜 1 万年前からの過去の気候条件が深くかかわっている．従ってその間の気候変動は無視できないが，泥炭地湿原の分布と現在の気候はよく一致しており，湿原の生成や維持が温度条件ときわめて関連深いことが示唆される．

　よく知られた釧路湿原やサロベツ湿原，霧多布湿原，別寒辺牛湿原など，低地に発達した湿原のほとんどは，潟湖の陸化あるいは河川の後背湿地に形成されたものである．釧路湿原の多くの部分はヨシやスゲ類，あるいはハンノキによって覆われる低位泥炭地で，高位泥炭地は一部にすぎない．これは湿原内に流入する多くの河川によって水と養分の供給が行われることに起因する．一方，低地に発達する高位泥炭地として日本一の規模を誇るサロベツ湿原は，河川水の影響をほとんど受けず，もっぱら雨水で涵養されている．湿原内にはイボミズゴケやムラサキミズゴケなどのミズゴケ類がマット状に広がり，その中に湿原特有の植物たちが生育する．両者はともに低地に成立する泥炭地湿原ではあるが，湿原の形状と水・養分の供給形態の違いから，まったく異なった様相を示している．

　これに対して，本州中部以北の多雪山地や北海道の山地に分布する湿原は，山腹の緩やかな傾斜地や溶岩台地の平坦面に発達している．鉱水によって涵養される貧栄養の湿原で，ミズゴケ類が優占するが，雨水涵養性の高層湿原まで発達したものはわずかである（橘 1997）．

　北海道の泥炭地は，明治以降の開拓と特に第二次世界大戦後の急激な泥

炭地開発事業でその7割が消滅したが（冨士田 1997），現在でも数多くの湿原が残されている．1 ha 以上の湿原を対象とした場合，その総面積はおおよそ 59881 ha とされ（冨士田他 1997），北海道の自然景観を特徴づける重要な要素の1つとなっている．

釧路湿原
面積約 18300 ha の日本最大の低地湿原．湿原内に多くの河川が流入し，大部分がヨシやスゲ類，ハンノキが優占する低位泥炭地である．

雨竜沼湿原
北海道の代表的な山地湿原で，多数の池塘が点在し，浮島も見られる．

理論を乗り越えて，植生の発達と微地形の分化という具体的な事象を組み込んだ新しい湿地に関する遷移理論の体系が必要であろう．森林の遷移に関しては，クレメンツ以来の有機体論的遷移理論は，具体的な事実をもとに多くの批判を受けてきた（Whittaker 1953；Miles 1979；Finegan 1984；広木 1986）．しかしながら，湿地・湿原に関しては，まだ十分な批判がなされて来なかったと言える．遷移現象が長い時間を要するということも，遷移の研究を困難にしている大きな要因の一つであるが，湿地・湿原の場合は，出現する植物種は目に見えやすいが，微地形の変化やそれに連動する流水の変化を定量化しにくいことも，その遷移の研究を困難にさせている大きな要因であると考えられる．今後，湿地・湿原における遷移の過程を明らかにするためには，微地形と流水の関係，およびそれらと植生の変化を対応させた解析を進めることが重要であろう．

2—3
東海地方の特色ある樹木

2-3-1 大根山湿原とハナノキの更新

　大根山湿原は，岐阜県恵那市飯地町の高原に位置する大根山（標高750m）の山裾部に存在する小さな湿原である（写真2-3-1）．この大根山湿原には，天然性のハナノキの実生（種子由来の芽生え）や若木が見られ，また，この湿原に近接する谷には，ハナノキの成木が点在する．これまで，ハナノキの天然更新に関する報告はまったくなされていないので，この大根山湿原の例でハナノキの天然更新の様子を紹介する．この大根山湿原が分布する標高700mあたりは，森林の垂直分布帯としては丘陵帯から山地帯にかけての移行帯にあたる．この大根山湿原は東海地方の丘陵地よりも気温が低いため，泥炭の堆積が認められる．この泥炭形成と気温の関係については後にまた触れる．大根山湿原に出現する種は，標高400-500mあたりまでに分布する丘陵性の湧水湿地に出現するものと共通しているものもあるが，大根山湿原は泥炭形成の有無によってこの湧水湿地とはその性格を大きく異にしている．

(1) ハナノキの分類学的位置

　ハナノキ（*Acer pycnanthum*）は，カエデ科に属し，美濃地方の山間部の湿原に分布する東海丘陵要素の一種である．ハナノキは，雌雄異株の落葉性高木で，その高さは20mに達する．北米東部には，近縁種のアメリカハナノキ（*Acer rubrum*）が分布するが，このアメリカハナノキも湿った立地に生育するという点でハナノキの特性と共通している．

写真 2-3-1　岐阜県恵那市飯地町の大根山湿原（標高約 700 m）．中央に，ハナノキの若木が 1 個体育っているのが認められる．

(2) 大根山の概況

大根山の山裾部およそ標高 700 m のところに，最大径 50 m ほどの湿原が存在する（図 2-3-1）．大根山とその付近一帯の地質は花崗岩からなっている．地形は盆地状となっており，湿原は南東方向から北西方向にきわめて緩やかな傾斜をなしている．湿原の南東部の末端に二つの湧出地点が認められるが，その周辺部においても伏流水が存在している．流水路は現在 3 つ認められるが，そのうちの 2 つは途中で地下に浸透して伏流水となっているところもある．この

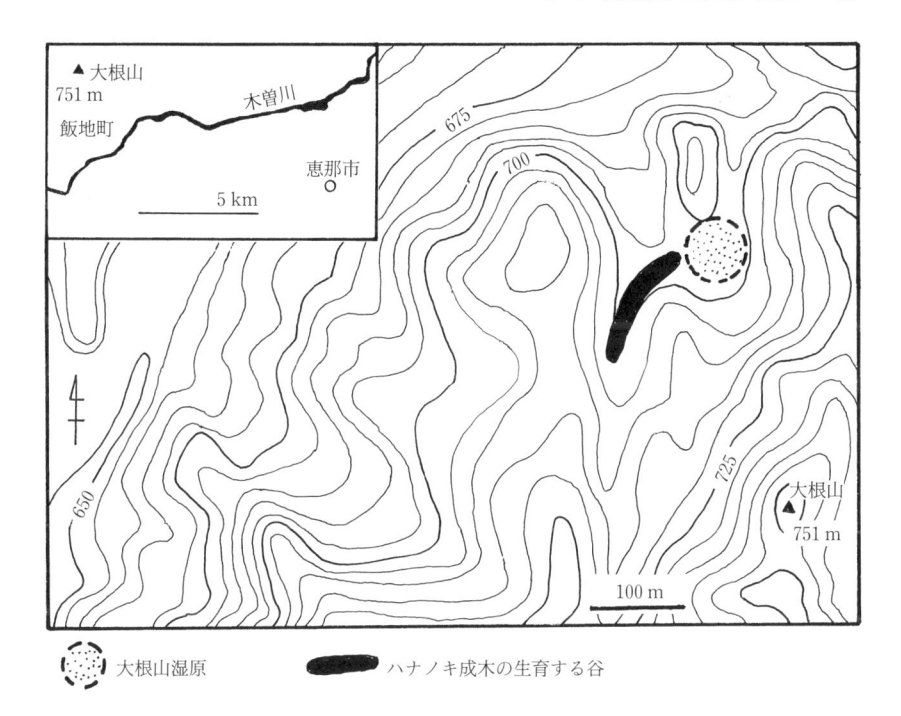

図 2-3-1　大根山湿原とそれに連なるハナノキ成木の生育する谷.

3つの流水路は，湿原の中央部で複雑に分岐・合流し，最終的には北西部で，1つに合流して谷部の流水路に流れ込んでいる．

大根山湿原の植生は，ヒツジグサ群落，コイヌノハナヒゲ群落，ヌマガヤ群落，アカマツ低木群落，およびハナノキ群落からなっている（後藤・広木 2001）．流水路には，シラタマホシクサやシロイヌノヒゲが生育している．この湿原内にはシデコブシも生育しているが，シラタマホシクサとシデコブシは地理的にほぼ同じ分布域を有し（井波 1956），両者はこの大根山湿原がほぼ北限にあたっている（口絵 7）．

(3) ハナノキの分布

図 2-3-1 で示したハナノキ成木の生育する谷では比較的大きいハナノキの個

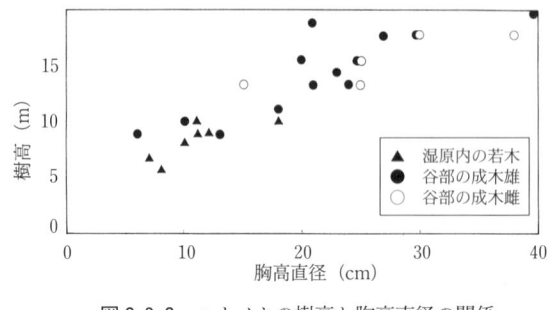

図 2-3-2 ハナノキの樹高と胸高直径の関係.

体群が分布するのに対し、湿原内では若木と実生しか見られない。湿原内には、まだ成熟していない若木が7個体存在し、そのうちの1個体は湿原の中央部に生育するが、残りの6個体は周辺部に分布している。また、近接する谷では、アカマツやコナラに混じって、谷に沿って30mの範囲内にハナノキの成木18個体が点在している。図2-3-2に、湿原内の若木と谷部の成木の胸高直径と樹高の関係を示す。谷部の成木は雌雄を区別して図示してある。雌個体、すなわち母樹、も存在し、これらは春に開花し、種子も生産することを確かめている。

(4) ハナノキ実生の生残

湿原内におけるおおよそ10m四方に出現したハナノキ実生は表2-3-1の通りである。1～10年生実生の葉数が当年生実生と比べてもまったく増加していないことは、実生の成長がきわめて悪いことを裏付けている。また、中央部の実生と周辺部の若木を比較すると、中央部の実生の成長はきわめて悪い（表2-3-2）。表には示していないが、樹齢が5～6年生の平均樹高はたかだか14cmである。図2-3-3に、およそ1年半にわたるハナノキ実生の生残を調べた結果を示す。1年間で約35%の割合で枯死している。死亡率としては高くないが、これは湿原内が十分に明るい（相対照度51.1%）ためであると考えられる。湿原内を流れる水の電気伝導度は10μS/cm程度であり、きわめて貧栄養であることを示唆している。ハナノキ実生が生育している環境がきわめて貧栄養条件下にあるため、ハナノキ実生は十分に成長出来ず、したがってその生存率が比較的高いにもかかわらず若木の数が湿原の中央部では増加しないものと解釈し得る。この点については、後に遷移との関連で触れる。

2—3 東海地方の特色ある樹木　101

表2-3-1　大根山湿原内におけるハナノキの実生個体群の構成.

	個体数	樹齢（平均）	樹高（cm）	葉　数
当年生	11	0	5.4±0.9	2.7±1.0
1-10年生	9	5.6±2.9	14.0±6.4	2.4±0.9

表2-3-2　大根山湿原における中央部の実生と周辺部の若木の年成長率の違い.

	湿原中央部		周辺部
	実生a（5年生）	実生b（8年生）	若木15年生
年伸長率（cm）	1.9±2.1	0.7±0.4	24.1±8.0

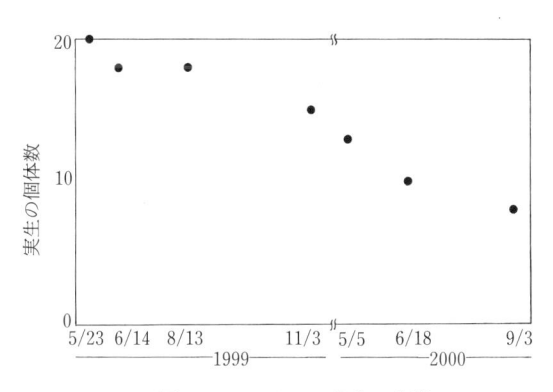

図 2-3-3　ハナノキ実生の生残.

表2-3-3　大根山湿原に近接する谷部の6地点における
　　　　　ハナノキ実生の生残.

地点	1999年			2000年
	5月23日	7月14日	8月13日	7月18日
1	0.7	0	0	0.8
2	13.5±6.2	3.5±3.7	0	0.8
3	0.3	0	0	—
4	1.0	0	0	—
5	3.3	0	0	1.3
6	0	0	0	—

上記のように，湿原内ではハナノキ実生の生存率は比較的高いが，谷ではこれとは対照的に，ハナノキ実生の生残率はきわめて低い．表2-3-3を見ると，春先に芽生えた実生はその年のうちにすべて消失してしまう．この理由は，谷部では，湿原内と比べてかなり暗い（相対照度8.0%）ためである．したがって，これらのことは，森林がいったん成立した後は，何らかの撹乱によって裸地化が生じなければハナノキは更新し得ないことを示している．

(5) 泥炭の堆積と湿原の遷移

1962年の大根山湿原の空中写真（林業技術協会撮影）を見ると，湿原の部分と現在ハナノキ成木の分布している谷の部分が皆伐された跡が認められる．この谷では，その後アカマツやコナラとともに，ハナノキが進入・定着したものと推測し得る．湿原が形成されたのは，この皆伐期以降どれくらいの時期であるかは不明であるが，降水によって，湿原周辺の伐採跡から土砂が流出して盆地状の谷部を埋めて湿原が形成されたものと推測される．大根山湿原全体のおおよそ50m四方が当時湿原化したことは，現在アカマツ，ソヨゴ等が進入して矮生林をなしているところでも，土壌を掘ってみると，泥炭の堆積が認められることからも明らかである．

このようにおよそ40年ほど前に，大根山湿原周辺が皆伐されたが，その後の経過は次のようであったと考えられる．谷部では速やかに森林化が進み，アカマツやコナラとほぼ同時期にハナノキも進入した．それに対して，盆地の中央部は湿原化が進行した．湿原化の具体的な経過は不明であるが，おそらく大まかには次のような経過をたどったのではないかと推測される．遷移の初期には，広範囲に地表水が流れていたのが，ヌマガヤ等の比較的大型の多年生草本を主体とする群落の占める割合が高まるにつれて，流水域が分化した．ヌマガヤ等の遺体が泥炭として堆積が進むにしたがってアカマツやソヨゴのような樹木の進入も始まったのであろう．ハナノキの湿原への進入が谷部よりもかなり遅れていることは，実生の定着が可能になるまでの泥炭の堆積に時間を要したか，あるいは，谷部のハナノキが成熟するまで種子の供給が少なかったためかのどちらかの理由によるものであろう．また，湿原内の周辺部における若木の

方が中央部の実生より成長が良いのは，湿原の中央部では貧栄養であるためハナノキの成長が悪いか，湿地の周辺部では，土壌形成が速く進行したか，あるいは周辺部からの栄養塩類の供給があったものと推測される．

　この大根山湿原は，シデコブシやシラタマホシクサという東海丘陵要素の分布の北限近くにあたっていることはすでに述べたとおりである．また，標高500 m以下の丘陵地帯における湧水湿地ではイヌノハナヒゲがもっぱら分布するのに対して，標高およそ700 mの大根山湿原にはオオイヌノハナヒゲが分布する．このような標高の違いは気温の違いとして植物遺体の分解速度に大きく影響を及ぼすと考えられる．Sakaguchi (1961)は，泥炭形成の進む東北・北海道地方に対して，本州中部以西の7月の平均気温25°C以上の地域においては，泥炭形成が進まない地域であることを指摘している．泥炭形成が進むと，樹木が根系を発達させることが可能となるので，泥炭の有無やその形成速度は，湿原の遷移の動向を探る上で重要な役割を果たす．

2-3-2　シデコブシ

　シデコブシ (*Magnolia tomentosa*) は，モクレン科の落葉性小高木で日本の固有種であり，愛知，岐阜，三重の三県にまたがる標高600（ときには700）mの丘陵地から低山地に分布し，東海丘陵要素の代表的な種の一つである．

　シデコブシの原産地をめぐっては，混乱がしばらく続いた．牧野富太郎が誤って中国大陸原産としたため（牧野 1967），世界的にもそのように誤解された．しかし，飯沼慾斎の『草木図説』には，シデコブシの図とともに自生することが記されており（飯沼 1977），また，伊藤圭介もシデコブシが自生であることを記していると言う（井波 1959）．その後，牧野自身シデコブシが日本特産であることを認めた（井波 1959）．シデコブシの自生をめぐっての日本と世界におけるこのような混乱については，井波 (1959) とUeda (1988) が詳しく述べている．現在では，シデコブシの花弁や萼がピンク色を帯びて可憐なことと東海地方に固有で貴重な種であることが認識されたことによって注目され

るようになり，日本シデコブシを守る会（1996）によって詳しい分布の実態が明らかにされている．

シデコブシの起源と分布に関しては，本章の2―1で東海丘陵要素の起源と進化を論じた際に触れているので，本項ではおもにシデコブシの生態的な特性について述べる．

(1) シデコブシの生態

シデコブシはおもに第三紀の砂礫層地帯と花崗岩からなる地域に分布する．井波（1959）は，その分布がこれらの地質に限られていると述べているが，各務原市における美濃帯の中生代層や，渥美半島や豊橋市における古生層のチャートからなる地域にも生育している．植田（1994）は，シデコブシがコブシから分化した可能性を指摘しているが，シデコブシはもともとは東海層群の砂礫層地帯で起源し，後に分布域を他の地質の領域にまで広げたのであろう．

一般に，シデコブシは貧栄養の痩せ地に分布する．シデコブシの分布特性は，この痩せ地に分布するという点では，後に述べる"モンゴリナラ"と共通している．しかし，"モンゴリナラ"は乾燥する尾根を中心に分布するのに対して，シデコブシはおもに湿地や谷に分布するという点でその分布特性は対照的である．井波（1959）は，シデコブシが花崗岩地帯に分布する場合，陶土の採掘跡地のような痩せ地によく分布することを指摘している．しかしながら，各務原市における場合のように，まれに比較的土壌の発達した立地にも生育する．痩せ地に生育するシデコブシの樹高はせいぜい10m程度であるが，発達した土壌上では樹高が15mほどに達することもある（Ueda 1988；浅井・広木 1997）．

シデコブシの重要な生態的特性の一つは，それがおもに湿地や谷に分布することである．後に触れるように，ときには沼沢地状の湧水湿地の中で生育するものもある．表2-3-4

表2-3-4 海上の森の屋戸川沿いの異なる立地におけるシデコブシ実生の生残（浅井・広木 1997）．

	土壌水分条件		
	湿潤	適湿	乾燥
7月29日	15	8	4
9月2日	13	4	0
枯死率（％）	13	50	100

に，海上の森（愛知県瀬戸市）の屋戸川流域の谷におけるシデコブシの当年生実生の生残を調べた結果を示す．土壌の水分条件は，大まかに湿潤，適潤，乾燥の3つに区分してある．土壌が乾燥する場所では，すべての実生が枯死したのに対して，より湿った場所の方が実生の生存率は高くなっている．このことは，シデコブシが湿地や谷のような湿った場所に生育するという特性とよく対応している．しかしながら，シデコブシ実生の出現範囲は広く，適潤で乾燥しない立地であればアカマツ林下やヒノキ林内にも生育している場合がある（浅井・広木 1997）．このような実生の出現やその生残には，後に触れるように，種子の散布や他種との競争も関わっている．

　Ueda (1988) は，シデコブシの一般的な生育地は，陽当たりがよく，通常はミズゴケに覆われた流水を伴う場所であるとしている．しかしながら，シデコブシは，強い乾燥の影響を受けなければ，必ずしも流水や地下水の存在しない立地でも生存は可能である．浅井・広木 (1997) は，各務原市において，シデコブシが流水や地下水の存在しない丘陵の斜面に分布している現象を見いだしている．シデコブシは，他種との強い競争にさらされており，湿地や流水地以外では，より乾燥の影響に対して強い種との競争に負けてしまうものと推測し得る．適度に湿った立地で，競争を免れた場合には，流水や地下水が存在しなくとも生き延びることが可能である．

　シデコブシの樹高は，すでに述べたように最大でも15 mで，多くの個体は10 m以下であり，ときには2 m以下のものもある．岐阜県土岐市において，箱状谷の谷底に形成された湧水湿地は，沼沢地状を呈しており，そのなかで樹高2 m以下のシデコブシがミヤマウメモドキやイヌツゲと共存しながら点在している（浅井・広木 1997，写真2-3-2）．シデコブシの樹高はこのように変化が著しいが，その樹形もまた変化に富んでいる．井波 (1959) は，シデコブシの生育型を高木型と叢生灌木型に区分した．しかしながら，この井波の叢生灌木型というのは，上述した土岐市の谷間に分布する樹高2 m以下のタイプに限定されないため，きわめてあいまいな区分となっている．後に述べるような萌芽枝によって根元で枝分かれをしたものを，浅井・広木 (1997) は株立ち型として認め，樹高2 m以下の叢生するタイプに対しては灌木叢生型という新

写真 2-3-2　岐阜県土岐市の谷間の湿地に生育する灌木叢生型のシデコブシ．水深は 30 cm 以上もある．

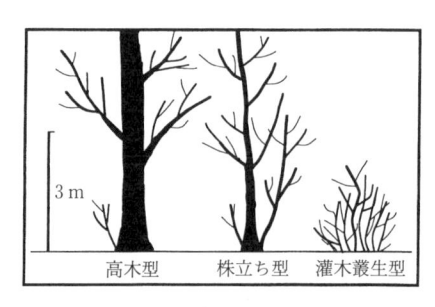

図 2-3-4　シデコブシの生育型（浅井・広木 1997）．

たな名称を与えた（図 2-3-4）．

　シデコブシは，多くの場合再生力が旺盛で，萌芽枝を出して株立ちする傾向があり，伏条枝を出すこともしばしば認められる（写真 2-3-3）．図 2-3-5 は，各務原市の丘陵斜面に生育するシデコブシ個体群において，胸高直径 10 cm 以上の個体と 10 cm 未満の個体とで

2—3 東海地方の特色ある樹木 107

写真 2-3-3 岐阜県各務原市で観察された枝の先端から再生したシデコブシ．

萌芽枝の本数を比較したものである．胸高直径が太く樹高も高い個体は萌芽枝を出さない傾向が認められる．胸高直径が10 cm 未満の個体の方が10 cm 以上のものよりも萌芽枝の本数がかなり多い．萌芽枝は通常は主幹よりも細いので区別し得

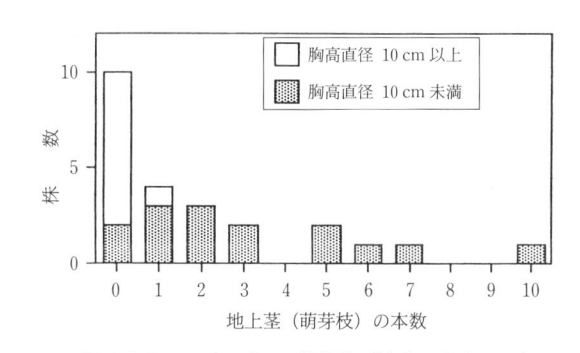

図 2-3-5 シデコブシの萌芽枝（浅井・広木 1997）．

るが，中には主幹と萌芽枝の区別がつかないものもある．先に区分した灌木叢生型ではとくにそうである．図 2-3-6 は，土岐市の谷間の湿地に生育する灌木叢生型を示すシデコブシについて，地上茎（幹）の本数ごとの株数を示したものである．湿地の周辺部に生育する個体では地上茎の数はそれほど多くないのに対して，湿地の中に生育するものでは地上茎の数は比較的多く，中には30本を越すものも見られる．

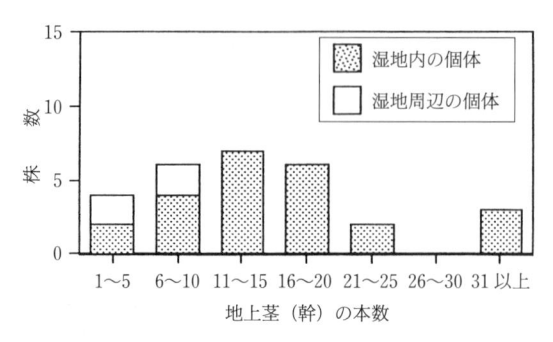

図 2-3-6 シデコブシの幹数（浅井・広木 1997）.

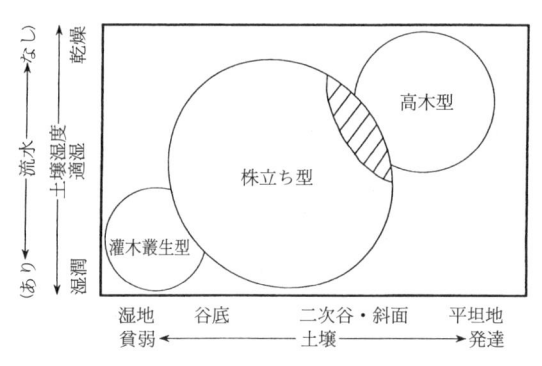

図 2-3-7 シデコブシの生育型と生育環境の関係（浅井・広木 1997）.

以上に述べたシデコブシの生育型と生育環境との関係を図 2-3-7 に模式的に示す．シデコブシの生育型は，土壌が発達した立地では高木型に，そして痩せ地では株立ち型になり，さらに地表を水で覆われるようになるとシデコブシは灌木叢生型を示す．このような樹形の違いが生じるのが遺伝的なものかどうかについてはまだ明らかではない．土地が痩せていたり，深く水で覆われていたりすると，根を十分に伸長させることが出来ないようである．立地が貧栄養であることや，水分条件が過湿であることもシデコブシの根の発達にそれなりに影響を及ぼしていると考えられるが，土壌の深さや硬度などの根の張りやすさといった物理的な要因も大きく関わっていると推測される．

(2) シデコブシの繁殖特性

シデコブシは，9月初旬から中旬にかけて，赤く色づいた袋果からなる集合果を形成する．その果実は鳥に食べられ，種子散布は鳥散布型を示す．しかしながら，実際に鳥がどのようにシデコブシの種子を散布するかについてはまったく分かっていない．シデコブシの分布は，大きく三重県（四日市市と菰野

町),東濃地方,および渥美半島に分かれており,三重県と渥美半島に分布する個体群は,その遺伝的多様度が低いことが示されている(河原・吉丸 1995).シデコブシの保全を図る上で,今後,遺伝子の交流がどの程度行われているかを明らかにする必要がある.この遺伝子交流との関連で,鳥による種子散布の実態も明らかにする必要もあろう.

2-3-3 サクラバハンノキ

サクラバハンノキ(*Alnus trabeculosa*)は,カバノキ科のハンノキ属(*Alnus*)に属する.このサクラバハンノキは東海丘陵要素には含まれていないが,やや隔離的に分布することや,危急種として位置づけられていること,そして東海地方の砂礫層地帯のやや貧栄養な立地に分布するという特性があるので重要な種の一つである.

このサクラバハンノキに近縁なハンノキ(*Alnus japonica*)が北海道から九州までありふれて分布するのに対して,サクラバハンノキは最近までは茨城県および新潟県以西にやや隔離的に分布し,九州では,宮崎県の高鍋台地にのみ分布する.最近,岩手県湯田町からサクラバハンノキが発見され,北限がさらに北まで広がった(竹原 1997).

ハンノキ属の多くの種は,ヤシャブシやヒメヤシャブシのような崩壊性斜面に生育するものや,カワラハンノキ,ヤマハンノキのように河原を中心に分布するもののように,撹乱を激しく受ける立地に生育する.ハンノキおよびサクラバハンノキは湿地・湿原に分布するが,湿地や湿原もまた大きな撹乱を常に受ける生育環境である.

(1) サクラバハンノキの更新特性

東海地方に分布するサクラバハンノキは流水域の氾濫源や湿地の縁辺部に生育し,シデコブシと共存する場合も多い.しかし,両者のあいだにはすみ分ける傾向も認められる(広木 1995).図 2-3-8 に,海上の森におけるサクラバハ

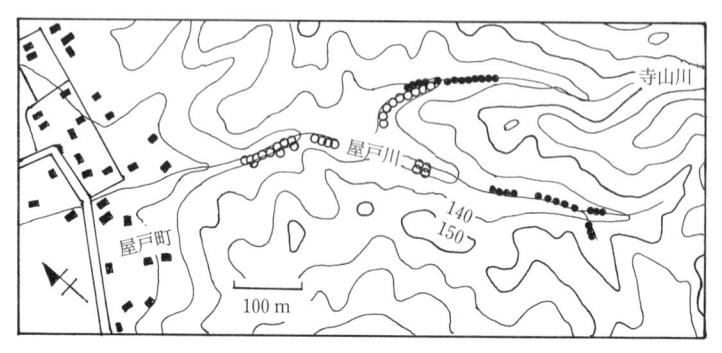

図 2-3-8 海上の森のサクラバハンノキ（○）とシデコブシ（●）の分布（広木 1995 を改変）．

ンノキとシデコブシの分布を示す．シデコブシは屋戸川や寺山川の上流域に分布する傾向が強いのに対し，サクラバハンノキは屋戸川の中流部から下流部にかけて分布する傾向が認められる．このような分布の違いが生じる要因はいくつか考えられる．一つは樹形の違いと土壌との関係である．サクラバハンノキは高木になり得るが，痩せ地でのシデコブシの樹高はせいぜい 10 m（土壌条件がよい場合は 15 m にまで達し得るが）程度である．したがって，サクラバハンノキは根が十分に張れるほどの土壌を必要とするが，シデコブシは土壌のほとんど発達しない痩せ地においても十分生育し得る（浅井・広木 1997）．両種の分布の違いをもたらすもう一つの要因は，種子散布の違いであるが，このことについては後に述べる．

　上記のように，サクラバハンノキは，シデコブシと比較すると，河川の中流部から下流部にかけて分布するが，その稚樹や実生はごく一部を除いてほとんど見られない．サクラバハンノキの稚樹が認められるのは，屋戸川の中流部に位置する湧水湿地で，その様子を図 2-3-9 に示す．1994 年から 2001 年にかけて，成木が 2 個体から 4 個体に増加しているが，まだ樹高が 60-80 cm の稚樹も存在する．成木の樹高は，せいぜい 3 m であり，中流から下流にかけての谷のサクラバハンノキのように大きくはない．これらのサクラバハンノキの分布している範囲は，大部分がヌマガヤやネザサ等が覆い，部分的にはイヌツゲ

図 2-3-9 屋戸川中流部のサクラバハンノキの分布．

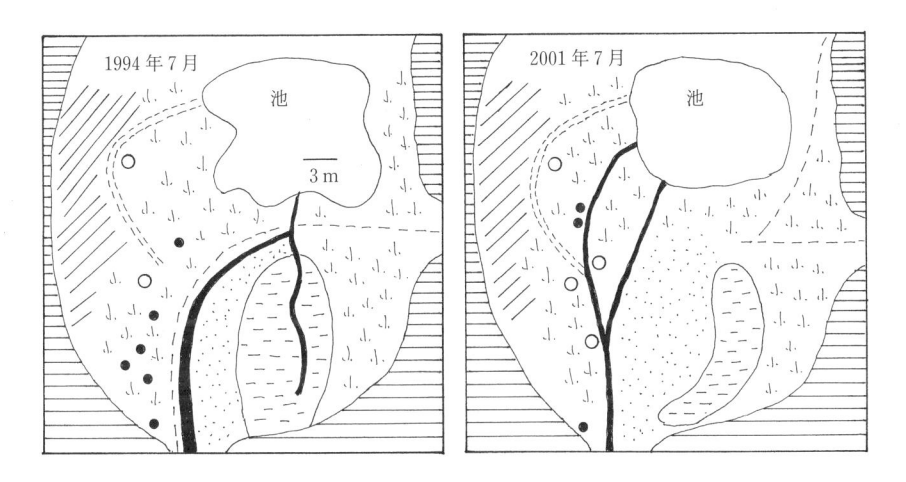

凡例：○ サクラバハンノキ 母樹　● サクラバハンノキ 実生および稚樹
── 流水路　--- 歩道　==== 流水路跡
樹林地　草地　滞水域　砂礫地　灌木林

やノリウツギ等の低木も進入し，やや遷移が進行している様子が認められる（表2-3-5）．これらの稚樹や成木の種子が進入して定着した時期には，ヌマガヤ等の多年生草本はもっと疎生していたと推測される．これらのサクラバハンノキ個体群が大きくなると，中・下流部の谷におけるように，林冠が鬱閉してくることが予想される．この湧水湿地においては，サクラバハンノキの根元と流水面の比高は5-10 cm程度に過ぎないのに，下流域においては，比高は30-50 cmにも達している．このような比高の違いが生ずるのは，サクラバハンノキの樹高伸長とともに土壌形成が進むと，土壌面が高まる一方で，流水によって水路が侵食されて流水面が低下することが大きな要因であると推測される．以上のように，サクラバハンノキの一般的特性として，実生として定着する場と親として成長した環境が大きく変化しているということが言える（広木1995）．サクラバハンノキのような遷移の初期に進出するパイオニアは，陽樹としての特性を有しているからである．

表 2-3-5 屋戸川沿いのハンノキが進入しつつある湿地における灌木林の種組成.

	被度
サクラバハンノキ	1
イヌツゲ	2
ノリウツギ	2
アカマツ	1
ソヨゴ	+
ネズ	1
イソノキ	1
ヤマウルシ	+
ウリカエデ	+
ネザサ	2
ヌマガヤ	2
ゼンマイ	+
ヒカゲノカズラ	+
オオミズゴケ	1

被度の階級はブロン―ブランケの優占度を用いて示してある.

サクラバハンノキがシデコブシと分布の違いをもたらすもうひとつの要因は，両者における種子散布の違いである．シデコブシが鳥散布型の果実をつけるのに対して，サクラバハンノキは風散布および水散布型の種子を形成する．したがって，サクラバハンノキは，河川沿いや流水域を生育の場としており，実生の定着のためには上述したように裸地的な立地を必要とする．シデコブシの場合は，鳥によって種子が散布されるので，サクラバハンノキよりも多様な生育環境に進出し得る．

(2) サクラバハンノキの起源

ハンノキとサクラバハンノキは，河川の氾濫源や湿地等に生育する点で，生育地の選好性が比較的類似している．しかし，サクラバハンノキは東海地方の砂礫層地帯に分布する点でハンノキとは異なっている．サクラバハンノキが隔離分布する宮崎県の高鍋台地も，第三紀の砂岩と泥岩の上にのった更新世の礫層地帯となっており（南谷 1985），本書の 2―1 でもその共通点が指摘されている．この砂礫層という共通性は，その生育地が貧栄養である点で共通している可能性がある．2-2-5 の水質の項で示したように，東海地方の砂礫層地帯に分布する湧水湿地の多くは貧栄養である．サクラバハンノキはハンノキと比較してより貧栄養な環境に適応しているのではないかと推測し得る．岩手県湯田町の場合も，休耕田のような富栄養な立地にはハンノキが生育し，サクラバハンノキの生育地にはミズゴケが群落を形成しているという（竹原 1997）．古い起源のサクラバハンノキが，新しく生じた繁殖力の旺盛なハンノキとの競争に

2-3-4 モンゴリナラ

(1) "モンゴリナラ"の分類学的位置づけについて

ここで"モンゴリナラ"と称するのは，東海地方に分布するコナラ亜属（*Lepidobalanus*）に属するナラの一種である．大井次三郎の『新日本植物誌顕花編』（大井 1992）では，大陸に分布する *Quercus mongolica*（Добрынин 2000）と同一種としてモンゴリナラの和名を当てている．大井によると，モンゴリナラの地理的な分布は，大陸では朝鮮，東蒙古，満州，中国，極東となっており，わが国では丹波以北から東北地方にかけて，および北海道に分布するとされている．近年，これまで北海道や東北地方に分布するとされていたモンゴリナラは，ミズナラとカシワの雑種であることが分かってきた（北村・村田 1979；佐竹他 1989）．しかしながら，東海地方に分布する個体群は，この雑種とは異なる．井波（1966）は，大井に従って，この東海地方に分布する個体群を大陸の *Quercus mongolica* と同一種と見なして，モンゴリナラと呼んでいる．それに対して，芹沢（愛知県植物誌調査会 1996）や，2-1 で東海丘陵要素について論じている植田は，この個体群をミズナラ起源と考えている．

東海地方に分布する個体群の形態学的特徴は，葉の鋸歯がやや丸みを帯びて鈍頭な点と，殻斗の総包片が瘤状に隆起する点で，大井の記載とよく合っている．しかしながら，大陸のものが葉の横幅が広く全体に丸みを帯びているのに対して，東海地方の個体群の葉はやや細長いという違いが認められる．筆者は，東海地方の個体群は大陸起源ではないかと推測しているが，今のところは何とも言えない．筆者はこれまで大井（1992）に従って，東海地方に分布するナラの個体群をモンゴリナラとしてきた（広木他 2001）が，大場（Ohba

2006）は，これに *Quercus serrata subsp. mongolicoides*（和名はフモトミズナラ）という学名を与えている．しかし，この学名はコナラを母種としている点で問題である．

(2) "モンゴリナラ"の生態

"モンゴリナラ"は，土岐砂礫層地帯の痩せ地や花崗岩地帯の尾根部に分布する．愛知県小原村の花崗岩地帯は，2種類の花崗岩からなるが，小原村の中央部の花崗閃緑岩地帯では"モンゴリナラ"がまったく分布せず，隣の藤岡町につながる黒雲母花崗岩地帯では多数の"モンゴリナラ"が分布する．

このような"モンゴリナラ"の分布の違いは，土地的な要因が大きく関わっているものと考えられる．黒雲母花崗岩地帯では陶土の採掘や，森林の過度の伐採の影響を受けて，土地が極度に痩せているのに対して，花崗閃緑岩地帯では，土壌が比較的発達していて，森林もよく発達している．"モンゴリナラ"が花崗閃緑岩地帯に分布しないのは，おそらく"モンゴリナラ"が成長の良い他の樹種との競争に負けてしまうためであろう．その反対に，黒雲母花崗岩地帯のような痩せ地に多く分布するのは，下記のように，貧栄養条件下に耐え得る適性を有するからであると推測される．

小原村の黒雲母花崗岩地帯において，尾根部の裸地で"モンゴリナラ"とアベマキの播種実験をした結果，風によるストレスの影響がない場合，生存率は"モンゴリナラ"で78.6%，アベマキで59.1%という結果が得られている（表2-3-6）．この実験を行った場所は，陶土の採掘の影響を受けて，土壌のB層のみが薄く残っている極度の痩せ地である．両者の成長の違いを見ると，生存率

表2-3-6 小原村の黒雲母花崗岩地帯の裸地におけるアベマキと"モンゴリナラ"の生存個体数と生存率（広木他 2001）．表中の数字は実生が発生してから20年後の値を示す．

	"モンゴリナラ"		アベマキ	
	生存個体数	生存率(%)	生存個体数	生存率(%)
A地点（風の影響大）	9 (11)	81.8	0 (24)	0
B地点（風の影響小）	11 (14)	78.6	13 (22)	59.1

() 内はサンプル数．

写真 2-3-4　小原村黒雲母花崗岩地帯の尾根部の裸地における"モンゴリナラ"とアベマキの実生個体群."モンゴリナラ"(右手の個体群)に対して,アベマキ(左手の個体群)は成長がきわめて悪い.

よりもより大きい違いが認められる(写真 2-3-4 参照).

(3) "モンゴリナラ"の生育する立地の土壌特性

　小原村の黒雲母花崗岩地帯と花崗閃緑岩地帯における土壌特性を調べた結果を表 2-3-7 に示す.どちらも尾根でサンプリングを行っている.A-B 層を合わせた土壌層の深さが黒雲母花崗岩地帯では 24 cm であり,花崗閃緑岩地帯のそれの半分以下である.また,黒雲母花崗岩地帯での B 層の全リン含量は,花崗閃緑岩地帯でのそれのおよそ 6 分の 1 である.これらの結果は,"モンゴリナラ"の分布している黒雲母花崗岩地帯は,分布していない花崗閃緑岩地帯よりも貧栄養であることを示している.

　B 層の有効態リン含量は,黒雲母花崗岩地帯と花崗閃緑岩地帯でほとんど差がないが,このことは土壌が貧栄養の場合,菌根菌の働きも考慮する必要があることを示唆している(向井 2001).菌根菌については 3—6 でくわしく触れる.

表2-3-7 小原村の黒雲母花崗岩地帯と花崗閃緑岩地帯における土壌の諸特性の比較（広木他 2001）．

	黒雲母花崗岩地帯	花崗閃緑岩地帯
A層の厚さ (cm)	1-3	1-4
B層の厚さ (cm)	19-24	50<
礫含有率 (%)	15.2±11.1	2.67±1.93
最大容水量 (%)	44.4±4.86	58.5±0.81
全リン含量 (mg/kg)	31.1±2.97	189±55.4
有効態リン含量 (mg/kg)	0.676±0.204	0.528±0.039
炭素含量 (mg/kg)	9180±2340	11020±1700
窒素含量 (mg/kg)	195±58	314±73
土壌のpH	4.65	4.60

⑷ "モンゴリナラ"の根の伸長特性

"モンゴリナラ"やアベマキの成長に影響を及ぼしているのは，土壌中の養分だけではなく，土壌の厚さや固さも深く関わっている可能性が考えられる．樹木が樹高伸長を大きくする場合，それに見合って根を増大させる必要があるからである．アベマキのように急速に樹高を伸長させようとする樹種は，根も十分に成長させる必要がある．

根の伸長の比較実験によって，次のような興味深い結果が得られている．アベマキは直根をほとんど真下に伸ばすが，"モンゴリナラ"は根をやや斜めに伸長させる（表2-3-8，写真2-3-5）．すなわち，アベマキの根は，鉛直方向から4-5度しかずれず，ほぼ真下に根を伸長させていると見ることが出来るのに対し，"モンゴリナラ"の根は20度ほど斜めに伸長する．

このように"モンゴリナラ"の根が地中に斜めに伸長する特性は，未熟土壌上や礫の多い砂礫層上で生育する際に適応的であると推測し得る．なぜならば，"モンゴリナラ"はこのような痩せ地でも根を斜めに伸長させることによって，根を比較的よく発達させることが可能となるからである．すでに述べた黒雲母花崗岩地帯の痩せ地では，アベマキが生存しにくい立地にもかかわらず，"モンゴリナラ"が生き延び得たのは，このような"モンゴリナラ"の根の伸長特性が大きく関わっているであろう．

表2-3-8 根箱実験における"モンゴリナラ"とアベマキの根の伸長角度の違い（広木他 2001）.

	伸長角度（度）
"モンゴリナラ"	20.2 ±5.85
アベマキ	4.64±4.35

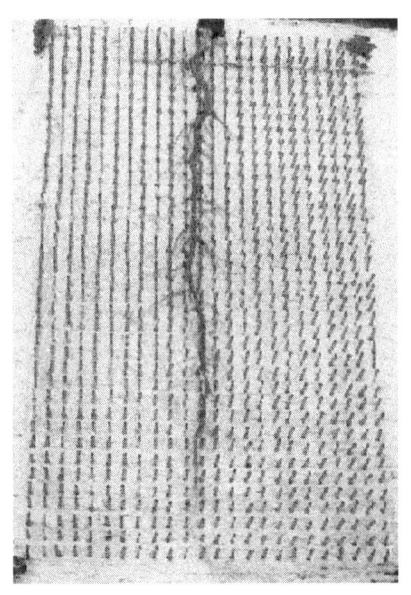

写真 2-3-5 種子発芽初期における"モンゴリナラ"（左）とアベマキ（右）の根の伸長角度の違い（広木他 2001）.

(5) "モンゴリナラ"の生態的特性と分布域

2—1で，土岐砂礫層のような砂礫層地帯の存在が東海丘陵要素の起源に重要な役割を果たした可能性を指摘している．砂礫層は，地下水が湧出して湿地を涵養し，シデコブシ等の湿地性の樹木の生育環境となり得るが，尾根部では乾燥した貧栄養の立地が裸地を形成しやすく，"モンゴリナラ"の生育に適し

た環境を提供する．砂礫層地帯では，もともと斜面崩壊が起こりやすいことと土壌形成が遅いので（波田他 1999），"モンゴリナラ"にとってはより生育に適した立地であると考えられる．このようにもともとは砂礫層地帯を中心に分布していた"モンゴリナラ"は，花崗岩地帯の痩せ地にも分布域を拡大したのであろう．花崗岩は風化しやすく，土壌形成の速度も速いので，森林が発達するにしたがって"モンゴリナラ"は他の樹種との競争に負けて排除されていくと予想される．したがって，花崗岩地帯では，斜面崩壊等による撹乱が生じれば"モンゴリナラ"は分布を拡大し，土地が安定化して森林形成が進めば衰退するという分布の拡大・縮小が動的に繰り返されるであろう．人間による森林伐採とそれに伴う土壌侵食の進行が，"モンゴリナラ"の勢力拡大に寄与した可能性は大きく，現在の"モンゴリナラ"の分布はこのような人為的な影響も無視できない（塩崎 1981）．"モンゴリナラ"は氷期に繁栄したものが，後氷期以降の温暖化に伴って，競争相手の少ない東海地方の砂礫層という痩せた立地に遺存的に残存し得たものと推測し得る．

2-3-5　ヒトツバタゴ

　ヒトツバタゴ（*Chionanthus retusus*）は，4月下旬から6月下旬にかけて，*Chionanthus* という属名が「雪の花」という意味を示すように，樹冠全体に白い花を咲かせる．ヒトツバタゴは，中国大陸，台湾，および日本の対馬と東濃地方に隔離分布するモクセイ科（Oleaceae）の樹木である．現在では，ごく限られた地域に分布するが，Noshiro and Fujine (1997) によると，白亜紀から洪積世までの間に，北海道，千葉県，埼玉県および兵庫県から化石が見いだされているという．

(1) **ヒトツバタゴの生育環境**

　ヒトツバタゴが湿地に分布するようにも記述されることがあるが（太田・石岡 1990），現存するヒトツバタゴは湿地にはほとんど生育していない．しか

し，Noshiro and Fujine (1997) は，岐阜県美濃加茂市の完新世の泥炭層から産出した化石群のなかに，ヒトツバタゴとハンノキが同時に出現することから，ヒトツバタゴが湿地性の森林を形成していた可能性を指摘している．ヒトツバタゴがかなり広域的に分布していた時代における生育地と，現在のように遺存的に分布が限られてしまった場合の生育地とは，異なる場合もあり得るであろう．

現在のヒトツバタゴの生育地は，基本的に岩場であり，場合によっては流水を伴う岩場である（太田・石岡 1990；植田 1994；清田・広木 1998）．表2-3-9には，86個体のヒトツバタゴの生育環境を調査した結果を示してある．ヒトツバタゴの分布する地域の割合は，花崗岩地帯よりも濃飛流紋岩地帯の方が高く，地形に関しては，河川流域よりも岩塊地の割合が高い．愛知県犬山市の国指定天然記念物のヒトツバタゴは，例外的に大きな礫や岩塊を含まない緩傾斜地に生育している．

ヒトツバタゴの生育環境は，岩場で大雨のときに流水の影響を強く受けると推測される立地が多く，このような点は河川流域の環境に類似している．このことは，河川流域で岩塊の多い立地もヒトツバタゴの生育地になり得ることを強く示唆している．しかしながら，河川流域の大部分は人間の生活圏と重なっており，現在，河川流域でヒトツバタゴの分布が少ないのは，人間活動の影響を強く受けたためである可能性が高い．

表2-3-9　ヒトツバタゴの生育環境（清田・広木 1998）．

		礫	岩塊				不明
		25cm以下	25-50cm	50-100cm	100-150cm	150cm以上	
濃飛流紋岩地帯	岩塊地		4	3	16	14	4
	河川		3	1	1	1	7
花崗岩地帯	岩盤・巨礫			1		1	4
	河川					1	4
その他		7		1	2	1	9
合計		7	7	6	20	18	28

(2) ヒトツバタゴ実生の生残

ヒトツバタゴの天然更新はほとんど見られず，したがってその絶滅が危惧されている．前述した清田・広木による調査の際には，後継稚幼樹はまったく見いだされていない．1997年秋に，愛知県犬山市の天然記念物保護区におけるヒトツバタゴが大量の種子を生産し，1999年の春には，この保護区周辺に，ヒトツバタゴの実生が多数出現した．ヒトツバタゴの種子は，落下した翌年の夏以降に発芽し，地上部を伸長させるのはさらに翌年の春であることが知られている（太田 1991）．この保護区における実生の出現は，ヒトツバタゴの天然更新の可能性を探るよい機会であった．その調査結果は，広木（2000）に詳しく載っているが，簡単に紹介したい．

犬山市天然記念物保護区内には，ヒトツバタゴの雄株が3個体，両性花株が3個体，そして若木が1個体生育している．この保護区内の調査区域を図2-3-10に示す．1999年6月には，およそ50 m²内で54個体の実生が見いだされ，これらの実生は，2000年7月までに14個体に減少している（表2-3-10）．この調査区内には，セイタカアワダチソウやイタドリ等の大

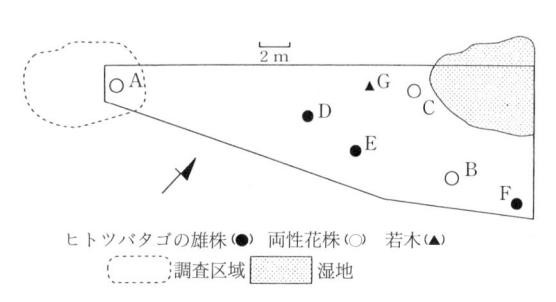

図2-3-10 愛知県犬山市の天然記念物ヒトツバタゴ保護区におけるヒトツバタゴの分布と調査区域（広木 2000）．

表2-3-10 犬山市天然記念物ヒトツバタゴ保護区に出現したヒトツバタゴ実生の生残（広木 2000）．

	1999年			2000年	
	6月3日	7月30日	9月2日	5月14日	7月30日
実生の個体数 (%)	54 (100)	30 (55.6)	20 (37.0)	15 (27.8)	14 (25.9)

型の多年生草本が群生しており，これらの草本に覆われていたにもかかわらず，ヒトツバタゴの実生の一年間の生存率はおよそ26%と比較的高かった．この事実は，ヒトツバタゴが天然で更新し得る可能性を示している．

表2-3-11 犬山市天然記念物ヒトツバタゴ保護区に出現したヒトツバタゴ実生の成長（広木 2000）．

	1999年6月3日	2000年7月30日
樹高（cm）	8.5±1.9（N=46）	12.5±2.7（N=14）
葉数（枚）	4.3±1.1（N=28）	4.4±1.1（N=14）

() 内のNはサンプル数を示す．

しかしながら，表2-3-11に示すように，調査したヒトツバタゴの実生群は，およそ1年間に樹高が4cmほど伸長したが，葉の数は4枚強とほとんど変わらなかった．このことは，ヒトツバタゴが十分に伸長して更新し得るためには，比較的明るく疎開した立地が必要であることを示唆している．ヒトツバタゴの光補償点は500-600ルクスであることが知られており（清田 1998），典型的な陽樹ではないが，光補償点が50ルクスのスダジイや100ルクスのアラカシと比較すると（Kusumoto 1957），耐陰性がそれほど大きいとは言い難い．

上述したようなヒトツバタゴのやや陽樹的な性質は，ヒトツバタゴが岩場のような疎開した立地に適性を有することと大きく関わっているに違いない．例えば，すでに述べたような河川流域では，大雨による撹乱を受けやすく，また，そのような場所の岩場は降水による氾濫で疎開しやすく，ヒトツバタゴの生存にとって好適であると考えられる．アラカシやシイ類のように耐陰性が大きいわけでもなく，アカマツやカンバ類のような典型的な陽樹でもないヒトツバタゴは，完全な裸地ではなくしばしば撹乱によって疎開しやすい立地に適応してきたと推測し得る．

(3) ヒトツバタゴの保全について

本州中部の東濃地域におけるヒトツバタゴは，その天然性のものは全部合わせても200個体程度であり，その個体群の維持は危機的な状況にある（植田 1993）．ヒトツバタゴは健全な種子を生産し（愛知県緑化センター 1979），前述したように，天然更新し得る能力は有している．しかし，それでは何故野外に

おいて，実生や稚樹が見いだされないかについては今のところ不明である．ヒトツバタゴの果実は液果をなし，種子散布は鳥散布型を示す．ヒトツバタゴの果実の核は比較的大きく，大型の鳥類でなければその種子を散布することは不可能である．もしかすると，ヒトツバタゴの後継稚幼樹が野外で見いだされない理由として，鳥による散布上の何らかの問題が絡んでいるかもしれない．

　太田（1983）は，ヒトツバタゴが雄しべと雌しべを有する両性花株と，雄しべのみからなる雄株とが存在することを明らかにしている．種子を生産し得るのは両性花株のみであるから，雄株のみの個体群になってしまうと，種子の生産が見られず，その地域では後継者が存在しなくなってしまうことになる．長崎県の対馬においては，ヒトツバタゴが群生しているが（邑上 1984；長崎県上対馬町教育委員会 1998），東濃地域においてはヒトツバタゴが群生するのは稀である．したがって，分布する地域の半数は雄株だけの可能性があり，それだけで他種との競争力が弱まることになる．副島他（Soejima *et al*. 1998）は，対馬と東濃地域におけるヒトツバタゴの遺伝的多様性を比較し，対馬では多様度が 0.149 であるのに対し，東濃地域では 0.087 と多様度が低い事実を明らかにしている．集団が小さくなると，遺伝的多様性が低下し，そのことによって集団の規模がますます小さくなるという悪循環に陥っているのかもしれない．

　このような東濃地域におけるヒトツバタゴの絶滅の危機は，さまざまな要因が絡んではいるが，その最大の要因は人間活動によると言い切って間違いない．ヒトツバタゴの分布域あるいは生育地は比較的人里に近い．かつてはかなり広範囲に，しかも高密度で分布していたヒトツバタゴは，人間の活動領域が広まるとともに，その生育地を奪われてきたと推測される．現在では，人間の生産活動の及びにくい岩場にかろうじて生き延びているのが現状であろう．このようなヒトツバタゴの更新を図るには，ヒトツバタゴの特性を生かして，他種との競争をさけ得る疎開地をどのように形成し得るかにかかっているであろう．

第3章

里山の生態系と生物群集

　生態系はきわめて複雑で，多様な生物群集から成り立っているので，一般に，限られた地域のごく一部の生き物に焦点を当てざるを得ない．この章で紹介するのは，トンボ類，ギフチョウ，植食性昆虫，カケス，爬虫類，菌根菌等に限られている．生態系の重要な構成要素である猛禽類や哺乳類，あるいは魚類については対象としておらず，ムササビやオオタカについて次章のトピックスでそれぞれごく簡単に触れるのみである．哺乳類等については，『自然保護の生態学』（本谷他 1982）や『保全生物学』（樋口 1996）をご覧いただきたい．とくに，愛知万博の会場予定地の一部となった海上の森のオオタカについては，日本野鳥の会の小板正俊（2000）が『日本人の忘れもの』（森山・梅沢 2000）の中で詳しく述べている．この小板の報告にはオオタカに関する比較的新しい文献が載っているのでたいへん参考になる．

　生態系は分解者まで含めると，無数の生き物が存在しており，私たちはそのごく一部を知り得るにすぎない．とくに，私たちは，自分たちの目につきやすいもの，あるいは高次消費者にもっぱら注目するという傾向がある．このような欠陥を補ううえで，『森林微生物生態学』（二井・肘井 2000）は，分解者に関する最新の研究成果が詳しく解説されており，複雑な生態系の奥深さを知る上で最適のテキストである．

　この章では，さらに，樹木の構成要素の一つであるリグニンに着目して，その物質循環の過程についても記述している．本書で取り扱っている里山の生態学は，おもに人里周辺の地域に生存する生き物を対象としているが，生態系というものは本来は地球規模でつながっていることを考慮するならば，このリグニンに関わる問題は今後の研究の重要な課題を示すであろう．

3—1
トンボ——里山の指標として

　里山の動物相における主要な構成者である昆虫の中でも，特にトンボ類は環境指標として，おもに次のような理由から適していると考えられる．
(1) トンボは古くから広く国民に親しまれており，生物の専門家でない一般の人々に対する自然環境の説明材料としても理解されやすい．
(2) 本邦（日本産）記録種は偶産種を含み220種弱と種類数が少なく，大型で比較的同定（種名の確定）が容易であり，分類，生態ともに研究が進んでいる分類群である．
(3) 幼虫（ヤゴ）は水中，成虫は陸上と，水域・陸域の両方の評価に利用できる．
　これらの環境指標種としての利点を持ったトンボ類の生態の一端と，名古屋市東郊に位置する尾張平野東部丘陵地帯のトンボ相について，環境指標としての特徴を重点として述べる．

3-1-1　里山生態系が持つ多様性

(1) 多様性の意味と評価法

　里山生態系の多様性を考える場合，その構成要素である個々の植生やそこに生息する昆虫等の多様性を捉えることも必要であるが，それらの構成要素から成る生態系全体としての多様性を把握することがより重要である．昆虫に限って見ると，植生に依存する種の多さのみを植生間で単純に比較することは，あ

まり意味を持たない。むしろ、それぞれの植生ごとに依存する昆虫相の特徴を捉えることの方が大切である。里山は、質的に異なる構成要素がパッチ状に入り組んでおり、それらの辺縁環境もまた多様性に貢献して、生態系の多様性を構成していることを認識すべきである。

「瀬戸市南東部地区に生息する生物の多様性に関する調査」（愛知県商工部万博誘致対策局 1996）の調査結果について、昆虫類に限ってその問題点を見ると、スギ・ヒノキ幼令林やスギ・ヒノキ植林の多様性が高く、コナラ・アベマキ群落が低く書かれている。この結果は、一般的な観察におけるコナラ・アベマキ群落の方が多様性が高いという認識とは異なった結果となっている。それぞれ調査地点が一箇所ずつしか設けられていないことや、調査面積などが明らかにされておらず、得られた結果をそのまま受けとることは出来ない。

上記の調査方法における問題点の一つは、定量採集が困難な陸上性昆虫に多様性を表す尺度として多様性指数（種類数と個体数の関係を示す指数で、種類間の量的な関係が均等なほど多様性が増す）を用いていることである。陸上性の昆虫には移動性や飛翔性の強い種が多く存在し、それらが逃げてしまう可能性が高く、厳密な採集面積や採集個体数などを示すことはきわめて困難である。したがってこの評価方法は、正確さを欠き不適切である。

問題点の二つ目は、多様性指数を用いているが、むしろ特異性を扱った方が、生態系の多様性を示し得ることである。生態系の多様性を個々の植生の多様性の高低のみで捉えるのではなく、さまざまな環境が寄り集まっているという意味で、構成要素としての個々の植生環境における特異性を重視していくべきである。この点について、上記の調査報告書における調査結果を具体的に見てみると、7つの群落における植生別昆虫類の出現数は、アカマツ・クロマツ群落62種からアラカシ・ツブラジイ群落139種となっており、総出現数は445種である。各群落のみに出現した種数は39％から57％の間であった。例えばスギ・ヒノキ植林では、84種いる中の48種がその場所でしか採れなかった種であった。これを、その環境における特異性を示す数値（この値を特異度とする）だと考えてみると、57％がその環境に特異的な種ということになる。同様に、コナラ・アベマキ群落では、特異度39％となる。

調査方法自体に問題点のあることはすでに指摘したとおりであるが、これらの数値を比較して、群落間の価値の比較を行うことには問題がある。むしろ、これらの群落ごとに特異的な種が生存していることに注目して、生態系全体としての多様性を評価することを重視すべきである。

(2) 多様性を生じる要因としての遷移と撹乱

里山の生態系の形成にも撹乱・遷移は非常に大切で、そのときどきに応じた大きさや時間の程度の違った改変が起こり、大型機械を使った改変とは異なり、長い時間をかけて少しずつ、多様な環境をつくり出してきた。人の手による開墾などの開発行為や、植林の手入れも撹乱として位置付けられる。確かに里山では、田畑の開墾や人の生活などの人為が加わることにより、たくさんの生物が失われてきた。しかし、近年行われているゴルフ場やスキー場などの観光施設やイベント施設などを目的とした大規模開発により、広い面積を短期間で改変することで失われる生物たちの数とは比較にならない。この長い時間をかけてつくられた里山は、大規模な開発による改変と違い、その地域における、時間や人為の入り込みの量、そこに棲む生物たちの駆け引きにより独特な生物相をつくりあげ、それによりつくられるいろいろな遷移段階が入り組んだ、その地域特有な地域生態系を維持している。

それぞれの地域における生物の集団としての生態系は、その地域独特な地形、水系、気候などに影響を受けて生息し、遷移の段階に応じて移動・定着する。トンボの成虫は移動能力が強く、適した環境を求めて分布の拡大をはかるが、幼虫は卵から孵化するとその水域からの脱出は困難であるため、水質などの生息環境の悪化により死滅することもある。それゆえ幼虫や成虫の産卵習性を含め、生息環境などへの影響を直接的に受けるなど、環境指標性が高い。

1975年に、木曽川のトンボ池と呼ばれる池がつぶされる代償に、河川敷に素掘りをして池（造成池）を造った。この木曽川堤外河跡湖群（通称トンボ天国）は、その後の保護運動によりそのまま残されたトンボ池を含む湿性遷移の段階が異なる4つの河跡湖（古池，マコモ池，中池，トンボ池）と、新たに掘られた造成池、コンクリート護岸されたため池（公園池）と呼ばれる池の計6つ

により構成されている．

　この池沼群全体のトンボ相の推移は，造成池が掘られる前の1973年には20種であったのが，1983年に28種，1988年には38種と増えている．1975年にトンボ池では18種，また古池では13種いたのが，いくつかの遷移段階を持つ池の相乗効果により，1988年には両池ともに26種に増えている．新しく掘られた造成池では，素掘り後2年目で9種確認されたのが，その後も増え続け1988年には32種も確認された（岐阜県笠松町 1989）．トンボ天国全体で15年の間に38種類のトンボがくるようになったのは，元からあった池の遷移が進んでコカナダモやクロモなどの沈水植物，ヒシなどの浮葉植物が繁茂したり，岸辺はマコモやヨシ，ガマなどの抽水植物で岸辺が埋めつくされたり，ヨシ群落からオギ群落に移行する状態，湿原の草原化がおこったりしたが，一方で新しい池（造成池）を掘ることにより，全体としていくつかの遷移段階を持つ池沼群になり，多様性が増したためと考えられる．

　トンボ天国と呼ばれていた1973年には20種類だったのが，現在までに確認された種は44種にのぼる．しかし，多様な遷移段階を持つ池沼群も，1990年代に入り周りの芝生広場などの公園化による手入れが行われたためと，水際の水生植物の衰退，周辺の排水の改善による水量の減少，水質の悪化などにより，現在では30種をやや超える程度で推移している（安藤 1999）．この池沼群のトンボ相が30種と安定しているのは，コンクリートで囲まれた池を除く5つの池で，人の手による管理が行われたために，適度な水生植物の繁茂などがコントロールされ，均一化された池環境がつくられたためと思われる．

3 1-2　里山に棲むトンボ

　名古屋市東郊に位置し，愛知県瀬戸市及び長久手町の万博予定地を含む尾張平野東部丘陵地帯の里山の各環境に棲むトンボは表3-1-1の通りである．この里山は地勢的には標高数十mから400m程度の丘陵地から低山地にあり，トンボの種類の多い地域である．このような地勢から，当然のことながら，沿岸

表3-1-1 尾張平野東部丘陵地帯の里山の水域とトンボ生息種．

水域の種類		左の水域をヤゴの主要生息場所とする種
湿地	林内半日陰	ムカシヤンマ，サラサヤンマ
	中・大規模向陽	モートンイトトンボ，ルリボシヤンマ，エゾトンボ，ハラビロトンボ，シオヤトンボ，ハッチョウトンボ，ヒメアカネ
	小規模向陽	ハッチョウトンボ
止水	林内水溜り	サラサヤンマ，ヤブヤンマ，タカネトンボ
	林内うっ閉された池	オオアオイトトンボ，ヤブヤンマ，クロスジギンヤンマ，タカネトンボ，コシアキトンボ
	植生乏しい池	オオヤマトンボ，コシアキトンボ
	植生豊かな池	ホソミイトトンボ，キイトトンボ，ベニイトトンボ，アジアイトトンボ，アオモンイトトンボ，クロイトトンボ，セスジイトトンボ，ムスジイトトンボ，オツネントンボ，ホソミオツネントンボ，アオイトトンボ，オオアオイトトンボ，フタスジサナエ，オグマサナエ，タベサナエ，ウチワヤンマ，アオヤンマ，オオルリボシヤンマ，マルタンヤンマ，ギンヤンマ，クロスジギンヤンマ，トラフトンボ，シオカラトンボ，オオシオカラトンボ，ヨツボシトンボ，ショウジョウトンボ，コフキトンボ，アキアカネ，マイコアカネ，マユタテアカネ，リスアカネ，ノシメトンボ，コノシメトンボ，マダラナニワトンボ，ネキトンボ，キトンボ，ウスバキトンボ，コシアキトンボ，チョウトンボ
	水田	モートンイトトンボ，カトリヤンマ，シオカラトンボ，シオヤトンボ，オオシオカラトンボ，ウスバキトンボ，アキアカネ，ナツアカネ
	廃田初期	モートンイトトンボ，ハラビロトンボ，シオヤトンボ，ハッチョウトンボ，ヒメアカネ
流水	林内細流	ニシカワトンボ，ミルンヤンマ，オニヤンマ，ハネビロエゾトンボ
	渓流	ニシカワトンボ，ヤマサナエ，ダビドサナエ，オジロサナエ，ミルンヤンマ，コシボソヤンマ，オニヤンマ
	中流	ハグロトンボ，オオカワトンボ，ヤマサナエ，キイロサナエ，ダビドサナエ，オジロサナエ，アオサナエ，オナガサナエ，コオニヤンマ，コシボソヤンマ，オニヤンマ，コヤマトンボ
	水田側溝などの細流	ヤマサナエ，オニヤンマ，ミヤマアカネ

部の低湿地帯に多い種や，平地の中・大河川を主たる生息地とする種，標高数百m以上の山地急流に産する種は少ないかこれを欠く．この東部丘陵地帯で現在見ることのできる種は70種強で，愛知県の既知定着種89種の約80％に当たる．

全国的に見ても，平地と低山地の接点となる里山の風景を呈する地域のトンボ相は多彩である．

(1) 里山に存在する水域

里山の深い谷筋上部では，滲出した雨水が徐々に集まり林床の細流となる．細流は水量を増しつつ緩傾斜を流下し，やがて渓流と呼ばれる形態になる．緩傾斜には小湿地や小水溜りを伴うことが多い．渓流の途中には砂防ダムが築かれ滞水し，ため池状になったり，大きい場合には，小規模なダム湖状になったりする．これらの滞水地の上端流入部には砂泥の流入により湿地が形成され，遷移が進んだところでは，挺水自然草原化する．渓流は麓に達し，林を出て水田を潤す．

大規模な谷筋には谷戸水田（谷津）が作られていることが多い．谷頭には後背集水域から集められた水を貯めた湿地か，ため池があり，それらから水は田越し又は側溝を伝って順番に下方の水田に供給される．

不透水層断面からの滲出水で，林内の斜面や，露出した崖の下に湿地が形成される．さらに，里山山脚部にはため池が散在し，渓流から中河川と大きくなった川が流れ，水田や畑が広がる．ヤゴが棲める里山の水域は大凡以上のような姿で存在する（図3-1-1）．

産卵は普通，種ごとに適した水面またはその周辺で行われる（高崎 2001）．止水性種は産卵された場所で生育するが，流水性種は流下して下流で羽化することも多い．源流とか向陽湿地とか特定の環境に固執する種もあるが，多くの種は最も好む場所はあるけれどもそれ以外の場所でも生息できる．時には止水性種が緩流に，あるいはその逆に流水性種が止水に育つ場合もある．一般に羽化したばかりの未熟な成虫は遠近の差はあるが，一時的に水域を離れ，草地や林で摂食し成熟した後，交尾・産卵のため再び水域へ戻ってくる．成虫の生活圏の多様性も大切であるが，それにも増して幼虫の生息に適した水域の有無が狭義の分布を左右する．従って，ある地域のトンボの種類が豊富であることは，その地域の水辺環境が多様性に富んでいることの現れである．

以下，尾張平野東部丘陵地帯の里山を例として，いろいろな水域とそこから羽化するトンボについて記す．

図 3-1-1　ヤゴが棲む里山の水域．

(2) 里山におけるヤゴの生息状況

里山に存在するいろいろな水域に，どのような種が生息するかを概観する．

a) 湿地

林内の細流や細い山道脇には，ミズゴケ，トウゲシバ，キジノオ，ミズギボウシなどが生育する泥状でごく浅く水を保った小湿地が存在する．イヌツゲ，ヒイラギ，タカノツメなどの幼木が疎らに生え，湿地林に覆われた半日陰である．このような湿地の際にある斜面部分に穴をうがってムカシヤンマ成熟幼虫が棲み，5月頃羽化する．若令幼虫は湿地の平らな部分でも見ることがあり，湿泥の穴の中で数年の幼虫期間を過ごす典型的な里山林床のトンボである．成虫も林に依存し林から遠く離れることはなく，動作も緩慢で，白く明るい衣服に止まりに来る人懐っこい種でもある（写真3-1-1，写真3-1-2）．

林内で見られる暗い湿地に対して，主として渓流の塞き止めで生じた滞水地上部に生じた中・大規模の向陽湿地や，林内のやや開けた場所に存在する明るい湿地は，大変好適なトンボの生息地である．普遍的ではないが湿地のイトトンボを代表するモートンイトトンボ，湿地のアカトンボの代表ヒメアカネをはじめとし，ハラビロトンボ，シオヤトンボ，シオカラトンボ，ハッチョウトンボや，比較的稀であるがエゾトンボ，ルリボシヤンマなどが産卵し，飛来する成虫の種も多い．

向陽湿地の中でも小規模なところでは，ハッチョウトンボが生息する．本種は浅く水を湛え，丈の低い湿性植物が豊富な平坦な湿地に多産するが，砂泥又は粘土質で植生の貧困な斜面の裸地に近い湿地状部からも発生する．瀬戸市万博予定地（海上の森南・西地区）では土取り場や崩落跡地があちこちに在るためか，むしろ後者の環境に個体数が多い．又，本種は発生地から離れないと一般的に解説されているが，林を縫って複数の雌が90m離れた草地に移動している例や，発生地から500m離れた造成地の水溜りで雄2頭を採集した例など，かなりの距離の移動をしばしば見ている．形成過程の湿地へ向かって積極的に移動拡散する能力を有するものと考えられる．

写真 3-1-1　ムカシヤンマ幼虫が生息する湿地．ミズギボウシ群落が見られる．

写真 3-1-2　地表直上で羽化するムカシヤンマ雌．

写真 3-1-3 林床上を低く探雌飛翔するサラサヤンマ．

湿地ではないが，林内の窪地に小水溜りが存在することがある．水底には落葉が堆積し腐葉土化している．半日陰の泥土に接泥産卵するサラサヤンマ，ヤブヤンマ，タカネトンボの幼虫がかなりの密度で生息していることがある．サラサヤンマは林内や池畔の湿地も産卵場所である（写真 3-1-3）．

b）池

甲山の林内，林縁，山脚部などいろいろな地形の場所に，天然性，滞水性，築造など成因を異にする大小の池が存在する．それぞれの池は構造，池自体および周囲の植生，水質など各々特性を持っている．池は止水性トンボの一番の拠り所で，池の特性に応じた生息状況が見られる．

林内の鬱閉された池では，岸周囲に樹木が迫り，枝が水面を覆い，岸が直立し，池底は深く固く，その上に落葉が溜まり，岸辺の草本や水草を欠く．このような池にはトンボは少なく，日陰で産卵するタカネトンボ，コシアキトンボ，水面に張り出した枝に産卵するオオアオイトトンボなど限られた種しか生

息しない．クロスジギンヤンマはギンヤンマとは習性を異にし，このような暗い池にも飛来する．

　多くのため池で見られるような開けた場所にあり日がよく当たる池でも，コンクリート護岸が大部分であったり，土の岸でも直立して高く，丈の高いヨシ・マコモ群落だけが優占し，植生の多様性にも乏しい池には殆どトンボは寄りつかない．オオヤマトンボ，コシアキトンボ程度である．

　ため池でも，砂泥底が池の中心部に向かってなだらかに続き，抽水，浮葉および沈水植物が連続的に生じ，陸上部も緩傾斜で，草地，灌木，樹林と順序よく並び岸は程良い空間となっているような環境が最も望ましい．池畔に湿地を伴えばさらに生息種は増える．このような池では30種以上の成虫を見ることが出来る．前記の瀬戸市地内の最良の池では39種，同じく長久手町地内の池では45種の成虫が記録されている．渓流の塞き止めで生じたダム湖状の滞水域の岸では，大湖と同様に，流水性種であるキイロサナエ，オジロサナエが生育羽化する（口絵13）．

c）水田

　規則性のある一時的な水溜りである水田からは，池に生息する10種程度の種がおもに発生する．廃田初期には湿地性の数種が一時的に発生する．谷戸のアカネ類の動態などについては田口（1997），上田（1998）に詳しい．

　水田側構など，谷津田環境のわずかな流水部でも各種のヤゴが育ち，ミヤマアカネはその典型である．オニヤンマも湧水や流水に非常に幅広く適応し，里山の優占種である．

d）川

　林内の渓流に発達する以前の源流部にあたる砂礫底の細流にはハネビロエゾトンボが特異的に生息する．近縁のエゾトンボと同所的に明るい空間を翔ぶこともあるが，雄は薄暗い林内の細流上を行きつ戻りつして探雌飛翔していることが多い（口絵12）．

　その下流の渓流部にある大礫の多い急流とか，いかにも貧栄養的な，あまり

にも清冽な礫底には幼虫は少ない．砂泥底の上に落葉が溜まっているやや緩流の淵の餌が多いポイントに，幼虫は多く生息する．ニシカワトンボ，ダビドサナエ，オジロサナエ，ヤマサナエ，ミルンヤンマ，コシボソヤンマ，オニヤンマ幼虫が生息し，成虫はニシカワトンボが最も多く，オジロサナエは幼虫の多さに比して成虫を見る機会は少ない．ミルンヤンマはより上流に，コシボソヤンマはより下流に棲み分けている．渓流が里山を出はずれる辺りから，山脚部の耕作地帯を川幅を広げながら緩流となって流れる中流部分，或は上手の地域からの河川が山裾に沿って流れ，里山からの何本もの渓流がこれに合流するような地点では，ハグロトンボや近年丘陵地から姿を消しつつあるオオカワトンボ，ヤマサナエの近似種でより下流の緩流に棲むキイロサナエ，コオニヤンマなどが加わってくる．特筆すべきは，渓流域で掲げたすべての種の幼虫が成長過程で流下して，幼虫密度の最も高いのは実はこの中流域であることである．この地帯で羽化した成虫は遡上し，上流で産卵，このサイクルを繰り返している（写真 3-1-4）．

写真 3-1-4　流下した中流で羽化したばかりのダビドサナエ．

(3) 成虫の棲み場所

羽化直後の成虫は，羽化ポイントから周りの草地や林縁へ，まだ光沢の強い柔らかな翅を弱々しく羽ばたかせ移動し，体がしっかりするのを待つ．成虫に必要な生活空間の第一は，この羽化直後の柔弱な時期を過ごすための水辺周辺の植生である．次いで，アオイトトンボ科，サナエトンボ科，ヤンマ科，トンボ科アカネ属などは林で，イトトンボ科，トンボ科の多くの種などは草原や灌木帯で双翅目などを捕食し，成熟していく．例えば初夏林縁の日溜り空地でフタスジサナエの集団が，夏季林内でコノシメトンボ，マイコアカネ，ノシメトンボ，マユタテアカネなどアカネ類多種が見られる．イトトンボ科は水辺至近の草木に拠って成熟するが，周知のようにアキアカネは夏季山地に，遠く移動して成熟する．種により要する期間はまちまちであるが，やがて成熟した成虫は水域へ戻り生殖活動を行う．

トンボの生活の本拠は水辺であるが，羽化直後の休息の場と，成熟のための食の場としての水辺後背の草地，林の存在は重要である．

以上述べたように里山には，トンボが多産し，自然観察会などで漫然と山道を歩くだけでも，或る程度トンボを見ることは出来る．山道でよく見かけるのは，初夏では明るい路面に好んで静止する *Trigomphus* 属の小型のサナエトンボ，道沿いの灌木上に多いヤマサナエ，やや開けた草地を好むダビドサナエ，林道はたいてい渓流に沿っているので，渓流で生まれ遠くへは移動しない *Calopteryx* 属のカワトンボなどである．

盛夏には，路上を往復飛行するオニヤンマが普通であり，やや高所を旋回している金緑色の未熟のタカネトンボを見ることもある．秋には，草本や樹上にアカトンボ類を多く見る．真っ赤なアカトンボ類が秋に目立つので，トンボの季節は秋だと一般に思い込まれているが，実際には多くのアカトンボは7月上旬頃にすでに羽化し林間に潜んでいる．

しかし，さらに詳しくトンボを探索しようとするならば，やはりそのトンボが生息する個々の水辺を尋ねなければならない．

(4) 里山のトンボの観察

ため池は止水性トンボの重要な発生（ヤゴが育ち羽化するの意）源で，たいていは道がついていて近づくことが出来る．自然的な岸構造で植生豊かな池であれば表 3-1-1 に示すようにいろいろなトンボが発生し，湿地を付帯していればさらに多くの種を見ることが出来る．

岸の構造は一つの池でも一様でなく，一般に適度の植生がある部分にトンボは集まっている．したがって可能な限り池の全周を踏査する．サナエトンボ類は水面すれすれの場所で羽化するためちょっとした波でも水没し，羽化に失敗するので水面に踏み込む場合は充分気をつけなければならない．

ヨツボシトンボ，ショウジョウトンボは茎の先端に止まり，クロスジギンヤンマやオオヤマトンボは岸沿いに巡回飛行し，雌を捕らえる機会をうかがっている．初夏から秋にかけてイトトンボ類やヤンマ類は抽水植物や浮葉植物などの組織内に産卵し，イトトンボ類が茎につかまったまま水中まで降りて行き潜水産卵を続ける様子もよく見られる．秋季多数のアカトンボ類が，雌雄連結しながら空中から卵をばら撒いたり，水面や泥に尾端を打ちつけ産み落としたりと，各々の種固有の方法で産卵している．

樹木で鬱閉された林内の池は，一般にトンボにとって好ましい環境ではなく，飛来する種は限られるが，そのような池でも水面に張り出した樹木の枝に真夜中でもオオアオイトトンボが産卵している．

池や湿地の草本や岸の砂地や石，護岸がしてあればその壁面を注意深く探すとヤゴからトンボが羽化した抜け殻（脱殻または羽化殻）を見つけることが出来る．時にはずいぶん離れた樹上で見つかることもある．脱殻はヤゴの終令の特徴をそのまま残しており，標本として終令幼虫と同等の価値を有する（写真 3-1-5）．幼虫採集はなかなか億劫なものであるが，脱殻探しはむしろ楽しい．セミの抜け殻探しと同じ要領である．

流れで産卵や羽化を観察できるチャンスは，止水と比べ少なく難しい．ミルンヤンマやコシボソヤンマは樹木に覆われた薄暗い渓流で産卵するが，この様な場所には道はなく，小枝をかき分け流れの中を歩かねばならない（写真 3-1-

写真 3-1-5　林内小水溜りから羽化したサラサヤンマの羽化殻.

写真 3-1-6　渓流に横たわる枯木に産卵するコシボソヤンマ.

6).

　林床の水層はほとんどない泥土や，ほんのちょっとした水溜りからムカシヤンマやサラサヤンマは発生する．路上ではしばしば目撃されるこれらの種でも，その発生源は林内の思いもよらないこのような環境である．通り一遍のアセスメントのような調査・観察では奥深い自然の姿を究めることは出来ない．

　成虫を見るには，一般に快晴無風の昼過ぎまでがよい．しかし，たそがれ飛翔性のヤンマ類は，昼間は林内で静止し，早朝と夕暮れに現れるなど，種によってあるいは産卵などの行動によって，適した時間帯は異なるので，どの種のどのような生態を見たいのか目的意識を持って観察するのが望ましい．

3-1-3　海上の森のトンボ

(1)　「海上の森」の重要性

　愛知県全体のわずか 0.1% のこの地域に，県内の在来植物 2200 種の約半分にあたる 1077 種が，鳥類では愛知県全体で 376 種確認されているうち，海・干潟を持たないのに約 3 分の 1 の 133 種が，昆虫類は愛知県の記録種（6063 種）の 3 分の 1 を越える 2303 種以上が海上の森で確認されている（財団法人 2005 年日本国際博覧会協会 1999 をもとに八田が確認）．注目すべき植物種が 48 種，動物種が 45 種，保全上重要性の高いエリアが 17 生育地確認されていることからも「海上の森」の重要性は容易に理解できる．

　「海上の森」の昆虫が 2303 種類もいるというのは，このようなリストが出た調査の中ではトップクラスだと思われる．その原因の 1 つには，非常に精密な調査が行われたということもあるが，貧栄養湿地など特殊性の高い，そして容易に壊される小規模な 43 ものタイプを持った多様な植生環境の集まりによって構成された，多様性に富んだ環境を持っているためと思われる（財団法人日本自然保護協会 1997）．

　さらに，確認された 2303 種のリストには，種名が確定されていないトビム

シ類が8種類区別されているなど,「……属の1種」として確認種リストに入っていない種が200種以上ある.さらに種レベルまで特定できないクモ類が194種,今回明らかにされていないが土壌性動物のダニなど,底辺を支える小動物の種の多さが注目される.

このような日本における里山自然,まさに東部丘陵地帯の里山は,市街地開発からのがれた低山地の山地から平地へとつづく,狭いが連続した自然環境を残す地域として,市民に愛され守られてきた日本におけるホットスポット・危機地帯である.

(2) ホットスポット（危機地帯）としての里山

a) 水系の豊富さ

里山は湿地,ため池,水田,小川など多様な水系で構成されるが,水系の豊富さは同時に,その地域の地質,地形,植生等,水域を涵養する母体の環境の多様性を意味することでもあり,トンボが指標性に優れている所以でもある.トンボは産卵場所や幼虫の生息場所,成虫の行動場所が多様性に富み,環境を捉える指標として有効な種である.

さらに,ベイトトラップやライトトラップなど広範囲から集める誘引法やスウィーピング,ビーティング,ツルグレン法など無作為にかき集める採集効率の高い採集法は,採集個体数による環境負荷が定性的な採集法に比して大きいことも考慮に入れておかねばならない.トンボ類は大型で比較的同定が簡単なため,熟練度に応じての目視や,捕獲しての観察を行うことにより,採集による負荷は低く抑えることが出来る.

1997年の3月から11月までの毎週1回調査した女子大学のゼミ学生による調査結果と,愛知県による1991年より数ヶ年におよぶ万博関連の調査,および市民の自然保護団体による調査とをトンボの確認種数により比較してみると,各グループともに47種を確認している.全体を合わせてみると62種類であるが,この3つの調査で3調査とも共通に確認された種は34種であった.言い換えれば,初めて網を持った女子大生の下手な採集人の調査に対して,事業アセスメントと称する大金を使って採集の専門家を動員したおおがかりな県

による調査で採集できなかったトンボが15種もいたことになる．いかに精度の高い調査を行ったとしても，年数回の調査ではあくまで広域的な広がりの一瞬を点でとらえているにすぎず，初めて網を持った女子大生や市民が地道に，継続的にとらえる調査を無視することは出来ない（八田 1998）．

　豊富な水辺は，多様な植生環境やトンボだけでなく多くの水生昆虫や小鳥達の生息場所にもなる．「海上の森」の中に「瀬戸の大正池（正式名は海上池）」として親しまれた砂防ダムがある．このダムの水抜きが，1998年の秋に行われたが，下流の北海上川の川底が押し流されてきた土砂で埋められ，水生昆虫の生息に大きく影響を与えた．八田他の調査では，川底の石に付く付着藻類を食べるカゲロウ類や，石の裏などに潜み小昆虫類などを食べるカワゲラ類が壊滅状態になっていることが分かった（八田 2000）．このことは，「海上の森」の水系を分断して行う予定であった初期の万博計画（新住宅市街地開発事業）による土地の造成が，いかに下流部を自然保全地域として残したとしても，中央の部分を開発によって大きく改変すれば，川底に棲む水生昆虫の生息に影響を与えていただろうことの一例であろう．その後，2000年の9月に起こった豪雨により，「瀬戸の大正池」を始め，「海上の森」の小河川は土砂により埋められた．それは水生昆虫などを餌にしている鳥などの小動物に影響を与え，さらにオオタカなどの上位種の生息までをも危うくする可能性も含んでいる．

b）低山地と丘陵地におけるトンボの生息環境の違い

　尾張丘陵の里山は数百 m の標高を有する山地からなだらかに続く標高 100–400 m ほどの樹林帯と，標高数十 m から 150 m 位までの比較的小規模の二次林と耕作地がモザイク状に混在する地域からなる．この丘陵地帯は，連続的に連なり区分し難いが，この地勢の違いは，内蔵する水域環境の違いに繋がる．名古屋市東部丘陵地帯にあっては，前者は瀬戸市東南部（海上の森），後者は計画変更により万博主会場とされた愛知青少年公園を含む長久手町丘陵地帯である．

　前者の低山地山脚型の流水系は行程が長く多様性に富み，ダビドサナエを含む流水性種が種数，量ともに多い．林内斜面湿地も多くムカシヤンマの多産が

これを証明する．その反面，崩落や採土，流れの塞き止めで出来た，比較的新しい半人工的とも言える止水域には，古い池に棲むイトトンボ類が貧弱である．

一方後者の丘陵地山脚型は，林が浅いため流水系が比較的短く小規模で，源流域のハネビロエゾトンボは多産するが，ほかの流水性種は少ない．低山地の山脚部に見られるダビドサナエ，オジロサナエはここではもう産しない．ムカシヤンマを育むだけの保水性の高い林床斜面湿地はなく，本種の記録はきわめて稀である．平坦な向陽湿地は前者より富み，エゾトンボは前者を凌ぐ．ため池は多く，低湿地に多いベニイトトンボを始めイトトンボ類ははるかに豊富である．山地性のルリボシヤンマ，オオルリボシヤンマの低標高限界の産地である．両種は樹林を離れて拡散することは出来ないようで，かつては生育していた適地が近傍に残存していても，林で繋がっていなければ見ることはない．

山脚部から隣接する平地にかけて存在するため池や小河川に棲む種が，開発による生息場所の喪失や改変，水質汚染などにより最も影響を受けている．緩流に棲むホンサナエは絶滅し，オオカワトンボ，ハグロトンボ，キイロサナエ，オナガサナエ，アオサナエは激減した．ため池のマダラナニワトンボも激減し，急拠環境省のレッドデータブックの絶滅危惧Ⅰ類に指定された．

以上，東部丘陵地帯の里山の各水域とそこに生息するトンボを概観してきた．表3-1-1に示した種が生息することは，それに対応する水域が存在することを示す．モートンイトトンボ，ムカシヤンマ，サラサヤンマ，エゾトンボ，ハネビロエゾトンボ，ルリボシヤンマ，コシボソヤンマ，ミヤマアカネ，マダラナニワトンボなど適応の幅が狭い各種の存在は，かなり環境が多様性に富むことを示唆するが，普通種といえども多数の種が存在することは，総合的に里山の環境が良好であると評価できる．

万博による破壊が当初懸念されていた「海上の森」では，2000年現在67種が記録されており（高崎 1998, 2000），非常に自然状態が優れた里山と言える．

> トピックス

ハッチョウトンボ

　名前の由来は，現在の名古屋市東区大幸公園付近の矢田鉄砲場8丁目，または名古屋市瑞穂区穂波小学校区の水田八丁畷（なわて）との2つの説があり，前者が有力である．

　世界的に見ても，体長が短い点で最小のトンボのひとつである（口絵14）．日本最小のトンボとして，かわいらしさからも珍重されるが，本州，四国，九州本土に産し，東南アジアに広く分布している．向陽湿地にはかつて普通に生息していたが，近年このような環境が開発などにより失われたために，生息地が局限されてきた．ハッチョウトンボの生息は種としての重要性より，生物多様性に富む湿地の代表的な指標種として重要である．

　幼虫は終令でも8mmほどで，斜面の滲出水で潤された植生の貧弱な泥と小石が混ざった，モウセンゴケやトウカイコモウセンゴケなどが生えている粘土質の湿泥地に生息する．

　本種の生息調査ではいかにも湿地と分かるような所よりも，むしろ谷戸水田の奥にある猫の額ほどの斜面湿地，崩落や土取りなどで生じた崖下の湿泥地など湿地としては未発達な状態の環境に注意して観察するとよい．一時的ではあるが初期の休耕田（廃田）にも発生し，植物の遷移が進み草丈が高くなると姿を消す．幼虫が生息している土壌ごと廃田跡に客土をすることで，定着に成功した報告例もあるなど，一時的な移植は可能であるが植生などの生息条件の保持が必要である．このことは，本種のみの保全を目的とした管理型の保護策であり，生態系保護にまで配慮した自然の保全ではないということに注意しなければならない．

　成虫の発生期は，5月下旬から9月初旬までの4ヶ月足らずである．雄は羽化後1週間から10日間ほどで赤色になり，なわばり地域に定着する．雌雄ともに羽化後の成熟期に，クモなどの天敵に多くやられるためか寿命は短いが，筆者らの観察では1ヶ月以上生息している例が2％ほど見られた．雌雄ともに定着性が強く，マーキング後もほぼ同じところに戻るため行動や生態調査に適している．

3—2
ギフチョウとスズカカンアオイ

　東海地方では，春の晴れた日に，雑木林の木々がいっせいに新緑の芽を吹く頃に，ギフチョウに出会うことが出来る．黄と黒の縞模様の羽で，アゲハチョウにどことなく似ているが，林冠を這うような独特の飛び方をするので慣れるとギフチョウと分かる．ギフチョウは，短命な蝶で，春のサクラの咲く頃に現れて，4月の終わり頃には産卵を終えて消えていく．スプリング・エフェメラル（Spring ephemeral）——春のはかない命——と呼ばれる由縁である．

　この里山のシンボルとも言えるギフチョウは，人間によって里山とともに大きな影響を受けている．本節では，その基本的な生物学的特性を記すとともに，里山の雑木林との関わりについて述べる．チョウやトンボは里山の自然の重要な指標となり得る（服部他1997；石井1993a, b）．トンボが指標となる例については，前節で紹介した．この節では，ギフチョウに絞って，その研究の一端を紹介したい．ギフチョウの飛翔行動，吸蜜行動，産卵行動等の行動生態学的な事柄に関しては，渡辺康之（1996）の『ギフチョウ Monograph of *Luehdorfia* Butterflies』を参照していただきたい．

3-2-1　ギフチョウの生活史と食草

　鱗翅目，アゲハチョウ科，ギフチョウ属に属するギフチョウ（*Luehdorfia japonica*）は，もっとも早い場合は3月下旬に羽化して出現する場合もあるが（渡辺1996），東海地方の丘陵地帯では，多くの場合は4月に入ってからである．そして，4月の下旬から5月の上旬にかけて，カンアオイ類（*Asarum*

(1) ギフチョウの産卵

1卵塊あたりの卵数は，渡辺（1996）によると8-9個とされているが，愛知県瀬戸市海上の森における調査では，1卵塊あたりの卵数は，1998年には7.7±5.5個，1999年には7.1±1.6個であり，また，卵数の最大は9個で最小は2個であった（広木他 1999b）。また，海上の森ネットワークの調査（1997）によると，同じ海上の森の1996年の調査では平均卵数は6.4個であり，最大が11個，最小が1個であった。

海上の森における調査結果では，ギフチョウが産卵する場合，スズカカンアオイの株数あたりの葉数や葉の大きさを選んでいないことが示されている（広木他 1999b）。図3-2-1は，スズカカン

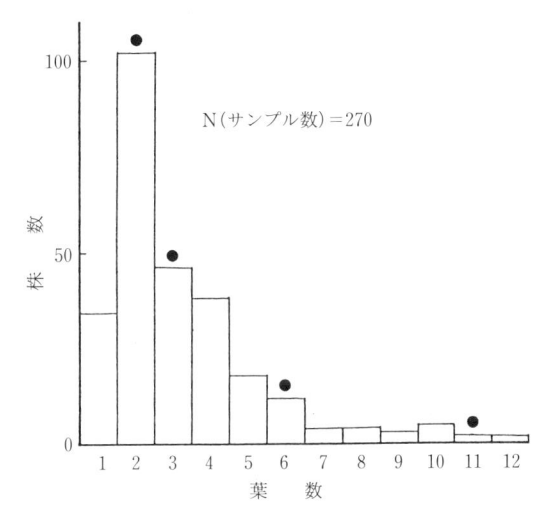

図3-2-1 広久手川流域におけるスズカカンアオイ個体群の葉数の頻度分布（広木他 1999b）。それぞれの黒丸印の位置は，ギフチョウの卵塊が見いだされた葉数を示している（図3-2-2も同様）。

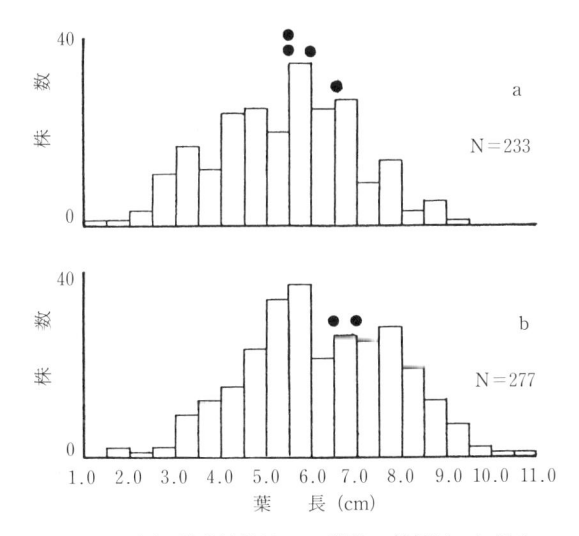

図3-2-2 広久手川流域(a)と四つ沢北の林縁(b)におけるスズカカンアオイ個体群の葉長の頻度分布（広木他 1999b）。

アオイの葉数と株数の関係を示し，図3-2-2は，スズカカンアオイの葉長と株数の関係を示す．それぞれの図において，ギフチョウが産卵した葉数と葉長の位置に黒丸をつけてある．産卵する葉の数が多い株もあれば，少ない株もあり，また，葉長の場合は，ほとんど平均の葉長に近い株に産卵している．

詳しくデータを取ったわけではないが，ギフチョウの産卵がとくにスズカカンアオイの密度に依存しているようには見えない．海上の森において，スズカカンアオイの密度がそれほど高くない雑木林でもギフチョウの産卵が見られるのに対して，スズカカンアオイが高密度で分布しているスギ林において，産卵がまったく見られなかったことが報告されている（広木他 1999a）．

(2) ギフチョウの生活史

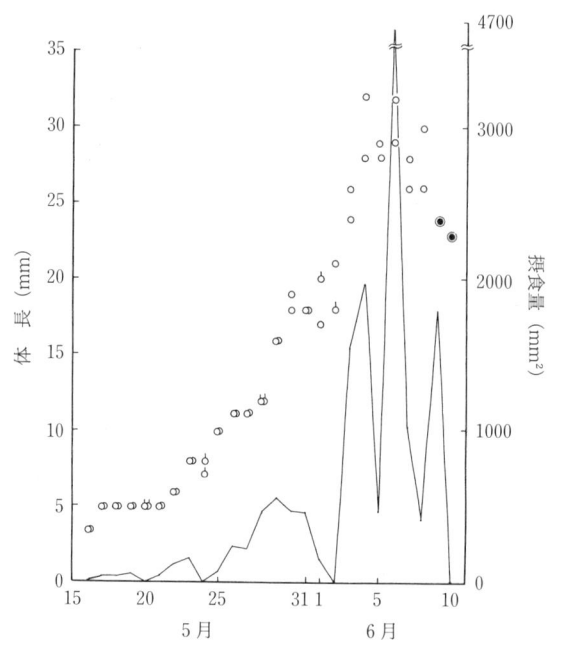

図3-2-3 二匹のギフチョウ幼虫（岐阜県武並町産）によるヒメカンアオイの葉の摂食量（合計）とそれに伴う幼虫の成長（大谷・広木 1995）．♂：脱皮　●：蛹化．

ギフチョウは，卵が孵化してから成長とともに4回脱皮を繰り返し，5齢幼虫の後に6月頃に蛹になる．1齢と2齢幼虫は，食草を食べる量はわずかであるが，3，4齢と齢が増すごとに，摂食量が増大し，終齢（5齢）幼虫は貪欲に食草を摂食する（図3-2-3）．図3-2-3の場合は，ギフチョウの幼虫をヒメカンアオイの葉で飼育したものであるが，その摂食量は，1，2齢幼虫では，1匹1日あた

りおよそ250 mm²のヒメカンアオイの葉を食べるに過ぎないのが，ギフチョウの5齢幼虫が2匹で，1日あたりおよそ4700 mm²のヒメカンアオイの葉を摂食している．

数匹の幼虫がカンアオイ類の葉を食べて，ともに成長すると，食草が足りなくなる．食草が不足してくると，地表を這って他の株まで移動するが，株が大きくて集団が小さい場合には，5齢になるまでに食い尽くすことがない場合もあるという（椿 2000）．若齢幼虫ではカンアオイ類の株の密度が低いと，他の株に到達する割合が低く，生存率が低下するが，5齢幼虫になると，かなり活発に移動することが出来，他の株に到達する割合は株の密度によらず高く，したがって生存率には大きく影響しないという（椿 2000）．

(3) ギフチョウの生存率

ギフチョウでは，産み落とされた卵のどの程度の割合が親になるかに関するデータはないが，ヒメギフチョウでは若干の研究例がある．日浦（1978）は，ヒメギフチョウの羽化率が2.6%という藤沢他のデータを紹介している．Ikeda（1976）は，宮城県田尻町で1972年に行った調査で，ヒメギフチョウ個体群を解析し，537個の卵から17匹（3.17%）の蛹が生き残ったことを記録している．蛹から蝶になる個体はさらに減少することが予想されるので，卵から親までの生存率はやはり3%以下とみてよいであろう．

幼虫の死亡率については，やはりIkeda（1976）の研究において，3-4齢幼虫の死亡率が高いことが示されている．彼は，この時期の幼虫の死亡率が高い要因として，幼虫が成長するにつれて，他の株に移動するときに死亡率が高まると推論している．

3-2-2 海上の森とギフチョウ

(1) スズカカンアオイの分布

愛知万博の当初のメイン会場予定地となった海上の森には，スズカカンアオイが広範囲に分布するが，土壌層の発達度の違いを反映して，砂礫層地帯ではスズカカンアオイの分布密度が小さい．図3-2-4は，砂礫層地帯と花崗岩地帯において，谷から尾根にかけてのスズカカンアオイの分布密度の変化を比較したものである．砂礫層地帯では，花崗岩地帯と比較して，スズカカンアオイの密度がきわめて小さい．いずれの地域においても，スズカカンアオイの密度は谷で高く，尾根に近づくにしたがって減少するかあるいは分布しない．ギフチョウの産卵は，斜面の下部や谷部の平坦な場所で多く見られ，稀に，谷底から数m上部の斜面にも見られる場合がある．

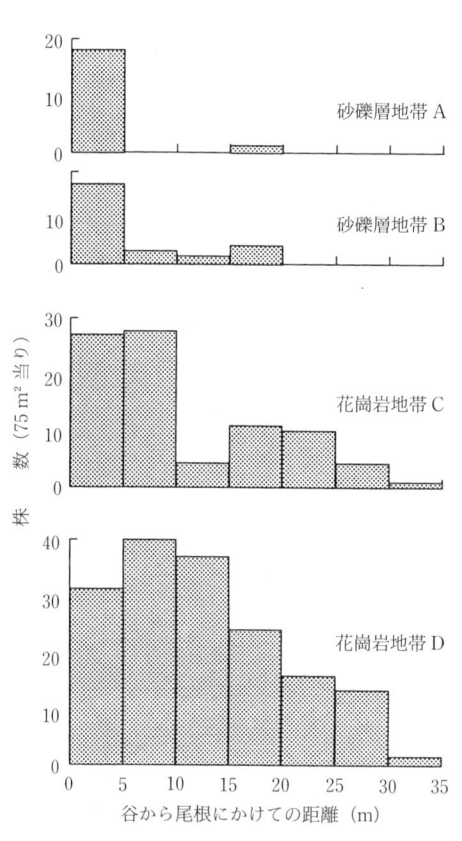

図3-2-4 砂礫層地帯と花崗岩地帯における谷から尾根にかけてのスズカカンアオイの密度の変化（広木他1999a）．

(2) ギフチョウの産卵の年変動

表3-2-1に，海上の森の広久手川流域と四つ沢北流域で調べた1998年春から2001年までのギフチョウの産卵数を示す．1996年の広久手川流域のデータは海上の森ネットワーク（1997）のデータである．広久手川流域では，1996年にはギフチョウの産卵数は503個であったが，2年後の1998年には54個（10.7%）と激減している．四つ沢北流域では，調査面積が異なるので単純には比較できないが，1998年にはギフチョウの産卵はまったく認められなかった．四つ沢北流域では，その後2001年までに産卵数は徐々に増加している．広久手川流域においても，1999年には1996年の6.0%まで落ち込んだ後に徐々に増加し，2001年の春には1996年の26.6%まで産卵数は増加した．このような産卵数の変動は何を物語っているのであろうか．以下に，その変動の要因について考察を行う．

海上の森に関する自然保護の運動については，次の章で詳しく述べるが，モナコで開催された博覧会国際事務局（BIE）の総会で，愛知がカナダのカルガリーを破って正式に開催地として承認されたのは1997年6月のことであった．それまで地方における出来事でしかなかった愛知万博が，このモナコにおけるBIE総会での正式決定以後，全国的に知られるようになった．愛知万博の会場として開発される海上の森のギフチョウは，地域的に絶滅寸前の貴重な個体群となり，愛知県外からも蝶コレクターがギフチョウの採集に訪れるようになった．海上の森におけるギフチョウの産卵の急激な落ち込みには，蝶コレクター達による多数のギフチョウの採取が大きく影響を及ぼした可能性は十分に考えられる．

その後，1999年に，海上の森でオオタカの営巣が発見され，万博のメイン会場は，長久手町の愛知青少年公園に変更された．それとともに蝶コレクターが海

表3-2-1 海上の森の広久手川流域と四つ沢北流域におけるギフチョウの5年間にわたる産卵数の変動（海上の森ネットワーク 1997；広木他 1999a, b）．

	1996	1998	1999	2000	2001
広久手川流域	503	54	30	50	134
四つ沢北流域	—	0	11	35	55

上の森にギフチョウの採集に訪れることも少なくなった．蝶コレクター達がどの程度ギフチョウを採取したかのデータがないので，ギフチョウ個体群に実際にどのように影響を及ぼしたのかは不明であるが，このような蝶コレクターの影響の他に，愛知県が調査のためと称して多数のボーリングを行い，また，環境アセスメント会社にネズミ類の調査を行わせたことも少なからずギフチョウに影響を及ぼしたことが考えられる．四つ沢北流域では，1998年にギフチョウの産卵がまったく認められなかったが（表3-2-1），ここでは1998年にボーリング調査とネズミ類の調査が行われている．1996年にはギフチョウが至るところで見られたにもかかわらず，その二年後には海上の森でギフチョウがごく少数しか見られなくなったのは，このような調査が，海上の森全体で広範囲に行われたためであると推測される．愛知県の行った環境調査と蝶コレクターの採集が，ギフチョウに具体的にどのような影響を及ぼしたかは分からないが，海上の森全体で10%近くまでギフチョウの減少を招いたことは，この両者の影響を抜きには考えられない．

　以上の議論は，卵から親になる率が一定という条件を仮定しているので，卵の数そのものがギフチョウ個体群の密度を正確に反映している保証はない．しかしながら，産卵数はギフチョウ個体群の密度に依存しているはずであるから，上述した産卵数の変動は，おおよそのギフチョウ個体群の変動を反映していると解釈しても大きな誤りではないであろう．海上の森におけるギフチョウの総産卵数は1996年には2733個であったことが知られており（海上の森ネットワーク 1997），1996年から1998年にかけての2年間に広久手川流域ではギフチョウの産卵数が10%程度に減少したことから，1998年の海上の森全体での産卵数を推定すると273個となる．ギフチョウとヒメギフチョウとで，卵から親になるまでの割合が同じと仮定して，前述したように，その生存率が約3%として海上の森のギフチョウに当てはめると，1999年に海上の森に出現する成蝶はわずか8頭となる．通常の個体群維持の考え方からすると，ギフチョウの個体群が10頭前後で維持されるとは考えにくいので，今後，この点については検討する必要がある．産卵密度が小さければ，幼虫間の競争が減ずるとか，あるいは捕食者からの被食圧が弱まるとかの要因が働き，卵から親になる

までの生存率が高まることも十分予想される．

　次の項で述べるように，おもに人為的な要因でギフチョウの生息域の縮小が進行しつつあり，ギフチョウ個体群をモニターすることの重要性が高まっている．上述した産卵数によってギフチョウ個体群の動態を推定する方法は，まだいくつかの方法上の問題は残されているものの，簡便であり，今後のギフチョウの保護に有効な手段を提供するであろう．

3-2-3　ギフチョウの分布域とその縮小

　愛知県におけるギフチョウ個体群は，名古屋市から瀬戸市，さらには犬山市にかけての一群と，岡崎市から弓張山系，さらには静岡県境にかけての一群に大別し得る（江田他 1999）．ギフチョウの食草であるカンアオイ類は，岡崎から弓張山系にかけてはヒメカンアオイが分布し，また名古屋市から犬山市にかけては，猿投山（および三国山）周辺の山間部から犬山市にかけてスズカカンアオイが分布し，その周辺部にヒメカンアオイが分布するというカンアオイ類のすみ分けが見られる（田中 1996）．先に述べたギフチョウの二大個体群の間には，食草の分布に大きな空白地帯が存在し，この空白地帯によってこの両個体群が分断されていると考えられる．

　図3-2-5は，1950年代から1990年代末における愛知県内のギフチョウ分布域の変化を示したものである．ギフチョウの分布域が40年間で狭まっているのが読みとれる．このギフチョウの分布域の縮小は，とくに岡崎市から弓張山系にかけての個体群で著しい．この個体群は，絶滅の危機にあると言えるであろう．江田他（1999）は，この分布域の縮小のおもな要因として，岡崎市の周辺地域では都市域の拡大に伴う宅地造成による雑木林の減少を，また，弓張山系ではマツクイムシ防除のための農薬の空中散布によるギフチョウ個体群の壊滅を挙げており，さらに彼らは，蝶コレクターによる採集圧の増大がギフチョウの減少に追い打ちをかけていると指摘している．これらの要因の他にも，雑木林の管理が行われなくなったことや，スギ等の針葉樹の植林が進んだことも

図 3-2-5　1950 年代（実線）から 1990 年代（破線）にかけての愛知県におけるギフチョウ分布域の縮小（Kôda 1996）．

ギフチョウ個体群の衰退に拍車をかけている可能性が指摘されている（江田他 1999）．静岡県では，1970 年代に入ってからの開発の進行により，富士川周辺のギフチョウが瞬くまに珍しい蝶になってしまったと言う（高橋 1979）．

　上記のようなギフチョウ個体群の減少は，都市周辺の里山における自然の減少や質の低下を反映している．したがって，このような身近な自然を保全することは，ギフチョウの保護という観点ばかりでなく，私たち人間を取りまく環境を守るという点でも重要な課題である．ギフチョウ個体群の動態の把握は，このような身近な環境の指標として重要な役割を果たすであろう．

3—3
雑木林の知られざる昆虫
——どんぐりを食べる虫たち

3-3-1 雑木林に生息する昆虫類

　読者のみなさんは雑木林の中で生活している昆虫と言えば何を思い出すだろうか．色彩鮮やかな羽をもつオオムラサキやシジミチョウ，前節で見たギフチョウなどの蝶のなかまだろうか．それとも，クヌギなどの幹に樹液を求めて集まってくるカブトムシやクワガタムシのなかまだろうか．近頃はスズメバチ類が人間を攻撃（自分達を守るために防衛）するため，マスコミによく取り上げられている．しかし，いわゆる里山の指標とされるような有名な昆虫以外にも，雑木林には多くの種類の昆虫が生息している．本節では，意外に知られていないどんぐりを食物とする昆虫について紹介する．

　ところで，雑木林の中にはどのような種類の昆虫がどのくらい生活しているだろうか．今のところ，雑木林に生息する昆虫すべてについて，種数や個体数を明らかにすることは出来ていない．しかしながら，ある一定の捕獲方法を用いて，他の森林との違いを調べた例がある．たとえば前藤・槇原（1999）は，雑木林（伐採が100年以上行われていない自然林と伐採後の経過年数が異なる二次林）とスギ人工林で昆虫相を比較し，雑木林ではスギ人工林よりもカメムシ類，クワガタムシ類，チョウ類，スズメバチ類などの種数が多いことを報告している．

　昆虫は食べる餌の種類によって，植食性，捕食性，寄生性，雑食性，腐食性昆虫に大きく分けることが出来る．植食性昆虫は文字どおり葉，茎，根，花，

種子などの植物の諸器官を餌資源（生息場所）として利用する昆虫の一群である．たとえばどんぐりを生産するナラ類では，葉は多くの食葉性昆虫（Feeny 1970；Yoshida 1985），幹は材穿孔性昆虫（梶村・馬淵 未発表），種子は種子食性昆虫（Kelbel 1996；Maeto 1995）などのさまざまな植食性昆虫によって利用されている．そのような植食性昆虫を捕食する捕食性昆虫が存在し，さらに，栄養段階の上位に位置する寄生性昆虫が下位に位置する植食性昆虫や捕食性昆虫を餌資源として利用している．雑木林が多くの昆虫を育んでいる理由は，このようなさまざまな餌資源の存在様式やそれを介した生物関係が，より多様で複雑であるためである．

種子は植物の器官のなかでも栄養的な価値が高く，昆虫類にとっては非常に魅力的な餌資源である．しかし，1個の種子は量的に小さく，また種子の生産には豊凶性（成り年現象）があるため，昆虫類にとっては利用しにくい資源である．このように魅力的ではあるが利用しにくい種子を，種子食性昆虫はどのようにして餌資源として利用しているのであろうか．また，後で分かるように，かなり多種類の種子食性昆虫がいるが，共存が可能な理由は何であろうか．

一方植物の方に目を向けると，種子は次世代の個体であり，その生存が自身の繁殖成功の鍵となっている．したがって，植物はできるだけ昆虫類に種子を食べられないようにする必要がある．一体，植物の種子とそれを食べて生きている種子食性昆虫の間にはどのような関係があるのだろうか．

筆者たちは，このような疑問を明らかにするために，東海地方の雑木林の優占種であるアベマキ（*Quercus variabilis*）とコナラ（*Quercus serrata*）の堅果（どんぐり）生産と，その堅果を餌資源として利用している昆虫類の堅果利用パターンを調査してきた．以下に，その結果を紹介する．

3-3-2 アベマキとコナラの堅果の発育パターン

最初に，調査対象としたアベマキとコナラについて説明する．両者ともにブ

ナ科コナラ属の落葉高木であるが,それぞれ異なる節(section)に属している.アベマキはクヌギ節に,コナラはコナラ節に属している(大場 1989).この二つの節では,開花から受精までの期間に大きな違いがある.アベマキが属するクヌギ節では,受粉後まもなく,堅果の発育が停止する(以下,本文中では1年目の堅果を「1年果」と呼ぶ).そして2年目の春に受精が行われ,その年の秋に堅果が成熟する(以下,本文中では2年目の堅果を「2年果」と呼ぶ).これに対して,コナラ属が属するコナラ節では,受粉後すぐに受精が行われ,その年の秋に堅果が成熟する.

3-3-3 アベマキとコナラの種子食性昆虫相

筆者たちは,名古屋大学東山キャンパス内に広がる広葉樹二次林を調査地(調査地A)として,アベマキとコナラの堅果を利用する昆虫の種構成とその割合を調査した.種子食性昆虫の定量的な調査方法の一つに,種子トラップ法がある.これは調査木の樹冠下にトラップを設置して,落下してくる堅果を採集するという方法である.筆者たちは採集した堅果を切開し,内部を摂食している昆虫の種を同定した.また,一部の昆虫については幼虫の段階での同定が困難であるため,滅菌土壌を敷き詰めた植木鉢に別途採集した堅果(内部に種子食性昆虫の幼虫が存在する)を置いて,翌年以降土中から脱出してくる成虫を捕獲して種を同定した.

その結果,調査地Aにおいて甲虫目5種,膜翅目1種と鱗翅目6種を確認した(表3-3-1;Fukumoto and Kajimura 1999).アベマキの2年果を摂食する昆虫は,クヌギシギゾウムシ,シギゾウムシ属の一種(未同定種),クリノミキクイムシ,ネマルハキバガ科の一種(未同定種),ネモロウサヒメハマキ,サンカクモンヒメハマキおよびネスジキノカワガの7種であることが分かった.一方,1年果は昆虫類にまったく利用されなかった.前述したように,アベマキは受粉後まもなく堅果の成長が停止する.すなわち,堅果を発育させるための光合成産物が受粉後1年間は親木から投入されない.おそらく,アベマ

表3-3-1 アベマキおよびコナラの散布前堅果を摂食する昆虫類
(Fukumoto and Kajimura 1999を改変).

目	科	種	寄主植物
甲虫目	オトシブミ科	ハイイロチョッキリ *Mechoris ursulus*	コナラ
	ゾウムシ科	クヌギシギゾウムシ *Curculio robustus*	アベマキ
		クリシギゾウムシ *Curculio sikkimensis*	コナラ
		未同定種 *Curculio* sp.	アベマキ
	キクイムシ科	クリノミキクイムシ *Poecilips cardamomi*	アベマキ, コナラ
膜翅目	タマバチ科	未同定種 *Cynipidae* sp.	コナラ
鱗翅目	ネマルハキバガ科	未同定種 *Blastobasidae* sp.	アベマキ
	ハマキガ科	ネモロウサヒメハマキ *Pammene nemorosa*	アベマキ
		ヨツメヒメハマキ *Cydia danilevskyi*	コナラ
		サンカクモンヒメハマキ *Cydia glandicolana*	アベマキ, コナラ
		シロツメモンヒメハマキ *Cydia amurensis*	コナラ
	ヤガ科	ネスジキノカワガ *Characoma ruficirra*	アベマキ

キの1年果は昆虫類にとって餌資源とはなり得ないのであろう．また，コナラ堅果を摂食する昆虫は以下の7種であった．ハイイロチョッキリ，クリシギゾウムシ，クリノミキクイムシ，タマバチ科の一種（未同定種），ヨツメヒメハマキ，サンカクモンヒメハマキおよびシロツメモンヒメハマキである．

　種子食性昆虫の種構成とその相対割合をみてみると，アベマキではネスジキノカワガが優占的で，次いでクリノミキクイムシの割合が大きいことが分かった（図3-3-1；Fukumoto and Kajimura 1999）．これに対してコナラでは，タマバチによるゴール（虫こぶ）の形成とハイイロチョッキリ成虫による吸汁（ハ

3–3 雑木林の知られざる昆虫——どんぐりを食べる虫たち 157

アベマキ

実験1（1995）
（N＝99）

実験1（1996）
（N＝42）

実験2（1996）
（N＝187）

相対頻度（％）

コナラ

実験1（1995）
（N＝241）

実験1（1996）
（N＝201）

実験2（1996）
（N＝627）

相対頻度（％）

- ハイイロチョッキリ（成虫による吸汁）
- ハイイロチョッキリ
- クヌギシギゾウムシ
- クリシギゾウムシ
- シギゾウムシ属の一種
- クリノミキクイムシ
- タマバチ科の一種
- ハマキガ類とネマルハキバガ科の一種
- ネスジキノカワガ
- 不明

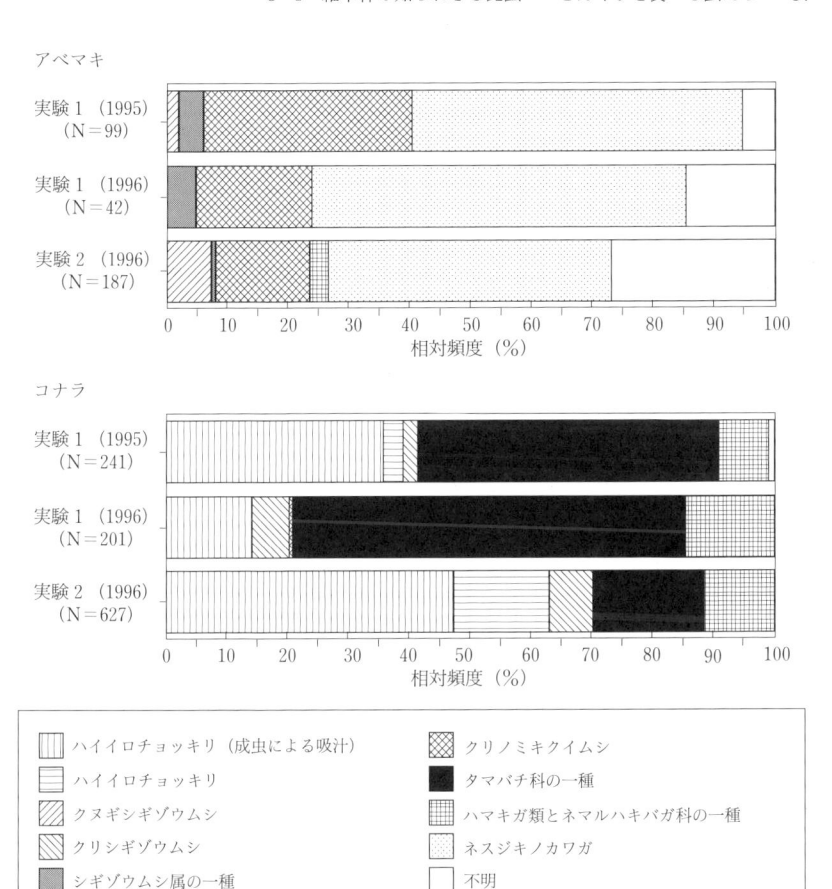

図3-3-1　トラップ内に落下したアベマキおよびコナラの堅果の種子食性昆虫相とその相対頻度．実験1と実験2では，調査木の数，トラップの開口部面積，調査木あたりのトラップ数が異なる．Nは各々の昆虫が摂食した堅果の合計である（Fukumoto and Kajimura 1999を改変）．

イイロチョッキリの成虫は羽化後，卵巣を成熟させるために未熟堅果の内部組織を摂食する（Matsuda 1982））と産卵が優占的であった．

3-3-4 堅果の成長にともなう種子食性昆虫相の変遷

図3-3-2に堅果の季節的な落下パターンを種子食性昆虫の種類ごとに示す．アベマキでは，クリノミキクイムシとネスジキノカワガが利用した堅果はおもに8月に落下したが，クヌギシギゾウムシとハマキガ類が利用した堅果は10月以降に落下した．このような現象はコナラでも確認され，タマバチ科の一種がゴールを形成した堅果とハイイロチョッキリ成虫が吸汁した堅果はそれぞれ7月と8月をピークに落下した．一方，ハイイロチョッキリ，クリシギゾウムシ，ハマキガ類が利用した堅果は9月以降に落下した．このように，昆虫類が

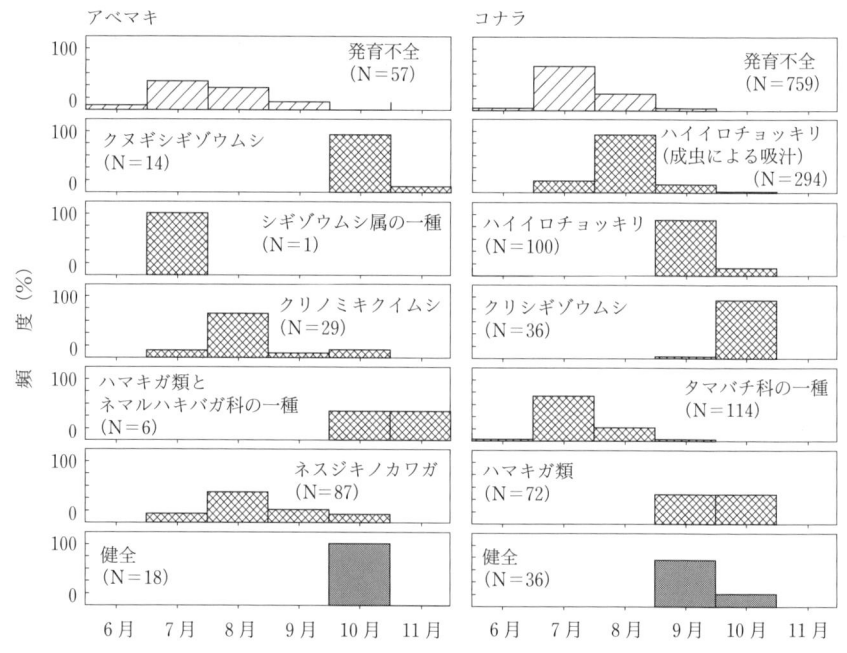

図3-3-2 アベマキおよびコナラの堅果の季節的な落下パターン（Fukumoto and Kajimura 1999を改変）．

利用した堅果の落下時期は，昆虫の種類ごとに大きく異なることが分かった（Fukumoto and Kajimura 1999）．

筆者たちは，堅果に対する成虫の産卵時期（あるいはその後の孵化幼虫の摂食時期）の違いがこの原因であると考え，独自に開発した連続網掛け法により成虫の産卵時期を推定することにした．連続網掛け法とは，堅果が結実した枝をランダムに選択して網袋で覆うことで成虫が外部からアクセスできないようにし，この処理を一ヶ月ごとに時期をずらして行うもので，その結果から産卵時期を推定することが出来る（Fukumoto and Kajimura 2001）．この野外操作実験により，多くの昆虫種について成虫の産卵時期を明らかにすることが出来た．

実験結果をもとに，筆者たちはアベマキとコナラの種子食性昆虫群集を，(1)雌花食ギルド（guild；分類群に関係なく似たような資源を利用する生物種の集まり），(2)未熟堅果食ギルド，(3)成熟堅果食ギルドに分類した（Fukumoto and Kajimura 2001）．コナラの種子食性昆虫群集は3つのギルド（雌花食ギルド，未熟堅果食ギルドと成熟堅果食ギルド）で構成されていることが明らかとなった（表3-3-2）．一方アベマキでは，2つの昆虫ギルド（未熟堅果食ギルドと成熟堅果食ギルド）が存在していた．タマバチ科の一種は雌花食ギルドの唯一の構成種であり，コナラにおいてその存在が確認された．筆者たちは，アベマキにおいて雌花食ギルドが存在しない理由は，アベマキが2年結実性という特殊な繁

表3-3-2　アベマキおよびコナラの種子食性昆虫群集のギルド構成．

	雌花食ギルド	未熟堅果食ギルド	成熟堅果食ギルド
コナラ	タマバチ科の一種	ハイイロチョッキリ（成虫による吸汁）	ハイイロチョッキリ クリシギゾウムシ コツメヒメハマキ サンカクモンヒメハマキ キバガ科の一種
アベマキ		シギゾウムシ属の一種 クリノミキクイムシ ネスジキノカワガ	クヌギシギゾウムシ クリシギゾウムシ* サンカクモンヒメハマキ

*クリシギゾウムシについては，種子トラップ法ではコナラ堅果だけを利用していることを確認したが，網掛け実験においてアベマキの成熟堅果も利用していることが明らかとなった．

殖様式をもつためではないかと考えている (Fukumoto and Kajimura 2001).

　アベマキの未熟堅果食ギルドは 3 種の昆虫（シギゾウムシ属の一種，クリノミキクイムシとネスジキノカワガ）で構成されていた．コナラでは，ハイイロチョッキリの成虫が未熟な堅果を吸汁するので，これが未熟堅果食ギルドに属すると考えられる．これまでのところ，未熟堅果食ギルドの構成種がアベマキとコナラの両方を利用した例はない（ただし，寺本 (1993) はネスジキノカワガで確認している）．したがって，これらの昆虫はそれぞれが堅果や殻斗の形質に適応した結果，種特異的な餌資源として寄主植物を利用しているものと考えられる．アベマキの成熟堅果食ギルドは 3 種の昆虫（クヌギシギゾウムシ，クリシギゾウムシとサンカクモンヒメハマキ）からなり，コナラではハイイロチョッキリ，クリシギゾウムシ，ヨツメヒメハマキ，サンカクモンヒメハマキとキバガ科の一種（未同定種）が成熟堅果食ギルドの構成種であった．未成熟堅果食ギルドとは異なり，このギルドには多くの昆虫が含まれ，アベマキとコナラで共通の種が存在することも特徴的である．

　このようにアベマキとコナラでは，堅果の発育過程において種子食性昆虫のギルドが時間的に分離していることが明らかとなった．このことは，それぞれの樹種において優占種（図 3-3-1）を決定する要因になる．つまり，より早い時期に出現するギルド構成者ほど，優先的にそれぞれの堅果を利用できると考えられる (Fukumoto and Kajimura 2001).

3-3-5　餌資源をめぐる種子食性昆虫の種間競争

　一般に，同一ギルド内に属する種は似たような資源を要求するため，種間競争は厳しいと考えられている．たとえばクリ属の一種 (*Castanea sativa*) の果実を利用するシギゾウムシ属の一種 (*Curculio elephas*) は，他種の昆虫がいない実験条件下では，特定の（おそらく，質の高い）果実に対して成虫が産卵を行う (Desouhant 1998)．しかし，自然条件下では，ハマキガの一種 (*Cydia splendana*) もこのゾウムシと量的，質的に同じような果実を利用していると

考えられており,ガがすでにクリの果実を利用していた場合,ゾウムシはその果実を避けて(場合によっては,質が低いと思われる果実にも)産卵する(Debouzie et al. 1996).すなわち,両者の間には餌資源をめぐる種間競争が存在していると考えられる.

それでは,アベマキやコナラの各ギルド内でも餌資源をめぐる昆虫類の種間競争は存在するのだろうか.そこで筆者たちは,この種間相互関係を分割表を用いて解析することにした.この方法は,ある2種の昆虫(たとえば,種Aと種Bとする)について,(1)種Aのみが摂食している堅果,(2)種Bのみが摂食している堅果,(3)種Aと種Bの両方が同時に摂食している堅果,(4)いずれの種も摂食していない堅果,という4つのカテゴリーを設定し,種Aと種Bがお互いに(あるいは一方的に)影響を及ぼしているかどうかを統計的に検討する方法である(Mattson 1986;Shea 1989).コナラの成熟堅果食ギルドの構成種について検討したところ,2年間(1998年と1999年),2調査地(すでに紹介した調査地Aとその1.5 km東に位置する東山総合公園内の調査地B)で合計18の組み合わせを解析することが出来た.そのうち,「現在の競争関係(お互いの資源利用に影響を及ぼしている)」が認められたのは,ハイイロチョッキリと小蛾類(ハマキガ類とキバガ科の一種),クリノミキクイムシ(その後の調査で成熟堅果食ギルドの一員であることが判明)と小蛾類,という組み合わせのみであった(福本・梶村 未発表).ただし,これらの組み合わせでも調査地や調査年によっては検出されないこともある.

筆者たちは,このような結果をもたらした原因について,2つの仮説を考えている.1つ目は,種子食性昆虫の密度が利用可能な堅果数に比べて相対的に低いと考えられる点である.樹木が生産する堅果数と実際に昆虫類に利用された堅果数から利用頻度を調べたところ,わずか15-30%であった.おそらく,種間競争が生じるほど昆虫の密度は飽和していなかったのであろう.2つ目の可能性は,「過去の競争」によって,あるいは競争とは無関係にそれぞれの種が特異的に堅果を利用することによって,利用する堅果のサイズ,樹冠部における利用空間などといった生態的地位(ニッチ)が細分化されているという点である.たとえば,ハイイロチョッキリ成虫の一部は堅果に産卵した後,その

堅果が付いている小枝を切り落とす (Matsuda 1982). この独特の産卵行動のために, 他種の昆虫 (クリノミキクイムシやクリシギゾウムシ) がすでにハイイロチョッキリが産卵した堅果を利用できなかったのかもしれない. 残念ながら現段階では, コナラやアベマキにおける種子食性昆虫のニッチについては十分に明らかとはなっていない. 今後は各昆虫種について, 堅果の利用パターンをさらに詳しく調査するとともに, 排除実験などを行うことによって種間関係を明らかにする必要がある.

3-3-6 種子食性昆虫の摂食がアベマキとコナラの次世代生産に及ぼす影響

これまでは, 種子食性昆虫の資源利用パターンについて簡単に述べてきた. 気になるのは, 植物側の立場, つまり昆虫類の摂食が寄主植物の次世代生産にどのような影響を及ぼしているのかという点である. たとえば開花から結実するまでに, 雌繁殖器官 (堅果まで発達していないものも含む) は昆虫以外の原因によっても死亡する. 最も重要な死亡原因は何であろうか. それは樹種や年によって変わるのであろうか. また, 1個の堅果の単位で見た場合, どの部分がどのくらいなくなっているのであろうか. さらに, 摂食された堅果は発芽できるのであろうか. ここでは, これらの疑問を解決するために行った雌繁殖器官の死亡過程に関する調査結果を紹介する.

1997年から1999年までの3年間, 2つの調査地 (調査地AおよびB) で, 採集した雌繁殖器官を切開して, 内部状態を健全, 発育不全, 昆虫の摂食, 変質, 鳥獣の摂食に分類した. 昆虫が摂食していた堅果については, 種を同定した (鳥獣の摂食に分類されるものについては, 親木から落下していない可能性があるため解析から除外した).

開花時の雌繁殖器官数に占める各要因の死亡数の割合を図 3-3-3 に示す. アベマキについては, 調査地Aで昆虫の摂食による死亡割合が最も大きく, 60.7% (1997-1998年) と 54.4% (1998-1999年) であった. 調査地Bでは2

年果の発育不全（1997-1998年）と1年果の発育不全（1998-1999年）の割合が大きく，昆虫の摂食による死亡は約20%と低いことが分かった．これに対して，コナラでは常に雌花の発育不全による死亡割合が最も大きく，50.2%（調査地B：1999年）〜78.3%（調査地B：1998年）を占めていた．つまり，コナラの生産する雌繁殖器官が種子食性昆虫から受ける影響は，アベマキに比べて，はるかに小さいことが明らかとなったのである．

昆虫類の摂食は必ずしも堅果を死亡させるわけではない．古くから，シギゾ

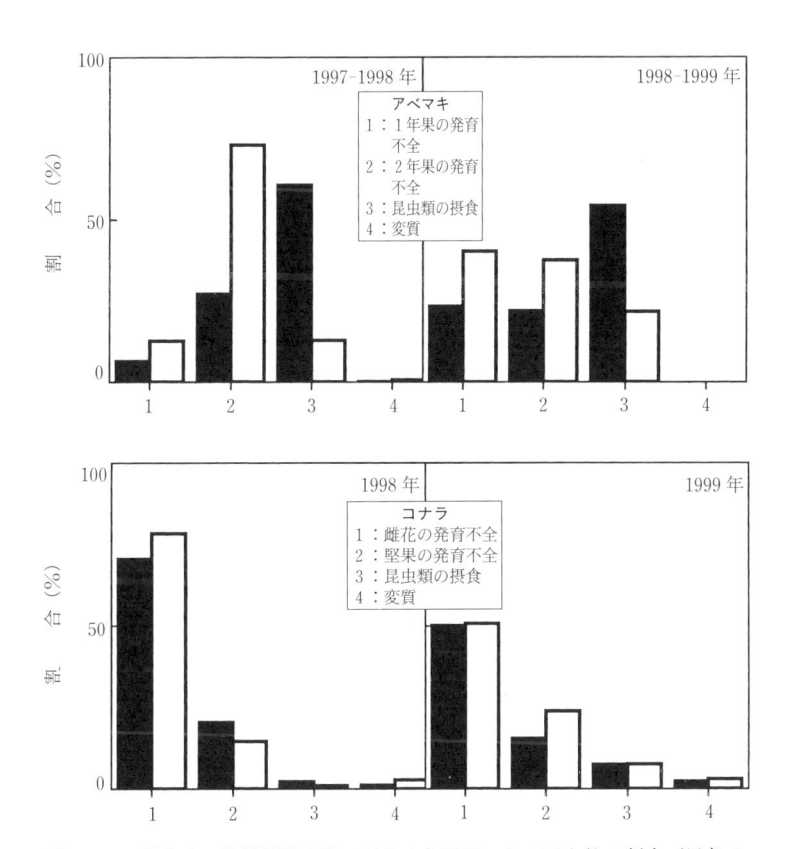

図3-3-3 開花時の雌繁殖器官数に対する各要因による死亡数の割合（黒色の棒は調査地A，白色の棒は調査地Bの結果）．横軸の数字は死亡要因を表す．

ウムシ類に摂食された堅果でも発芽することが経験的に知られている（大場他 1988；斉藤 1982）．Maeto（1995）は，昆虫類の摂食が堅果の発芽率に及ぼす影響を解明するためには，摂食された堅果における胚軸と幼根の残存率を評価する必要があると述べている．そこで筆者たちは，アベマキについて，シギゾウムシ類が摂食した堅果の胚軸・幼根の残存率と発芽の成功を摂食の程度と関連づけて調査した（Fukumoto and Kajimura 2000）．休眠を打破した成熟堅果をシャーレに置き，人工気象室内で発芽試験を行った．発芽試験が終了した後，すべての堅果の内部状態（健全，昆虫の摂食，変質）と胚軸・幼根の有無を記録した．昆虫が摂食していた堅果については，昆虫の種類と摂食の程度を調べた．

それぞれの摂食程度における胚軸・幼根の残存率，胚軸・幼根を有する堅果の発芽率，および採集したすべての堅果の発芽率を表3-3-3に示した．摂食の程度が大きくなるほど胚軸・幼根の残存率が低下し，発芽率も減少することが明らかとなった．しかし，胚軸・幼根がシギゾウムシ類の摂食を免れた場合，摂食の程度に関わらず発芽率は一定で80％以上であった．また，6割以上の堅果はシギゾウムシ類の幼虫に胚軸・幼根を摂食されていなかった（表3-3-3）．堅果の上部では量的防御物質であるタンニンの含有率が堅果の下部より高

表3-3-3 シギゾウムシ類の摂食したアベマキ堅果における胚軸・幼根の残存率，胚軸・幼根を有する堅果の発芽率と採集したすべての堅果の発芽率（Fukumoto and Kajimura 2000 を改変）．

	シギゾウムシ類による摂食の程度[a]					
	0（健全）	0（変質）	1	2	3	4
胚軸・幼根の残存率（％）[b]	100.0 (160/160)	100.0[n.s.] (31/31)	100.0[n.s.] (75/75)	78.6[***] (11/14)	66.7[***] (6/9)	—
胚軸・幼根を有する堅果の発芽率（％）[b]	90.0 (144/160)	54.8[***] (17/31)	94.7[n.s.] (71/75)	81.8[n.s.] (9/11)	100.0[n.s.] (6/6)	—
採集したすべての堅果の発芽率（％）[b]	90.0 (144/160)	54.8[***] (17/31)	94.7[n.s.] (71/75)	64.3[*] (9/14)	66.7[n.s.] (6/9)	—

[a] 0：堅果内の摂食された割合FD＝0％，1：0％＜FD≦33％，2：33％＜FD≦67％，3：67％＜FD＜100％，4：FD＝100％．
[b] アスタリスク（＊）を付した割合には，摂食の程度0（健全）の割合と有意差があることを示す（Fisherの正確確率検定法，$*p<0.05$，$**p<0.01$，$***p<0.001$；[n.s.] 有意差なし）．

いので (Steele et al. 1993)，胚軸・幼根は種子食性昆虫の摂食から化学的に守られているのかもしれない．さらに興味深いのは，シギゾウムシ類の成虫が堅果の下部に産卵することで，この戦略は適応進化の結果だと思われる．

3-3-7　昆虫の生息地としての雑木林の保全の重要性

　東海地方の雑木林は，アベマキやコナラなどのナラ類でおもに構成されている．第1章で述べたように，戦前までは薪炭林として頻繁に利用されてきたが，燃料革命以降，エネルギー供給源としての価値がなくなり放置されるようになった．さらに，近年では宅地開発のために雑木林が分断・孤立化する状態に陥っている．これは雑木林を利用する昆虫類の生息地を分断・孤立化させることにもなり，彼らの生態系における機能（受粉，捕食，寄生，分解）を大きく低下させる（Didham et al. 1996）．このため，とくに樹木や草本類の受粉がうまく行われず，結実率が低下してしまうことが予想される．たとえば，カシワ林の林床に生育するサクラソウ（*Primura sieboldii*）は，孤立化した小さな生息地では花粉媒介者であるトラマルハナバチ（*Bombus diversus diversus*）の訪問頻度が低下し，その結果，種子生産がほとんど行われていないことが明らかにされている（鷲谷 1998）．これまで，風媒花であるコナラ属の植物は，生息地が分断・孤立化したとしても虫媒花のように結実率の低下は起こりにくいと考えられてきた．しかし，ヨーロッパブナ（*Fagus sylvatica*）において，面積の小さい林分（分断化した生息地）では面積の大きい林分（連続した生息地）に比べて結実率（充実種子の割合）が大きく低下することが明らかとなっている（Nilsson and Wästljung 1987）．このことから，アベマキやコナラでも，生息地の分断・孤立化が結実率の低下を引き起こす可能性は十分ある．

　植物の結実率の低下が起こり種子生産がうまくいかない場合，種子食性昆虫は餌資源・生息場所を奪われることになる．また，寄主植物の繁殖が正常に行われなくなると，その植物を利用している植食性昆虫の資源利用にも負の影響をもたらす可能性がある．そしてこの影響は植食性昆虫を捕食する捕食性昆虫

> トピックス

菌類を利用する昆虫

　里山，雑木林は菌類も育んでいる．さまざまな色や形の野生キノコ，ほだ木で栽培される食用キノコ，これらが最も目に付きやすいものだろう．しかし，いわゆる子実体を作らない菌類も，土や空気の中，植物体の内外など，あらゆる場所で生息している（本章第6節も参照）．そして，里山の生物群集の一員，分解者として，生態系の中で重要な位置を占めている．これらのことは，調査や実験を行う機会がなければ実感できないかもしれないが，十分イメージできよう．では，読者の皆さんは，菌類が昆虫によって運搬（散布）されていることをご存知だろうか？　本文中では，雑木林の象徴とも言える，どんぐりを利用する昆虫について詳述されている．ここでは，東海地方のある雑木林を舞台に，とくに菌類を積極的に利用している昆虫について，その知られざる生態を簡単に紹介したい．

　舞台は，愛知県稲武町にある名古屋大学の森（演習林）である．ほとんどがスギ，ヒノキ，カラマツの造林地であるが，落葉広葉樹林も点在している．この広葉樹林は，かつて地元の人々が薪炭林として使用していた，典型的な里山，雑木林であった．ブナ，ナラ類，シデ類，カエデ類，リョウブ，シロモジなどで構成されている．これらを伐採して林内に放置しておくと，様々な昆虫が飛来してくる．

　その主役は，キクイムシと呼ばれる甲虫の仲間である．体長は数mmで，体色は黒あるいは茶系である．約8000種が記載されており，日本では約300種が確認されている．その一群のアンブロシアキクイムシ（ambrosia beetle）が，菌類と密接な関係（養菌性）を獲得している．成虫が材内に掘る巣（坑道）の中で菌類を繁殖させ，子供や自らの食料としているのである．そして，その菌類を保持するために，専用の器官，マイカンギア（mycangia）を体内に備えている．セルラーゼという消化酵素を持たない昆虫が生み出した，究極の樹木と菌の活用法といえよう．一部のアンブロシアキクイムシとその共生菌については，両者の生理生態や相互関係などが解明されつつある（例えば，梶村2000）．また，キクイムシには，樹木の栄養のある部分，内樹皮に穿孔し，摂食している一群（bark beetle）もいるが，やはり菌類の分解能力（場合によっては，病原性）を利用するものがいる（例えば，山岡2000）．さらに，種子食のキクイムシでも，菌類の存在によって繁殖能力が高くなることが分かり，マイ

カンギアも確認されている (Morales-Ramos et al. 2000). キクイムシの系統関係から，養菌性の出現した進化的位置が推測されており (Jordal et al. 2000), 一方で，菌類の起源も明らかになりつつある (Cassar and Blackwell 1996; Jones and Blackwell 1998).

さて，伐採した広葉樹は，他の甲虫（カミキリムシやゾウムシなど）やハチのなかま（クビナガキバチ）の餌にもなる．キクイムシと同様に，種によって，選択する樹木の種類や大きさ，伐採時期に違いがあるようである．しかし，彼らは巣を作らず，成虫が卵を材内に産め込むのみである．孵化した幼虫が単独で，材を食べながら坑道を形成していく．ところが，産卵の際に，菌類を同時に植え付けるものがいる．現在明らかになっているのは，クビナガキバチである．マイカンギアが発見され，この中の菌類と別に蓄えているゼリー状の物質 (mucus) が，産卵管を経由して放出されているものと考えられている (Kajimura 2000). その主たる存在意義も，おそらく材部の栄養改善のためであろう．

幸い名古屋大学の演習林では起こっていないようだが，日本各地でナラ類やカシ類が集団枯損している．その原因は，アンブロシアキクイムシの一種である，カシノナガキクイムシとその共生菌によるものと考えられている（例えば，伊藤 2000). この虫が伐採木ではなく，生きた立木にアタックするのである．とくに，大径木の地際部分に集中的に穿孔する．実は，この枯死被害は1930年代から生じているようだが，1980年以降は，被害が10年以上も終息しない傾向がある．燃料革命以降，放置された雑木林はそれまでの再生サイクルからはずれ，確実に老齢化（衰弱）しているものと思われる．このことも，カシノナガキクイムシの害虫化と決して無関係ではない（小林 私信). 里山，雑木林を舞台に，人目につくことなく，細々と受け継がれてきた昆虫と菌類の共生関係が，今このような形で話題になるとは個人的には少し残念である．しかし，里山の生態系と生物群集の保全を考える上で，この事実は深く胸に刻んでおく必要があろう．

などにも波及していくであろう．最初に述べたように，雑木林は多種多様な昆虫類を育んでいる．森林の分断・孤立化は植物資源（遺伝子，種など）の損失を招くだけでなく，植物と動物の間に見られる生物間相互作用をも破壊してしまうかもしれない．

　筆者たちの調査で明らかとなったように，私たちの身近に存在する雑木林において，種子という単体としては量的に非常に少ない資源を，数多くの昆虫が時空間的に巧みに分かち合って生活している．また，植物の生産量（種子数）から見ても，そのほんの一部しか彼らは利用していない．私たちは，このようなすばらしい自然のしくみを破壊することなく，後世まで守っていくことが大切ではないだろうか．

3—4
カケスとどんぐり

　植物の種子や果実は，風，水，動物等のさまざまな媒体によって，親から遠く運ばれるように適応しているものが多い．動物による散布では，多くの植物の種子が鳥やネズミによって運ばれるが，アリも植物の種子散布に重要な役割を果たしており (Handel and Beattie 1990)，カタクリの種子がアリによって運ばれることはよく知られた事実である（中西 1999）．なかにはゾウによって散布されるものもあるという（安田 2000）．

　カケス類が種子や果実を運ぶこともよく知られており，本節では，カケス (*Garrulus glandaris japonicus*) の群れ行動とどんぐりの貯食について紹介する．ここで紹介する研究例では，アラカシの堅果（どんぐり）の消失がカケスによるものであることは具体的には実証されていない．しかしながら，後に詳しく述べるように，この貯食はカケスによるものと間接的に見なし得る．以下の議論では，どんぐりの貯食を行ったものはカケスであると見なして議論を進めるが，このことは今後，実証的に研究する必要がある．

3-4-1 カケスの群れ行動

　名古屋市近郊の丘陵地帯では，カケスは夏を過ぎてから標高の高い地域から渡ってくると言われている（日本野鳥の会愛知県支部 1996）．カケスがやってくると，カケス特有のギャアという声でそれと分かる．瀬戸市海上の森では，1999年は8月末までカケスは見られず，9月の半ばを過ぎて，海上の森一帯にその鳴き声が聞こえるようになった．海上の森でカケスの群れ行動を調査し

た結果，カケスは平均的に 4-5 羽の群れをなしていることが多いことが分かった（中川 2001）．中村・小林（1984）は，カケスが一年中ではないが，2-5 羽の群れをなして行動することを指摘している．

　海上の森にやってきた最初のうちは，カケスは同じ場所にとどまる傾向が見られる．それは 11 月初旬まで続き，その後，カケスはどこかに移動したように思われる．表 3-4-1 を見ると，11 月中旬以降，それまで見られたカケスがほとんど見られなくなっている．この時期にカケスが標高の高い地域に帰って行ったとは考えにくく，この時期のカケスの個体数の減少は，アラカシ等の果実の結実と何らかの関係があるのではないかと推測される．アラカシの果実は 10 月半ばから 11 月半ばにかけて稔ることが知られている（広木・松原 1982）．次の項で，カケスによるどんぐりの貯食について触れるが，この時期にカケスはどんぐりの貯蔵を行うのではないだろうか．中村・小林（1984）は，信州の菅平高原において，カケスがミズナラのどんぐりを貯食する行動について詳しく解析している．彼らは，カケスのどんぐりの貯食行動は，秋に特有の行動であると指摘している．

表3-4-1　海上の森の5つの地区において1999年の10月3日から12月12日までに観察されたカケスの個体数（中川 2001）．

観察地区	10/3	10/10	10/24	10/31	11/3	11/6	11/13	11/20	11/23	11/29	12/12
A				(4)		(2)					5(3)
B	2	5		2(4)	2(1)	2(6)		1			
C	4	4	4	1	1(4)	1(5)					
D								(1)	(1)	4	
E	4	3	1		2						

（）内の数字は声のみによって推定したカケスの個体数．

3-4-2　どんぐりの貯食

(1) どんぐりの消失過程に関する実験

　アラカシのどんぐりを用いたどんぐりの貯食に関する実験結果について紹介したい．この実験を行ったのは，愛知県豊田市八草の"モンゴリナラ"を主要構成種とする二次林である．図3-4-1は，1999年の11月中旬に，ネズミ返しを付けた餌台を二つ設定し，その上にアラカシのどんぐりを置いて，その消失過程を見たものである．餌台Aでは，途中でどんぐりの消失が止まってしまったが，徐々に消失していった傾向を読みとることが出来，新たに加えたどんぐりは2000年の1月初旬までにはすべて消失している．餌台Bでは，どんぐりの消失はわずかであるが，これは餌台Bで使用したどんぐりは，かなり小さかったので早く乾燥してしまったため，貯食には利用されなかったものと解釈し得る．餌台Aのどんぐり（図3-4-1のa）が途中で消失が止まってし

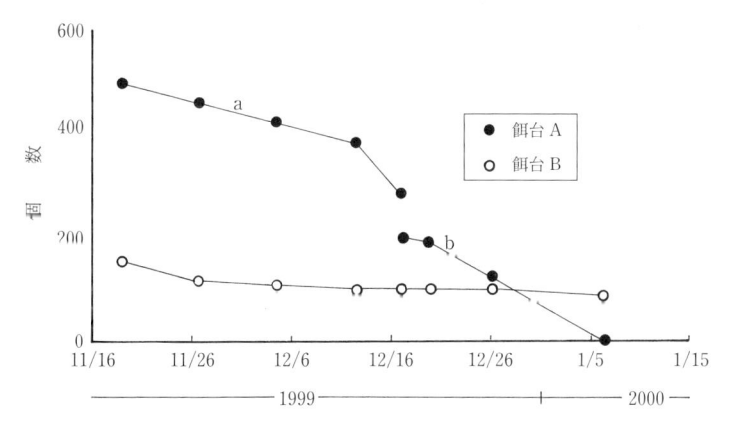

図3-4-1　アラカシのどんぐりの減少（中川 2001）．餌台Aでは，1999年12月17日に，古いどんぐり(a)と新しいどんぐり(b)を置き換えた．

まったのも同様に乾燥したためと解釈し得る．その証拠に，同じ餌台Aに新たに追加した新鮮などんぐり（図3-4-1のb）は，すべて消失している．

(2) どんぐりの貯食について

先に述べた実験において，餌台に置いたどんぐりにはすべて油性ペンでマーキングをしておいたので，このマーキングをしたどんぐりが見つかれば，そのどんぐりは何らかの動物によって運ばれたことになる．どんぐりそのものを発見することはなかなか至難のわざであるが，春にアラカシが発芽して，当年生の本葉を出せば，どんぐりの発見も比較的容易である．餌台の周辺をくまなく探した結果，餌台の西側およそ4mのところに2個，東側およそ100mのところに2個，さらに餌台から西南方向におよそ100mのところに1個の合計5個のマーキングしたどんぐりが見いだされた（図3-4-2）．

これらの発見された5個のどんぐりは，いずれも3cmほどのリター層の下部に位置していた．野間（1997）は，カケスが地表数cmのところにミズナラのどんぐりを埋めることを指摘しており，これらのどんぐりを埋めたのはカケスである可能性がきわめて高い．

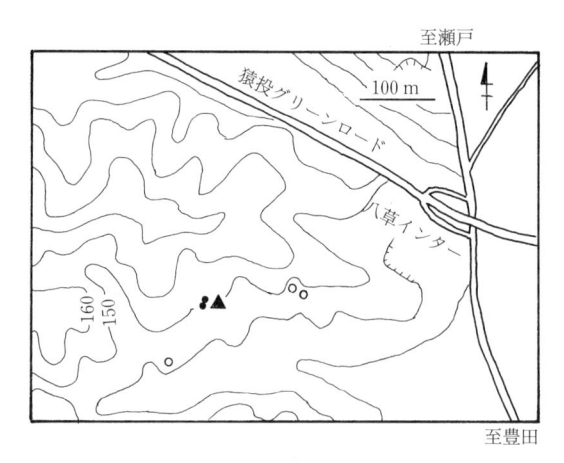

図3-4-2 アラカシ実生の発見位置（中川 2001）．▲餌台，●餌台よりおよそ10mの実生，○餌台より100m離れた実生．

ネズミ類によるどんぐりの貯食の場合は，一般に巣穴に運ぶ場合が多く，アカネズミが地表に貯えることがあるが，箕口（1993）によれば，その場合，散布距離は最大で55m，平均24mであるという．宮木・菊沢（Miyaki and Kikuzawa 1988）は，アカネズミのホームレンジが30-40mであることを報告してい

> トピックス

サンコウチョウ

　サンコウチョウ（*Terpsiphone atrocaudata atrocaudata*）は，亜熱帯地域からの渡り鳥で，瀬戸市海上の森では5月頃にやって来て，その後間もなく繁殖期に入る．

　サンコウチョウは，体そのものはそれほど大きくないが，翼長は9cm程度で，尾長が25-34cmほどあって比較的長い．生息環境は，鬱蒼とした森林を好み，発達した落葉広葉樹林やスギ・ヒノキの人工林で繁殖する．鳴き声は，ツキ・ヒ・ホシ・ホイホイホイと鳴くので，月日星の三光にちなんだ名がつけられている．

　サンコウチョウの生態や生息環境についてはほとんど研究がなされていないが，野鳥の会の会員などによって観察された例がある．サンコウチョウは人目を避けた薄暗い森林で繁殖するので，巣はなかなか見られないが，海上の森で観察された例が報告されている（海上の森を守る会 2001）．それによると，巣の材料として細く裂いたスギの内皮，蘚苔類が用いられ，巣の底にはシュロの毛や枯れ草などが利用されていたという．

　サンコウチョウは，本体は小柄であるが尾の長さを含めると45cmほどにもなるので，あまり林内が密生している場所は好まないと言われている．海上の森の吉田川流域にはヒノキの人工林が放置され，手入れをしていないため適度に低木層が発達している林が多く，サンコウチョウの生息には適しているようである．このような森林内の林床植生のあり方が鳥類の多様性を支えているという研究報告もある（落合 1997）．

　なお，サンコウチョウと同様に，亜熱帯からの渡り鳥であるサンショウクイも海上の森で繁殖する．両者の行動には違いが見られ，サンコウチョウが森林からあまり離れずに飛び回るのに対して，サンショウクイは林冠の上方高く飛翔する．

　何故，サンコウチョウは春になると亜熱帯地方からやって来るのだろうか．それは，5月頃には，様々な昆虫の幼虫が広葉樹の葉を食べるべく多数発生してくることと大いに関係がありそうである．温帯の広葉樹林では新葉を展開する季節性がはっきりしており，この新しい若い葉は昆虫の幼虫にとっても有害な物質を含まないおいしい食料なのに違いない．また，鬱蒼とした森林は，亜熱帯性の森林での生活に適応したサンコウチョウに，生態的地位として格好の場を提供しているのではないのだろうか．

る．したがって，これらのことと今回の実験で餌台からおよそ100 m 離れた場所にどんぐりが運ばれていることを考え合わせると，アラカシのどんぐりを運んだのはネズミではないと結論づけ得るであろう．ヨーロッパでは，アオカケスがブナの実やナラのどんぐりを数 km も運んだ例が知られている（Johnson and Webb 1989）．

　カケス以外の鳥がアラカシのどんぐりを貯食する可能性は考えにくい．例えばヤマガラはシイの実を食べ，堅果を貯食することが知られている．本土のヤマガラはツブラジイの堅果を貯食し，また，三宅島のオーストンヤマガラはスダジイの堅果を貯食するという（樋口 1975）．オーストンヤマガラはヤマガラよりも体や嘴が大きく，小型のツブラジイ堅果よりもやや大型のスダジイ堅果を食べるのに適応しているという（Higuchi 1976）．したがって，スダジイの堅果よりもかなり大きいアラカシのどんぐりをヤマガラが食べることはあり得ない．

　以上述べてきたことから，カケスがアラカシのどんぐりを貯食すると見てほぼ間違いはないであろう．カケスによるどんぐりの貯食の結果として，アラカシは分布域を拡大することが出来る．このようなカケスによるアラカシの分布拡大は，1―2で触れた落葉広葉樹林から常緑広葉樹林への森林の遷移を進行させるのに一役買っているであろう．

3—5
爬虫類と両生類

　里山の生物群集（community）における食物網の中でヘビ類，トカゲ類，あるいはカエル類は重要な役割を担っていることはまちがいない．それらは肉食性で生きた動物を捕食し，そして自分よりも大きな動物に捕食される．同じ両生類であるイモリ，サンショウウオのなかまも，どちらかというと物かげに潜みがちなのでカエルと比べれば目立たないが，同様に里山の食物網にとって重要であろう．一方カメ類は，雑食性で食性の幅が大きく，また体を覆う固い甲羅のおかげで捕食されることが少ないので，上に述べた爬虫両生類に比べると食物網における位置付けは難しいかもしれない．日本産の爬虫類，両生類が何を食べ，何に食べられているかについては年々知見が集積されているが，定量的な研究は，残念ながらいまだに不充分である．そこでこの節では，問題提起の意味も含めて爬虫類，両生類の里山の食物網での位置付けを中心にして，これまでに得られている知見をまとめたい．なお，日本では琉球列島にも魅力的な爬虫類，両生類が多く生息しているのであるが，本書の性格上ここではおもに日本列島の，しかも東海地方に分布する爬虫両生類を中心に述べる．また，ここで取り上げる爬虫両生類のおもな種の学名は，この節の末尾の表3-5-1および表3-5-2に記す．

3-5-1 里山のカメ類

(1) 里山に生息するカメ

　日本列島にはニホンイシガメ（以下イシガメと略す），クサガメ，スッポンの3種の在来種が分布している．また北アメリカ原産のミシシッピーアカミミガメ（以下アカミミガメと略す）がすでに野外に定着しており，多くの河川や池沼で最も目立つカメとなっている．京都周辺にはミナミイシガメが局地的に生息しているが，これも移入種である（安川 1996）．

　一般に在来のカメではクサガメやスッポンは平地の池や川にすみ，イシガメは山地の谷川や渓流で生活すると言われている（矢部 1995）．

　三重県北部の多度町においてカメ類の分布を調べたところ，低地の輪中地域にはクサガメとアカミミガメが多数生息しており，特に標高6m以下の地域ではこれら2種のみしか確認されなかった．それに対して，養老山脈の南端にあたる山麓部にはイシガメが多く，標高28mよりも高い地域では，1頭のクサガメを除いて，確認されたカメ228頭すべてがイシガメであった（図3-5-1；矢部 1996）．兵庫県全域での分布調査によれば，クサガメとアカミミガメは県南の播磨平野とその近辺に分布が集中していたのに対して，イシガメは播磨平野から中国山地を経てあまり平野が広がっていない日本海側にも分布していた（山口浩一 私信）．北伊勢地方は基本的にイシガメが多い地域であるが，鈴鹿市の標高2～3m前後の低地ではイシガメのほかクサガメとアカミミガメが分布していた．一方西に20kmしか離れていない亀山市の標高40～70m付近では，イシガメしか見つからなかった（竹原 1996）．房総半島の小糸川流域で行われた調査によれば，平野部ではクサガメが50％以上を占めていたのに対し，山麓部ではイシガメが80％以上を占めていた（小菅 1997）．また，紀伊半島，志摩半島，知多半島，渥美半島，伊豆半島，房総半島といった山がちで平地がたいへん狭い半島部ではおもにイシガメが生息している（冨田 1980，

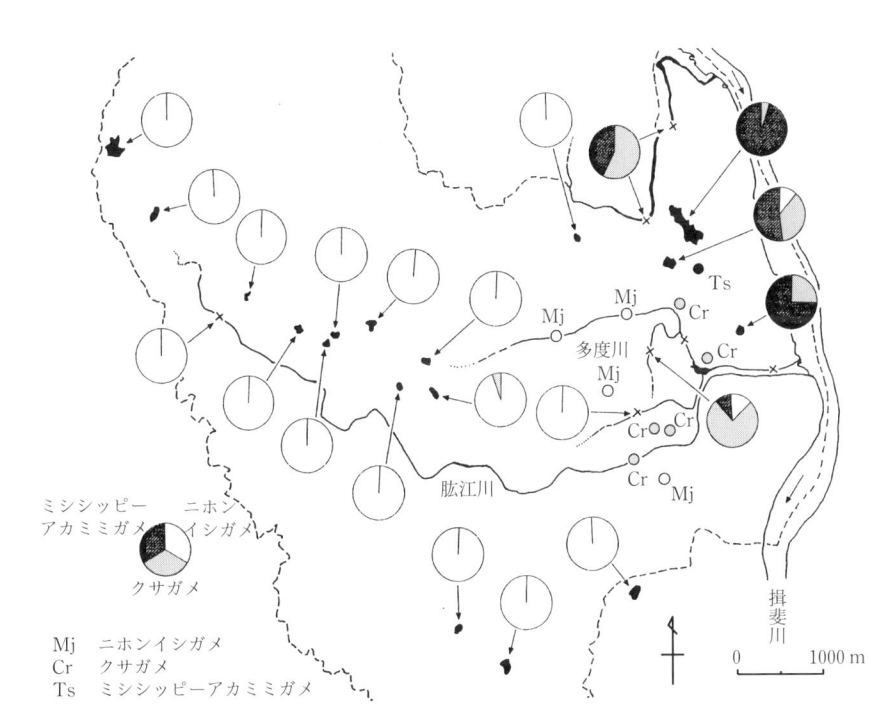

図 3-5-1 三重県多度町におけるカメの分布．この町の西は養老山地の山麓であり，東は輪中の広がる低地である（矢部 1996）．

1994；長谷川 1996；愛知県 1996；矢部・大羽 1998；矢部 1999a および未発表；片山学 私信）．

　もっとも，平地にクサガメ，山地にイシガメというパターンは決定的なものではなく，たとえば徳島県では県南や讃岐山地，四国山地の山麓部を含めてはほぼツリガメしか生息していない（矢部 未発表）．また高知県においては，山がちな室戸地方や足摺地方ではクサガメばかりが見つかり，むしろ高知平野でイシガメが見つかっている（矢部 未発表）．また，山口県の見島や徳島県の伊島は，平地をほとんど持たず全域が山地である島嶼であるが，イシガメは現在では全く見つからず，クサガメが分布している（徳本 1998；Takenaka and Hasegawa 2001）．

ともあれ,大ざっぱに見れば里山に生息する在来のカメは,平地のクサガメ,山麓部のイシガメという位置付けが出来る.以下ではイシガメを中心にして話を進めていこう.

(2) イシガメは何を食べているのか

イシガメ(口絵18)は山麓部の池や谷川などの水系から離れないわけではなく,移動の時などは陸地もしばしば利用することが,小型の電波発信器を装着したカメを追跡するラジオテレメトリーによる研究などから分かってきている(矢部 1989, 1999b;中島 1998).山歩きなどをしていると林道などでばったりと出会い,驚かされることもあるし,ある水系から他の水系に尾根越えをして移動することもある(矢部 未発表).採食の場はおもに水のあるところだが,池や川の岸とか林床など,陸地でも採食する.

とは言え,日本産のカメの食性の研究はほとんど進んでいない.理由の一つは,彼らが雑食性で食物がきわめて多様なので,動物から植物まで幅広い生物群の知識が必要だ,ということがあるだろう.また,外国産のカメの研究例で,特に攻撃性を持つカメでは,その性質を利用してチューブを呑ませ,胃に水を強制的に送り込んで胃内容物を吐かせて取り出すという方法もあるが,スッポンを除いて日本列島や琉球列島の在来のカメは積極的に嚙みついたりはしないので,その方法も使えない.そこで筆者はカメの糞を採集している.この方法では,カエルの卵やオタマジャクシ,ミミズなど,骨や殻などの消化しにくい器官を持たない生物を見逃す恐れがある.しかしながら,肉食とか草食に特殊化した動物とは異なり,カメの消化酵素は動物質と植物質の両者を消化できなければならない分,効き方が弱いようで,たとえばヘビの糞がほとんど食べた物の原形をとどめずに排出されるのに比べると,何であるかが分かる形で排出されることが多い.糞分析のほか,直接観察も重要な情報であり,それらの成果を現在整理中である.

いくつか例を挙げると,イシガメの糞の内容物には甲虫類,トンボ類,セミ類,チョウ・ガ類の幼虫,ヨコバイやウンカと思われる小昆虫,マイマイの殻の破片,タニシの殻の破片やフタの部分,アメリカザリガニの破片などの多様

な小動物から，単子葉植物や双子葉植物の葉，アケビの種，カキの種子や実の皮，アオミドロのような藻類などが見られる．

直接観察からは，生きているのを捕らえたと思われる渓流のサワガニ，オイカワやフナの死体，池に落ちたカラスの死体，池に浮かんだイシガメの他個体の死体，イヌの糞，地面に落ちたヤマモモやカキやトマトの実を食べていることを確認している．

つまり，イシガメは食べることの出来そうなものは，動物質であろうと植物質であろうと何でも口にするのであろう．しかも，甲羅という器官のために運動性は高くないので，基本的に相手があまり，あるいは全く動かないものになると思われる．胃内容物から見つかったトンボ類やセミ類は，その飛翔性から考えてもイシガメが積極的に捕獲したとは考えられず，おそらく死亡したか，水面で溺れているものを食べたのであろうし，甲虫もおそらくそうであろう．昆虫類だけではなく，フナやカラスなど自分よりも体の大きいものを含めていろいろな動物の死体を食べているし，その他地上に落ちた草や木の実，あるいは糞も食べていることから，イシガメについては里山の生態系における「分解者」（図3-5-2）としての役割が注目されてもよいと思う．

また，植物の種子が糞から比較的新鮮な状態で排出されることから，種子散

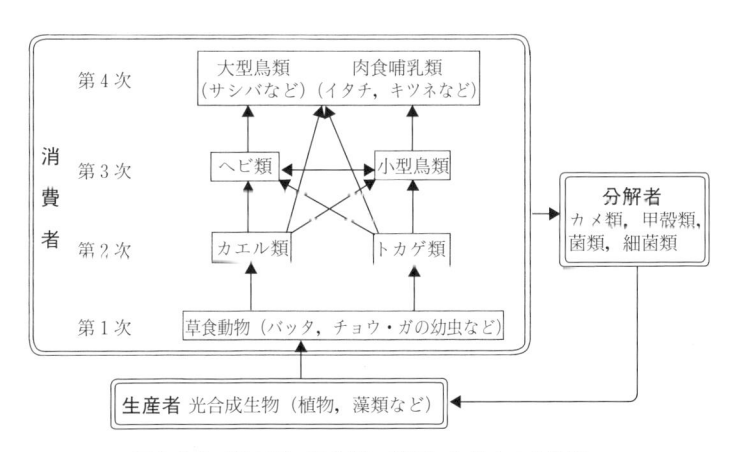

図 3-5-2　爬虫類，両生類に着眼した里山の食物網．

布者としての役割も今後研究されるべきであろう．鳥類や哺乳類ほど行動圏が広いわけではないので，それらの動物ほどの広範囲な散布は期待できないし，消化期間と思われる数日間では100mを超えるような長距離移動もそれほど期待できない．しかしイシガメもクサガメも陸上をしばしば歩き回るし，水の中に糞をすれば流れによって種子が拡散することも考えられる．カメが種子散布に貢献している例としては，北アメリカの草原にすむカロリナハコガメの報告がある（Braun and Brooks 1987）．また，田端（1997）は，イシガメが地上に落ちた熟柿を食べ，糞はカキの種子でいっぱいであったという観察から，カキの種子のカメ分散の可能性を示唆している．カキの種子はイシガメの肛門（総排出腔）を傷つけるのではないかと心配するほどの大きさであるが，他の観察例もあり（夏目明日香 私信），イシガメが採食する機会が意外に多いようである．

(3) イシガメは何に食べられているのか

イシガメの体内における蔵卵数をレントゲン写真を撮って調べ（写真3-5-1；矢部1991），その資料をもとに年あたりの生残率を推定したところ，卵の段階で9割前後が死亡していた（矢部1992，1993）．また，1歳・2歳の幼体も50%前後の死亡率であった．ところが3歳を超えて甲羅が完成したあとは，年あたり80%を超える生残率であった．たかだか1kgの動物としては，これは驚異的な生残率ではないだろうか．2億年以上前に獲得した甲羅という器官がいかに有効に機能しているかの表れと言えよう．

土の中に産まれた卵はイタチなどの小哺乳類とかカラスなどの鳥に食べられることがある．またシマヘビも産卵中あるいは産卵直後のイシガメの卵を呑むことがある（後述，矢部・森 準備中）．

幼体の時の捕食者はよく分からない．この時期のイシガメが水底でじっとしていると，まるで落ち葉か小石のようであり，ある程度擬態しているのであろう（写真3-5-2）．またイシガメの幼体の甲羅の後縁は成体のそれ以上にぎざぎざしており，捕食されにくさに一役買っているのかも知れない．リュウキュウヤマガメ，スペングラーヤマガメ，トゲヤマガメや，チズガメ類，あるいはリ

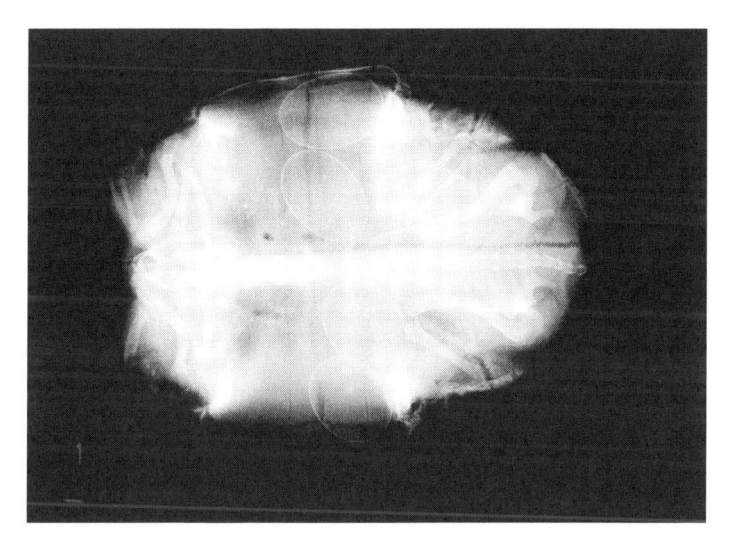

写真 3-5-1　イシガメメスのレントゲン写真．左側が頭部．下腹部の楕円形の影として 6 個の卵が確認できる．

写真 3-5-2　孵化直後のイシガメ．背甲の後部がぎざぎざしている．

クガメ科の一部のカメも，幼体の時ほど甲羅がぎざぎざしている．

　ある程度大きくなってからは，高い生残率が表すように捕食されることはほとんどないと言ってよい．それでも筆者が調べている三重県北部のイシガメの個体群では，野犬の増加にともなって個体数が激減したり，足や腕を切断されたりした個体が増えた．陸地を移動していたり，春や秋のまだ動きが鈍い時期に日光浴に上陸したものが襲われるようである．また，保護されたオオサンショウウオがイシガメを吐き出したという報告もある（栃本 2001）．いずれも事例報告であり，いまのところイシガメの生残に決定的な影響を与えている捕食者は確認されていない．

　皮肉な言い方をあえてするが，次の項で述べるように，イシガメの最大の天敵は人間である．

(4) イシガメの危機

　昨今の水の汚染・河川や池沼のコンクリートによる護岸・大量の農薬や化学肥料の使用・減反，あるいは農家の老齢化による水田の減少・水田や池沼の埋め立てといった，生態系の保全や活用を考慮しているとは思えない人間の活動により，イシガメは生息場所を奪われ，その個体数は減り続けている．ここでは一つの例として，道路の敷設によるイシガメの生活圏の分断の問題を取り上げてみよう．

　筆者は1984年来三重県の山間部の一画でイシガメの野外調査を続けている．個体識別したカメは400頭にのぼり，カメたちは個体ごとに定まった越冬場所と夏の水田での生活領域とを持っていて毎年その間を回帰的に季節移動するなど，とても興味深い生活ぶりを見せてくれている．ところが，1994年から95年にかけての冬に，カメたちの季節的移動のルートを絶ち切るかのように，高圧電線の鉄塔を造り直すための材料を運ぶためということで道路が敷設された（図3-5-3）．道路で轢かれたカメはまだ見られないが，越冬場所から水田に移動してくるときにコンクリート三面張りの道路の側溝に落ちて，そこを激しい勢いで流れる水に押し流されていったカメが多いのは間違いなく，95年の夏にはさらに個体数が減ってしまった．野犬の増加や減反による水田の減少も加

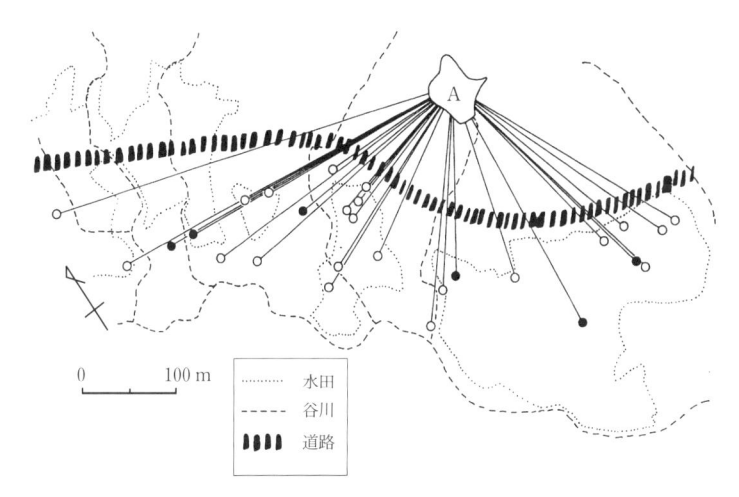

図 3-5-3 池で越冬する個体の灌漑期の行動圏の中心の位置．○は雌，●は雄の行動圏の中心，A は池を示す（矢部 1999b）．

わって，結局最近では，イシガメの個体数は調査を始めた頃の数分の一に減ってしまった（矢部 1999b）．

　生物の生息場所の直接的な破壊に比べて，道路や U 字溝の設置による線的な生息場所の破壊はあまり取り上げられない．しかしながら，直接的な事故死の誘因のほか，小集団化による遺伝子プールの破壊など，重大な問題をはらんでいることは間違いない（原田 1999）．言うまでもなく，里山における道路の敷設は，イシガメだけではなく，里山の生物すべてに関わる重大な問題である（大泰司他 1998）．

(5) カメ類による環境評価の可能性

　イシガメやクサガメは越冬や採食は水の中で行うし，日光浴や産卵は陸地で行う．休息はおもに水中であるが，陸地の茂みや落ち葉の下などで休むこともある．また池や川の水底で越冬したカメたちは，夏の採食場所へと陸路で移動することもある．つまりカエル類と同様に，カメ類は，生物多様性が高く，さまざまな動植物の生活や繁殖の場であり，水質浄化や景観保全の面からも重要

性が再確認されているエコトーン（水域と陸地の推移帯）を活用している動物なのである．したがって日本のカメの分布地域において，カメの集団の性比や齢構成が正常で，日光浴や産卵など先に述べたような行動を各個体が普通にしている状態は，里山のエコトーンと，それを中心とした水域と陸地両方の領域の環境の健全さを示す，と筆者は考えており，カメを環境指標生物として活用する研究も始めている．

3-5-2　里山のヘビ類

(1)　ヘビ間での食い分け現象

ヘビ類は現在世界に約2900種いるが，そのすべてが動物質のものを食べている．ヘビの場合，捕らえた個体の胃を口の方向にしごくことによって食べた物を吐き出させることが出来，定性的にも定量的にも食べ物の調査がしやすい．筆者にはその技術がないが，優れたヘビのフィールドワーカーは一度吐き出させたものをピンセットを使って胃に戻したり，あるいは代わりにウズラのゆで卵を飲ませたりして，生態系において余分な捕食が起こらないように配慮している．

東海地方に生息する8種のヘビもすべて肉食であるが，それらのヘビは捕食の対象，活動時間，生息場所を見事に分割している．

アオダイショウ（写真3-5-3），シマヘビ（写真3-5-4），ジムグリ（写真3-5-5）は同じナメラ属で，いずれも北海道，本州，四国，九州に分布している．千石（1996a）は，シマヘビはおもに地表で脊椎動物，特にカエル類と爬虫類を食べ，アオダイショウは樹上性でおもに鳥獣を食べ，ジムグリは半地中性でネズミ類やモグラ類などの小型哺乳類を食べる，とまとめている．

アオダイショウは野外でも見かけるが，古い木造住宅でもよく見られる．彼らはそこでネズミなどの小哺乳類を捕食し，その面では家の財を守る神様，あるいは主という扱いを受ける．しかし軒先に巣を作るスズメやツバメ，飼って

3−5 爬虫類と両生類　185

写真 3-5-3　アオダイショウ．

写真 3-5-4　シマヘビ．

186　第3章　里山の生態系と生物群集

写真 3-5-5　ジムグリ（井上龍一撮影）．

いる小鳥，あるいはニワトリ小屋で卵やヒヨコを食べることもあり，このようなときには有害動物扱いされてしまう．家屋に住みつく唯一の在来のヘビで，アオダイショウをニホンヤモリやスズメ，チャバネゴキブリと同様にシナントロープ（人類依存型野生動物）とする考え（千石 1996b）もある．アオダイショウはネズミや鳥を絞め殺してから呑み込むので，他のヘビに比べて締めつける筋肉が強い．また，毛や羽毛を通して獲物に噛みつかなければならないためか，他のヘビに比べて歯が長いようで，この蛇に噛まれると他のヘビの場合よりも傷が深く，血がなかなか止まらないといったことも経験した．ニワトリなどの卵を呑んだ場合には，食道内でノコギリ状に並んでいる脊椎骨の下突起によって卵殻を裂く（千石 1979）．一般に言われるように，卵を割るために高いところから飛び降りるということはない（そのようなことをすれば負傷してしまう）．

　シマヘビの食物は，小型哺乳類，鳥類，爬虫類，両生類と実に多様であるが（Mori and Moriguchi 1988），頻度では，最も多いのがカエルで，その次がヘビ・トカゲ類である（森 1996a）．東海地方での筆者の観察では，シマヘビはカエルへの依存度が高いせいか水田や水路，ため池の近辺に多い．また，イシガメやクサガメの卵も餌となる．筆者が観察したところでは，産み付けられて間もないイシガメの土中の産卵巣に首を突っ込んで卵を呑んでいたことがあったし，クサガメの産卵中に産み落とされる卵をそのまま呑んだりすることもあった．また，シマヘビの胃をしごいてカメの卵を吐かせて取り出したときも，卵黄の多い状態であったことから，産卵中，あるいは産卵直後の，雌の分泌物がまだ付着している卵のにおいに引き寄せられて卵を呑みに来るのかもしれない．奄美・沖縄諸島に分布するアカマタもアオウミガメの産卵巣を狙うが，この場合には巣から這い出そうとする孵化個体の振動，あるいはにおいを目指すと考えられており（森近他 1993），産卵直後を狙うシマヘビとは事情が

異なる.

　ヤマカガシ(写真3-5-6)はシマヘビと同所的に生息しており,シマヘビと同様にカエルが主食であるが,シマヘビの方が食物の種類が多い(Mori and Moriguchi 1988；千石 1996a)ことで食べ物をめぐる競争が軽減されているようである.

　ヤマカガシは他のヘビとは異なり,ヒキガエルも食べることが出来る.ヒキガエルの背中をつかむと眼の後ろの膨らんだ部分から白い液が染み出す.この耳腺から分泌される液は非常に毒性が高く,捕食者がこの辺りに嚙みつくとひどい目に遭う.ところがヤマカガシにはこの毒は効かないらしく,ヒキガエルを見つけると積極的に捕食している.ヒキガエルは捕らえられると腹を膨らませて抵抗するが,この時ヤマカガシは上あごの奥の方にある長めの牙で腹に穴を開けてしぼませる.さらにこの時上あご後方のデュベルノイ腺から分泌される毒が上あご1対の毒牙を伝って注入され(図3-5-4),さしものヒキガエルも弱ったり,死亡したりするのである(森口 1996).ヒキガエルは日本産のカエルとしては大型なので,ヤマカガシにとっては餌として有用なのであろう.

写真 3-5-6　ヤマカガシ.

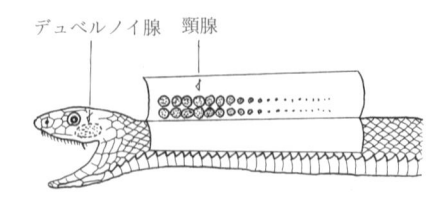

図 3-5-4 ヤマカガシのデュベルノイ器官と頸腺（森 1996b から転写）.

写真 3-5-7 ヒバカリ（井上龍一撮影）.

ヤマカガシが毒蛇であることは徐々に一般の人たちにも知られるようになっているが，咬まれて毒が注入されたために出血が止まらず，入院ざたになるケースが最近でもあるし，1984年には愛知県春日井市で中学生が死亡した例もある（愛知県 1996）．

ヒバカリ（写真3-5-7）は他のヘビに比べ，水田やその近辺の水路，あるいはため池の水辺や水中で見つかることがはるかに多い．彼らはその場所でフナやドジョウの幼魚，オタマジャクシなど，魚類を中心に捕食している．

シロマダラ（写真3-5-8）はおもにヘビ，トカゲといった爬虫類を食べている．爬虫類食という点ではシマヘビと重複するが，夜行性であるし，シマヘビほどカエルに依存しない分，より山地的な場所で見つかるように思う．

タカチホヘビ（写真3-5-9）は森林の落ち葉の下や地中で生活する夜行性のヘビで，ミミズを食べている．普段湿った所に住むせいか，捕獲して布袋などに入れておくとすぐに皮膚が乾燥して弱ってしまう．

マムシの眼と鼻の間には左右1対の穴が開いている．これはピット器官と言われる，赤外線を「見る」ための器官で（口絵19），穴の奥は網膜に似た働きをする部分であり，ここで得られた赤外線の像は脳の視覚情報を処理する部分に伝えられる（ゴリス 1996）．山や沢に近い水田を夜観察に歩くと，あぜ道でマムシがじっとしていることがあるが，これはネズミなどの恒温小動物を待ち伏せしているのかも知れない．つまり，ピット器官で恒温動物が発する赤外線

写真 3-5-8　シロマダラ（井上龍一撮影）．

写真 3-5-9　タカチホヘビ．

を探知し，近くを通ったものに毒牙を打ち込み，倒れた獲物を呑むのであろう．もっとも，マムシはネズミなどの小型哺乳類だけを食べるのではなく，カエルも食べるし，爬虫類，鳥類，哺乳類，魚類の小型のものを幅広く食べている（Mori and Moriguchi 1988）.

(2) ヘビは何に食べられているのか

　強力な捕食者であるヘビ類にも天敵がいる．田中・森（2000）によれば，ヘビ類を最も捕食するのは，タカ目，フクロウ目の猛禽類で，モズやカラス類などの鳥類もヘビをよく食べるようである．フクロウ以外は昼行性の鳥であり，シマヘビ，アオダイショウ，ヤマカガシなど昼行性のヘビがおもに捕食されているようである．次いでシマヘビ，シロマダラ，マムシといったヘビ類がほかの種を捕食しており，イタチ，イエネコなどの食肉類も捕食者となっている．

　サシバは猛禽類のなかで最もヘビを好んで食べており（中村・中村 1995），アオダイショウ，シマヘビ，ジムグリ，マムシ，ヒバカリ，ヤマカガシの捕食が報告されている（田中・森 2000）．愛知県の渥美半島は，サシバの渡りの中継点として有名であるが，この半島の鮎川の流域だけでもアオダイショウ，シマヘビ，ヤマカガシ，マムシの4種のヘビを確認しているし（矢部・大羽 1998），この半島の他の地域でヒバカリとジムグリも見かけており，サシバにとってよい餌場なのかも知れない．サシバは夏鳥で，冬には東南アジアに渡って行くが，琉球列島でもリュウキュウアオヘビやサキシマハブを食べている．

　ヘビの方も，天敵に対し身を守る行動をとる．最もよく見かけるのはすばやく逃げることで，逃げる余裕のないときにはS字に身構えて跳びつき，嚙みつく．もっとも，ヒバカリやタカチホヘビのように，鼻面をつついても嚙もうともしないヘビもいるが．その他に，シマヘビは尾の先を持ち上げ，震わせて威嚇する．対捕食者行動が最も複雑なのはヤマカガシである（Mori et al. 1996）．森（1996b）によれば，ヤマカガシは防御として逃げる，嚙みつくのほか，首を平らに拡げるポーズをとったり，首だけではなく胴体全体を扁平にして体を大きく見せたり，首をアーチ状に曲げてお辞儀をするようなポーズをとったり，さらには曲げた首の部分を後ろ方向に打ち付けたり，揚げ句の果て

には死んだふりまでする。最後の死んだふりはともかくとして，首を使った防御行動には，このヘビの頸部の皮膚の下に2列に10数対並んでいる頸腺（図3-5-4）が関係しているようである。ここから分泌される乳白色の毒液は強力で，たとえば目に入ると激しい炎症を起こし，場合によっては眼傷害を引き起こすほどで（森 1996b），捕食者を退散させるのに充分なのであろう。ちなみにこの分泌液の化学成分として現在10種類の物質が報告されているが，その内の1つはガマブフォタリンというステロイド系の物質で，ヒキガエルの耳腺から出る毒の成分と同一のものである。「ガマ」も「ブフォ Bufo」も，それぞれ日本語と英語でヒキガエルを表す言葉である。

3-5-3 里山のカエル類

(1) 里山のカエルたち

里山にすむカエルには，どのような種があるのだろう。大河内（2001）は，森林性の両生爬虫類を専門家へのアンケートで選び出すという興味深い作業を行った。その結果，東海地方に分布する15種については次のような結果が得られている。

生涯のすべてを森林の中で過ごす「真森林性」の種としては，ナガレヒキガエル（ヒキガエル科），タゴガエル，ナガレタゴガエル（以上2種はアカガエル科），カジカガエル（アオガエル科）の4種が挙げられた。これらの種はいずれも里山よりも奥まった渓流とその周辺を生息地にしており，卵も渓流の岩石の下か伏流水中に産む。タゴガエルとカジカガエルは本州，四国，九州に分布している。一方ナガレヒキガエルは紀伊半島の鈴鹿山地や大台ヶ原高原から北陸南部にかけてにしか分布しておらず，ナガレタゴガエルは近畿から関東にかけての山地に点々と分布しているだけである。分布域が限られているこの2種の保全には特に注意しなければならない。

トノサマガエル，ダルマガエル，ヌマガエル，そして北米原産の帰化種であ

るウシガエルの4種は，森林に紛れ込むことはあっても通常生息しない「非森林性」とされた．非森林性だが生涯のすべてを湿原，高山帯などの自然草原で過ごす種（真草原性）はいなかった．

そして「真森林性」「非森林性」「真草原性」の3つのカテゴリーを除いた「森林性」，つまり生息地の一部，あるいは生活史の一部を森林に依存する種が東海地方にはもっとも多く，ヒキガエル（写真3-5-10），ニホンアマガエル，ニホンアカガエル（口絵20），ヤマアカガエル，ツチガエル，モリアオガエル，シュレーゲルアオガエル（写真3-5-11）が挙げられた．「里山のカエル」，つまり農山村の人々が干渉して成り立つ里山生態系のカエルと言えば，「森林性」の7種，および水田や灌漑用水やため池を生息場所として活用する「非森林性」の4種がふさわしいであろう．

里山のカエルのうち，ヒキガエルは言うまでもなくヒキガエル科に属しており，西日本の南部，四国，九州に分布するニホンヒキガエルと山陰，東海，北陸，紀伊半島の一部，そして北海道以外（道南のものは人為分布と考えられている）の東日本に分布するアズマヒキガエルの2亜種を含んでいる（前田・松井1999）．東海地方はこれら2亜種の分布の境界にあたり，三重県の一部にニホ

写真 3-5-10　アズマヒキガエル．

写真3-5-11 シュレーゲルアオガエル．混生することがあって間違えられやすいニホンアマガエルには鼻から眼の後ろにかけての黒い帯状の模様があるが，本種にはない．また同属でよく似ているモリアオガエルの眼の虹彩は赤みを帯びた金色であるが，本種では金色である（井上龍一撮影）．

ンヒキガエル，それ以外の地域にアズマヒキガエルが分布している．

　余談であるが，東海地方は他のいくつもの生物群と同様に，両生類に関しても生物地理学的にきわめて重要な地域である．以前は同種別亜種とされていた（現在では別種）丘陵地に生息する止水性サンショウウオのカスミサンショウウオとトウキョウサンショウウオの分布の境界は鈴鹿山脈であるし，最近では愛知県産のトウキョウサンショウウオは独立種である可能性も指摘されている（草野 1996）．分布の境界ということでは，オオサンショウウオは岐阜県を東限としてそれ以西に分布するし（栃本 1996），ブチサンショウウオやオオダイガハラサンショウウオも紀伊半島を東限としている（松井・見澤 1996；松井 1996）．またヌマガエルはインド，東南アジアから中国を経て日本列島にまで広く分布しているが，自然分布の東限は静岡県である（前田・松井 1999）．また，アカハライモリは地理的変異として6つの地方種族に分けられており，渥美半島のものは渥美種族とされている（大河内 1979）．残念なことに最近では渥美半島からアカハライモリが生息しているとの情報がなく，絶滅が危惧されている．ダルマガエルは形態や鳴き声の分化により東海・近畿産の名古屋種族と瀬戸内海東部の沿岸の岡山種族に分けられている．ただし遺伝的分化はそれほど著しくはないようである（前田・松井 1999）．

　さて，里山のカエルに話を戻そう．モリアオガエルとシュレーゲルアオガエルはいずれもアオガエル科である．産卵に大きな特徴があり，われわれがカエルでよく見るゼラチン状の物質でくるまれた卵ではなく，黄白色の泡のかたま

写真 3-5-12　池の水面上の木の枝に産み付けられたモリアオガエルの卵塊（井上龍一撮影）．

りの中に卵を包んで産む．その泡の卵塊をモリアオガエルは池の水辺の木の枝に（写真 3-5-12），シュレーゲルアオガエルは池や水田や湿地の水辺の土の中に産み付ける．孵化したオタマジャクシはいずれの種でも水のあるところに流れ落ちるのである．

残りのカエルのうち，ニホンアマガエルはアマガエル科で，森林性のニホンアカガエル，ヤマアカガエル，ツチガエル，および非森林性のトノサマガエル，ダルマガエル，ヌマガエル，ウシガエルはアカガエル科である．

(2)　カエル類の食物と天敵

カエル類の成体はすべて肉食性で，草食性とか雑食性の種は見当たらない．食物となるのはおもに昆虫などの節足動物やミミズなどの小型陸生小動物である．ウシガエルだけは水生のアメリカザリガニを好んで食べる．生息場所や季節，種間，あるいは発達段階によって捕食対象が異なっているが，基本的に捕

食行動は単純な反射行動によるもののようで，体，あるいは口の大きさに応じて適切な大きさのものを中心に食べているようである．

ヒキガエルの捕食行動に関する実験の一部を紹介しよう（新妻 1982）．これは，ヒキガエルの餌に対する捕食行動や捕食者に対する回避行動の鍵刺激になるのは何かを確かめるための Ewert (1978) によるモデル実験である．

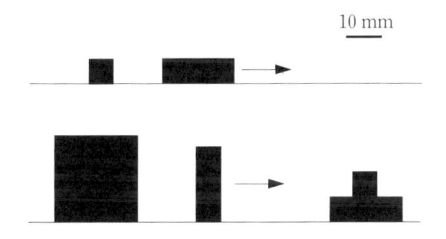

図 3-5-5 ヒキガエルの捕食行動および対捕食者行動の鍵刺激となるモデル．上段の図形が捕食行動（モデルに向かう定位行動）を，下段の図形が対捕食者行動（モデルに対する回避行動）を引き起こす．矢印は黒色の図形を動かす方向．

まずヒキガエルの目の前で，黒色の小さな正方形を描いた白い板を動かしてみた（図 3-5-5）．この正方形の一辺が 5-10 mm の時には，ヒキガエルはこの図形に向かってこれを捕らえようとした（これを定位行動とする）．ところがこの正方形を大きくしていき，一辺が 20 mm を超えると今度は四肢を突っ張らせ，体を膨らませて自分を大きく見せたり，後ろを向いて逃げたりする回避行動をとったのである．

次に，正方形の一辺を一定にしたままもう一辺だけを伸ばして長方形を作り，これを延長した方向に動かすと，定位行動を示した．ところが移動方向に対して垂直方向に長い長方形は捕食者行動を引き起こした．最後に，定位行動を引き起こした長方形に正方形を組み合わせると，逆に回避行動をとった．

つまりヒキガエルは単純に，小さいものや，イモムシのように進行方向に伸びた長いものは餌と認識し，大きいものや，鎌首を上げたヘビのように見える進行方向に垂直に伸びた長いものや正方形が上にある長方形は天敵と見なしているのである．ハチを食べて痛い目にあい，それ以後ハチのような模様のものを食べなくなるという学習効果も知られているが，基本的に捕食行動や回避行動は型にはまって固定的である．

カエル類の幼生，つまりオタマジャクシは大量の水中の藻類を摂食し，藻類

の生体量をコントロールしている（ブラウン 2001）．このことはもっと注目されるべきである．両生類が衰退した場所で藻類が通常よりも増殖している例もある．

　カエルには天敵が多い．前述したように，シマヘビとヤマカガシは食物としてカエルへの依存度が非常に高く，里山のカエル類のもっとも重要な天敵と言えるだろう．ヒバカリは水中のオタマジャクシをよく食べるし，イモリは池の水面の上の木の枝に産み付けられた卵塊から落ちてくるモリアオガエルのオタマジャクシを待ち伏せして捕食することで知られている．サギ類などの鳥類や，イノシシ，タヌキ，イタチ，テン，カワウソ，ハクビシンなどの哺乳類も，主食ではないけれども見つければカエルを食べる．イシガメやクサガメも，水田や水たまりに産み付けられたアマガエルやシュレーゲルアオガエルやトノサマガエルなどの卵塊を見つければ，食べてしまう．

　天敵に襲われそうな場合，カエル類，特にアカガエル類は水のあるところを目指して跳ねていき，水中を泳いで逃げる．また，ヒキガエルやツチガエルなど，皮膚から毒やいやなにおいを出して捕食を回避しているものもある．

(3)　カエルの環境指標性

　カエルは環境指標生物としてしばしば活用される．一般的な活用法の前にぜひ主張しておきたいのは，カエル類はカメ類と同様に，里山の水域と陸地全体の領域の環境の健全さを示す環境指標生物となり得る，ということである．カエルの場合，常に皮膚が濡れていなければならないし，産卵も水中か水の近くで行われるので，水への依存度はカメよりも高いが，採食は水から出て行われることが多い．したがってそれらにとっては水域も陸地も，それらの移行帯のエコトーンも重要な生活圏であり，水路のコンクリートによる護岸やU字溝化，あるいはあぜ，農道，林道のアスファルト化，コンクリート化は彼らの生存にきわめて大きい悪影響を与える．

　「アマガエルが鳴くと雨になる」という指標は最も有名なものであろう．ある研究によると，アマガエルが鳴いてから30時間以内に雨になる確率は約60％とのことである（大野 1985a）．より正確な予報の方法は，側面や上面に

網を張り，底面に草を植えてアマガエルを飼育し，観察する方法である．湿度が高くなるとアマガエルは上の方で静止するので，それによりほぼ100%雨の予報が出来る．この方法を考えたのは，新潟県の小学生（当時）だった藤沢秀人君である（大野 1985a）．

早春の風物詩である「カエル合戦」も春の到来の指標となる（矢野 1985）．カエル合戦とは，早春に里山の小さな池や沼に数十，数百のヒキガエルが集まって抱接し，産卵する光景のことである．アズマヒキガエルでは深さ5cmの地中温度が6℃以上になるとカエル合戦が始まる（久居・菅原 1978）ことから，春の訪れの指標となり得るのである．

カエル類は景観の評価にも活用できる（大野 1985b）．初夏に渓流の河原の石の上で「フィーフィフィフィフィ」とオスが鳴くカジカガエルは，渓流を指標する代表的なカエルである．他にタゴガエル，ナガレタゴガエル，ナガレヒキガエルも渓流性のカエルである．また，トノサマガエル，ダルマガエル，ヌマガエル，ツチガエル，アマガエルは水田を指標するカエルで，これらが初夏の夜に水田で大合唱するさまは日本の風物詩である．シュレーゲルアオガエルは通常は水田周辺の草や灌木の上で生活しているが，4月から5月にかけて，水の張られた水田にやって来てあぜの土中に産卵する．また，春から秋にかけては丘陵地や山地の林で生活するニホンアカガエルやヤマアカガエルも，ヒキガエルよりも早い時期である1月下旬から3月にかけて湿田などの湿地に卵を産む．これらの種（の卵）も水田の指標と考えてよいだろう（松井 1985）．

(4) **カエルが消える**

現在，世界的傾向として両生類の個体数が減少している．その危機感から『カエルが消える』（フィリップス 1998）が発刊され，大きな話題になった．また『地球白書 2001-02』（ブラウン 2001）でも1章を割いて世界的な両生類の減少を指摘している．問題は，まず両生類の減少がきわめて急激なこと，そしてその減少が人為的に撹乱された地域だけではなく，コスタリカや合衆国のように両生類が注意深く保護されている場所でも起こっていることである．

減少の原因としては，生息地の減少，化学物質汚染，オゾン層破壊による紫

外線の増加，外来生物による在来のカエルの圧迫，感染症，気候変動などが挙げられている．しかし原因が特定できているわけではなく，種や地域によって原因が異なる可能性があるし，いくつかの原因が複合的に作用している可能性もある．

　われわれの周辺に視線を移しても，たとえば日本では低地の水田にしろ丘陵地の谷津田や棚田にしろ，エコトーンの消失をともなうような区画整理や減反によって，カエルの生息環境が減っていき，カエルが消えているのは事実である（たとえば長谷川 1998）．カエルの指標生物性の部分でも述べたが，カエルが健全に生活できる環境が，エコトーンを中心とした水域，陸地の自然の健全さを示すことを踏まえた上で，愛すべきカエルたちを里山に呼び戻す努力をすべきであろう．

表3-5-1　本文で現れた主な爬虫類種の学名．

爬虫綱　Reptilia
　カメ目　Testudines
　　バタグールガメ科　Bataguridae
　　　クサガメ　*Chinemys reevesii*
　　　ニホンイシガメ（イシガメ）　*Mauremys japonica*
　　ヌマガメ科　Emydidae
　　　ミシシッピーアカミミガメ（アカミミガメ）　*Trachemys scripta elegans*
　　スッポン科　Trionychidae
　　　スッポン　*Pelodiscus sinensis*
　有鱗目　Squamata
　　ヘビ亜目　Serpentes
　　　ナミヘビ科　Colubridae
　　　　タカチホヘビ　*Achalinus spinalis*
　　　　ヒバカリ　*Amphiesma vibakari vibakari*
　　　　シロマダラ　*Dinodon orientale*
　　　　アオダイショウ　*Elaphe climacophora*
　　　　ジムグリ　*Elaphe conspicillata*
　　　　シマヘビ　*Elaphe quadrivirgata*
　　　　ヤマカガシ　*Rhabdophis tigrinus tigrinus*
　　　クサリヘビ科　Viperidae
　　　　マムシ亜科　Crotalinae
　　　　　マムシ　*Gloydius bromhoffii*

表3-5-2　本文で現れた主な両生類種の学名.

両生綱　Amphibia
　　無尾目　Anura
　　　　ヒキガエル科　Bufonidae
　　　　　　ヒキガエル　*Bufo japonicus*
　　　　　　　　ニホンヒキガエル　*B. j. japonicus*
　　　　　　　　アズマヒキガエル　*B. j. formosus*
　　　　　　ナガレヒキガエル　*Bufo torrenticola*
　　　　アマガエル科　Hylidae
　　　　　　ニホンアマガエル　*Hyla japonica*
　　　　アカガエル科　Ranidae
　　　　　　ウシガエル　*Rana catesbeiana*
　　　　　　ニホンアカガエル　*Rana japonica*
　　　　　　ヌマガエル　*Rana limnochalis limnochalis*
　　　　　　トノサマガエル　*Rana nigromaculata*
　　　　　　ヤマアカガエル　*Rana ornativentris*
　　　　　　ダルマガエル　*Rana porosa brevipoda*
　　　　　　ツチガエル　*Rana rugosa*
　　　　　　ナガレタゴガエル　*Rana sakuraii*
　　　　　　タゴガエル　*Rana tagoi tagoi*
　　　　アオガエル科　Rhacophoridae
　　　　　　モリアオガエル　*Rhacophorus arboreus*
　　　　　　シュレーゲルアオガエル　*Rhacophorus schlegelii*
　　　　　　カジカガエル　*Buergeria buergeri*
　　有尾目　Caudata
　　　　イモリ科　Salamandridae
　　　　　　アカハライモリ　*Cynops pyrrhogaster*
　　　　オオサンショウウオ科　Cryptobranchidae
　　　　　　オオサンショウウオ　*Andrias japonicus*
　　　　サンショウウオ科　Hynobiidae
　　　　　　オオダイガハラサンショウウオ　*Hynobius boulengeri*
　　　　　　ブチサンショウウオ　*Hynobius naevius*
　　　　　　カスミサンショウウオ　*Hynobius nebulosus*
　　　　　　トウキョウサンショウウオ　*Hynobius tokyoensis*

> トピックス

西表島に持ち込まれたオオヒキガエル

　オオヒキガエル（写真）は中南米が原産地であるが，口に入るものは何でも食べるという大食漢であることから，サトウキビなどの害虫を駆除するという目的で世界各地の熱帯，亜熱帯地域に導入されている．日本では小笠原諸島の父島や母島，琉球列島の南北大東島や石垣島，宮古島，伊良部島に導入され，定着している．また，これまでは住みついていなかった西表島で，2001年の春頃から急に島内各地で見つかり始めた．公共事業のための土砂や資材などに紛れ込んで石垣島から侵入したようである．

　オオヒキガエルは地上性のカエルであるから，3 mにもなるサトウキビなど，丈のある作物の害虫駆除に大きな効果があるとはとても思えない．むしろ実際には，琉球でも小笠原でも在来の貴重な小動物への食害の方が大きい．また，オオヒキガエルの耳腺の毒はイヌやヒトも死亡することがあるほど強いので，このカエルを捕食する可能性のある動物，たとえば西表島では，絶滅危惧種であるイリオモテヤマネコやカンムリワシ，あるいはヘビ類，雑食のセマルハコガメやヤエヤマイシガメなどが中毒死する危険があり，これらの動物の生存が危ぶまれる．

　そもそも有用と考えられて野外に導入された動物が期待通りの効果を見せることはないと言って良い．むしろ，同じようなニッチを持つ種と競合しこれを排除したり，在来の種を捕食して絶滅させたり，ヤギやウサギのように地域の植生を破壊したり，近縁の在来種と交雑してその在来種の集団の遺伝子構成を破壊したりして，地域の生態系に悪影響を与えている例がほとんどである．カエルに害虫駆除の効果を期待するのであれば，外部からカエルを導入するという発想は捨て，在来のカエル類に害虫の増殖のコントロールを任せるように，彼らが安定して生活できる環境を保全すべきである．

3—6
植物の根系と菌根菌

　世界的に環境問題の深刻化，とくに森林の破壊，劣化，減少などの問題が大きく取り上げられている中で，人間と接点の多い里山に対する関心は最近とくに高まっている．このような里山の森林環境を維持するためには，里山森林に影響を及ぼす色々な環境要因との関わりを理解することが重要である．環境要因の中でも，植物の地上部，つまり茎・葉・芽・花・果実などの生育に関与する光要因・温度要因・水要因・風要因などについては，これまで色々な角度から多くの研究がなされている．一方，地下部の根圏環境における根圏微生物と植物の生育との関わりは重要であるにもかかわらず，それについての研究はこれまであまり進展していないためか，里山の植物の根系におけるダイナミックスがあまり理解はなされていないのが現状である．里山における根圏中の土壌微生物，とりわけ菌根菌は，どのような生活様式により植物の根系と共生関係を営み，且つ調和のとれた根圏の環境を保持しながら，里山の森林形成などにどのように貢献しているのだろうか．この節では，これらの観点について言及する．

3．6．1　根圏中の土壌微生物

　植物は様々な環境の中で生存している．深山や里山などいわゆる山林，原野や田畑などの自然環境で生育している色々な植物は，宿主植物として根から土壌微生物の仲間である菌根菌（*Mycorrhiza*），根粒バクテリア（*Rhizobium*），フランキア［*Frankia*＝放線菌（*Actinomyces*）］，真菌（*Eumycetes*）などを受け

入れて共生生活を営みながら生育している．なかでも菌根菌は，きわめて多種の植物の根と共生していることが知られているが，宿主植物の根に着生した菌根菌は宿主植物が生成した光合成産物を菌根を通して摂取する．反対に，菌根菌は菌糸を伸ばし，土壌中から養分や水分を集めて植物に供給する（Kabir *et al.* 1999）．とりわけ，菌根菌はリン吸収の促進，植物の乾燥や重金属に対する耐性の増強などに貢献している（Smith and Read 1997；宝月 1998）．

3-6-2　菌根菌の種類

植物の根に着生する菌根菌の種には大部分の担子菌（多くが子実体であるキノコを形成する菌）と一部の子嚢菌・接合菌などが属している．さらに菌根菌は菌根の構造的特徴から，VA（vesicular-arbuscular）またはA（arbuscular）菌根菌（内生菌根菌），内外生菌根菌，外生菌根菌，アーブトイド菌根菌，モノトポイド菌根菌，エリコイド菌根菌，ラン菌根菌などの7つの種類に区別されている（Smith and Read 1997；奈良 1998）が，一般に広く見られるのは主にVA菌根菌と外生菌根菌の仲間であり，これまで，特にこれらの菌根菌を対象にした情報が多く得られている．さらに，Molina *et al.* (1992) によると，現在では，アブラナ科およびアカザ科などの一部の種類を除く，概ね90％に及ぶ多種の植物は菌根を形成すると推定されている．また彼等は，菌根を形成する菌根菌は5000-6000種に及ぶものと推定している．

内生菌根菌（Endomycorrhiza）は，おもに草本植物に着生し，根における皮層の内側の細胞間隙に進入し，構造として特異的な嚢状体（vesicle）と樹枝状体（arbuscle）を形成するのが特徴である．この特異的構造から内生菌根菌はVA菌根菌あるいはA菌根菌と呼ばれる所以である．この内生菌根菌は，里山では森林の下草としての草本植物などの根と共生して，その生育に貢献している．また，これは一部の木本植物にも共生してその生育を助けているケースも見られる（写真3-6-2参照）．

外生菌根菌（Ectomycorrhiza）は，主に木本植物に，構造体として菌根を形

成しハルテイヒ・ネットと呼ばれる菌糸組織（菌糸が表皮細胞間隙に進入した構造）を持つが，子実体を形成するものもある．日本ではおもにマツ科，ブナ科，カバノキ科など多種類の木本植物に着生する（Kikuchi 1999）．これらの外生菌根菌のうち子実体を形成する種の多くは，宿主植物の根系に形成される菌根の感染菌が大型の子実体を形成することから，大体は特定することが出来る．つまり地上部にキノコおよび地下部にトリュフが形成されるものは特定が比較的可能であるが，他のものの特定は必ずしも容易ではない．特に里山の森林内における菌根菌，つまり樹木と外生菌根菌の関係は多岐にわたっており複雑である．それは次の項に述べるように，ある植物とそれに着生する菌根菌との間で特異的な関係によって形成された外生菌根に，種々の特異的なタイプが存在するからである．

3-6-3　外生菌根のタイプ

外生菌根菌は着生する樹木の根系との特異的な関係から，その菌根はいろいろなタイプに類別されている．外生菌根菌は子実体を形成するものもかなり見られるが，菌根を観察するだけではその同定は非常に難しい．従って外生菌根菌は菌根の形態的特徴をもとに「外生菌根タイプ」として類別されるケースが多い（松田 1999）．また，一つの植物に着生する外生菌根菌の外生菌根タイプ数について，これまで様々な研究がなされており，*Pinus pinea*（地中海沿岸地方産のマツ）で17タイプ（Rincon *et al.* 1999），*Abies firma*（モミ）では37タイプ（Matsuda and Hijii 1999），*Betula platyphylla* var. *japonica*（シラカンバ）で16タイプ（Hashimoto and Hyakumachi 1998a）など，多くの研究報告がなされている．近年では光学顕微鏡（Agerer 1996；Imhof 1999）や電子顕微鏡（Massicotte *et al.* 1999）による外生菌根菌の微細構造の観察をもとに形態的タイプの類別，遺伝的なアプローチ（松田 1999；Buuren *et al.* 1999）など，さらに詳細な研究が展開されている．近い将来はもっと多岐にわたるアプローチに基づく研究結果によって，外生菌根菌についてさらに未知の情報が得られるも

のと思われる．

3-6-4　季節・立地条件による外生菌根菌のダイナミズム

Betula platyphylla var. *japonica* に着生した外生菌根菌は立地条件によって外生菌根タイプ数が異なるという報告（Hashimoto and Hyakumachi 1998a）や，土壌層位の違いによって外生菌根菌（Hashimoto and Hyakumachi 1998b）や内生菌根菌（MacGee *et al.* 1999）の着生が異なるという報告もあり，環境条件の違いにより菌根菌が受ける影響は大きいと思われる．実際に，環境条件の違いによる内生菌根菌の着生状況の相違を菌根タイプを通して季節ごと，立地条件ごとに総覧した研究がすでになされている（河合 1981；Monhammad *et al.* 1998；Fontenla *et al.* 1998）が，外生菌根菌に関してはそのような研究はほとんどなされていない．以下，里山における環境条件の違いと外生菌根菌の動態について述べる．

　筆者らは，菌根菌が異なる環境から受ける影響のうち，特に宿主植物（アカマツや"モンゴリナラ"の実生など）が生存している里山（愛知県小原村および豊田市八草町のそれぞれ各二地点）の生育立地の違いおよび季節変化により，外生菌根菌が受ける影響を調べ，その立地内における外生菌根菌の群集構造を解析した．その結果，アカマツ実生の根系には少なくとも 8 種類（写真 3-6-1；表 3-6-1）以上の外生菌根タイプが類別され，そのタイプ構成も立地により大きく異なることが判明した．その実生の根系から類別された外生菌根タイプは，立地の差異により優占タイプおよび構成比が異なっていた（表 3-6-2）．さらにその根系には，複数の外生菌根タイプが共存していた．これは互いに棲み分けているのではなく，競合者同士として存在する可能性は低いと思われる．なお，その実生の根系への外生菌根菌の着生量は立地によって異なっており，且つ季節ごとの変動パターンにも差異が認められ，夏から秋にかけてその着生量は増大した．さらに，アカマツと"モンゴリナラ"実生の根系に着生した外生菌根タイプには互いに類似したものも見られ（写真 3-6-1，口絵 21），森林内の

type P1 ――― type P2 ―――

type P3 ――― type P4 ―――

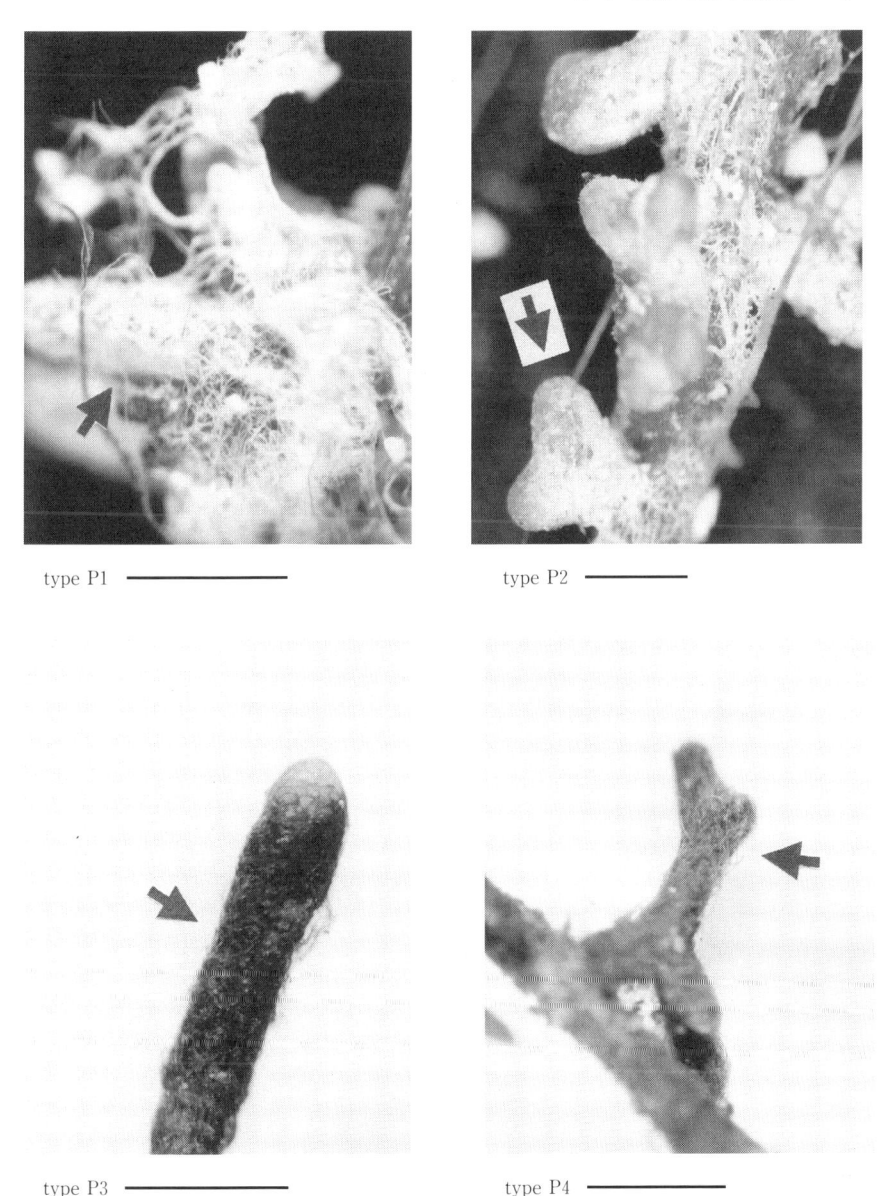

写真 3-6-1 アカマツ実生の根系から類別された外生菌根タイプ（太線は 0.5 mm を表す）．

type P5

type P6

type P7

type P8

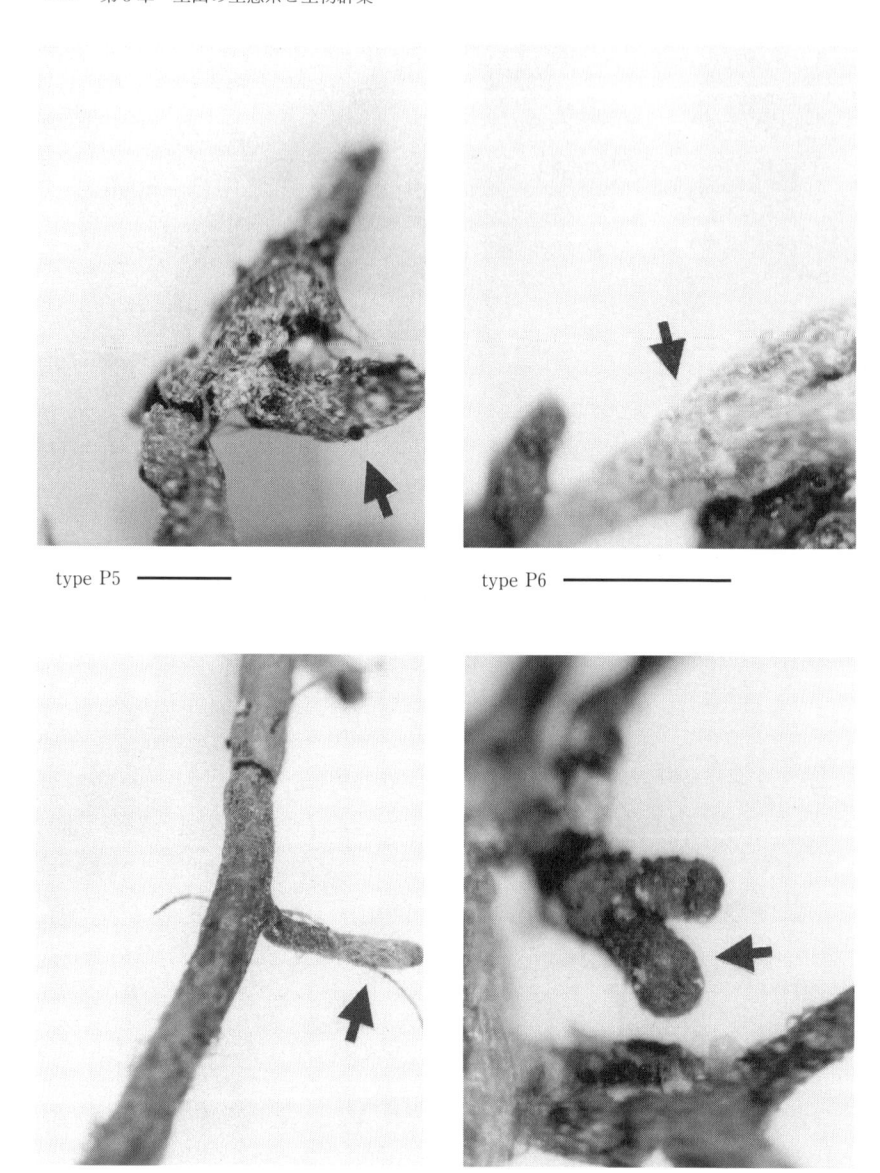

写真 3-6-1 アカマツ実生の根系から類別された外生菌根タイプ（前ページより続く）.

表3-6-1 アカマツ実生の根系から類別された外生菌根タイプ．

菌根タイプ	実体顕微鏡観察			光学顕微鏡観察		
	色	光沢	外部菌糸	Cl 結合	Cys の形態とそのサイズ（長さ×基部直径）	他の特徴
type P1	白	まれに絹状光沢	8-10μm	○	突鎚状 (280-460×4-5μm)	ラクトフェノール・コットンブルーで外部菌糸が染色 菌糸束 (30-35μm)
type P2	赤–茶		5-10μm			
type P3	黒		4-6μm			ラクトフェノール・コットンブルーで外部菌糸が染色
type P4	茶	絹状光沢	10-12μm	○	フラスコ状 (60-130×10μm)	
type P5	緑					
type P6	黄		6-7.5μm			
type P7	淡茶		7.5-10μm			ラクトフェノール・コットンブルーで外部菌糸が染色
type P8	濃茶		10-12.5μm		フラスコ状 (160×10μm)	

Cl：クランプ結合；○はクランプ結合が認められたことを示す．
Cys：シスチジア；シスチジアの形態は松田 (1999) に従う．

地下部における菌糸のネットワークの広がりも推察される．また，"モンゴリナラ"実生の根系では，外生菌根菌のみでなく内生菌根菌の着生も見られた（口絵21，写真3-6-2）（向井 2001）．これは，土壌環境の違いにより実生が外生菌根と内生菌根を活用しながら効率的に成長力を高めている可能性を示唆している．

3-6-5 外生菌根菌のネットワーク

森林内では，林冠木の根に形成された外生菌根から土壌中に伸び出した菌糸を経由して，その林冠木による光合成産物由来の栄養分（有機物質）が，日陰で生育が遅れがちな稚樹の根に運ばれ，その稚樹の生育に貢献している状況が知られている．このような事象については，外生菌根菌の菌糸が森林内の根圏を通じて植物同士を結びつけるためのネットワークとして，重要な働きをしていることが確認されている（図3-6-1，Simard *et al.* 1997）．つまり外生菌根菌

表3-6-2 アカマツ実生の根系に形成された各外生菌根タイプの占有率.

調査地	type	調査地あたりの外生菌根の占有率（%）			
		1-3月	4-6月	7-9月	10-12月
小原A	type P1	63.89	30.34	80.77	84.95
	type P2	11.11	40.45	14.42	5.73
	type P3	16.67	23.60	0	3.23
	type P4	5.56	0	0.96	0
	type P5	2.78	0	1.92	0.36
	type P6	0	1.12	0	0
	type P7	0	4.49	1.92	0.36
	type P8	0	0	0	5.38
小原B	type P1	48.98	—	34.69	22.45
	type P2	0	—	4.08	6.12
	type P3	44.90	—	32.65	65.31
	type P4	2.04	—	18.37	0
	type P5	0	—	0	0
	type P6	2.04	—	4.08	4.08
	type P7	0	—	6.12	0
	type P8	2.04	—	0	2.04
八草A	type P1	62.96	50.00	25.58	53.97
	type P2	11.11	0	0	15.87
	type P3	3.70	4.55	2.33	20.63
	type P4	18.52	13.64	6.98	0
	type P5	0	0	0	0
	type P6	0	4.55	34.88	0
	type P7	3.70	27.27	30.23	4.76
	type P8	0	0	0	4.76
八草B	type P1	3.77	0	11.86	10.34
	type P2	0	0	0	0
	type P3	15.09	19.61	5.08	2.30
	type P4	81.13	74.51	76.27	86.21
	type P5	0	0	0	0
	type P6	0	0	0	0
	type P7	0	5.88	6.78	1.15
	type P8	0	0	0	0

type P1〜P8は写真3-6-1に従う．データは調査期間（2000年）中に各調査地で見いだされた各タイプの菌根区画数を総菌根区画数に対する割合で示したものである．

は一つの植物のみと共生（菌根を形成）するのではなく，その菌根から伸び出した菌糸を通じて周りの様々な植物とも共生して菌根のコロニーを形成し，且つ各植物の菌根間では菌糸を通じてネットワークを構成して，お互いに協力体制を保ち植物との共存共栄を維持している．このように外生菌根菌は森林内では非常に重要な役割を果たしている所以である．この外生菌根菌の菌糸のネットワークを介して，植物の同種間および異種間では，光合成産物からの有機物質だけでなく，土壌中の金属イオンなどの無機養分や水分のやり取り（give and take）が行われ，お互いに協力し合って生活している．これについては，同位体を用いた実験でSimard *et al.* (1997)によって確認されている．一方，外生菌

3—6 植物の根系と菌根菌　209

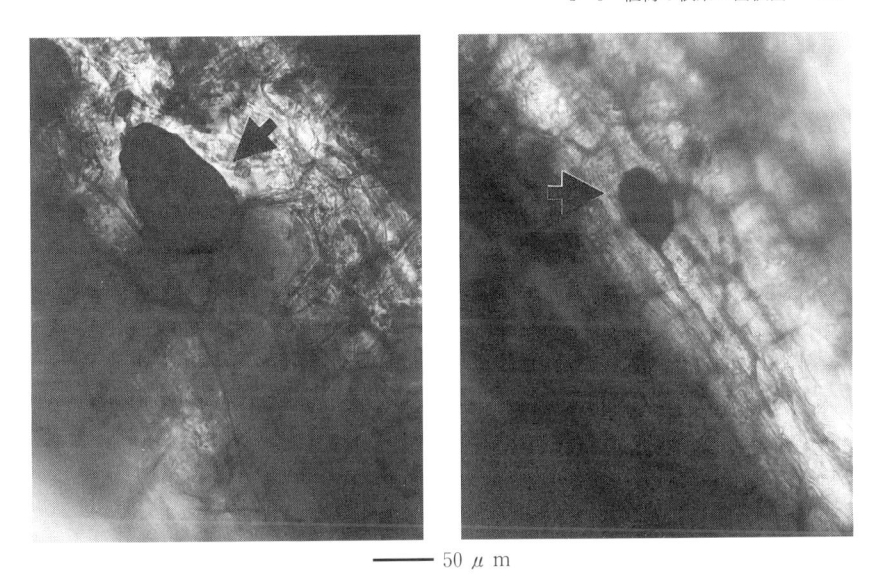

——— 50 μm

写真 3-6-2 "モンゴリナラ"実生の根系において観察された内生菌根菌.

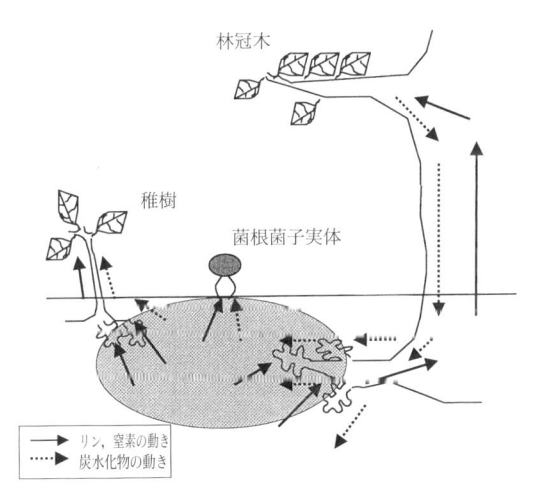

図 3-6-1 森林内での外生菌根菌と植物の関わりの模式図.

根菌が植物同士の競争に影響を与えているという報告もある（Pedersen *et al.* 1999）．また，Wu *et al.* (1999) は外生菌根菌同士も宿主植物をめぐってお互いに競合していることを示し，その優劣は立地条件によるところが大きいと述べている．

　外生菌根菌のネットワークを通じて，植物の根系と土壌微生物がダイナミックな共生関係を保ちながら里山自然は維持されていることになる．つまり，我々は根圏の環境を理解・認識することにより，里山をさらに身近な環境として捉えることが出来る．根圏の環境の役割として，森林などの樹木類の地上部が旺盛に繁茂するには，樹木の基盤となる地下部（根系）に土壌環境中の菌根菌などの微生物がネットワークを通じて大きく関わっていることを，十分に認識することが必要である．環境に優しいと流布されている自然開発の名のもとに，森林を過度に伐採したり，山を削ったりしながらのいわゆる「開発」は，里山の土壌微生物の環境を大きく変えることになり，菌根菌やフランキアなどを含む生態系までも破壊し，根圏中の秩序が乱れ，結局は森林崩壊の拡大につながることが予想される．将来，地域，ひいては地球環境をこれ以上に悪化させないためにも，先ずは里山の環境と我々人間との共生に関する課題について我々自身が心しなければならない．それには，子供の頃から里山に対して興味が湧くような野外観察などを取り入れた実地教育を通じて，里山の大切さを認識・理解させることが肝心であろう．

3−7
炭素の循環とリグニン

　表題に掲げたリグニンという言葉を初めて知った，という読者が多いのではなかろうか．実は，植物細胞壁の構成成分の一つで，地球上に存在する天然有機物のなかで，セルロースについで2番目に豊富な量を誇っている．さらに，物理的・生物的に難分解性であるため，セルロースなどの炭水化物と異なり，枯死後も完全に分解されることは少ない．したがって，土壌中あるいは湖沼，海底の堆積物中，さらには湖水，海水中のリグニン由来物質を含めれば，最も豊富に存在する有機物であると推定される．そのため，生物圏，すなわち光合成産物の炭素循環を考える場合，リグニンの役割はきわめて大きいことが最近の研究で分かってきた．

　このリグニンという物質は，陸上植物のみが生産し，植物の進化と密接に関わり合っている．ここでは，森林におけるリグニンの生成・役割について概説し，地球規模での炭素循環のなかでのリグニンの役割を提唱する．また，局地レベル（里山）での炭素循環モデルとしての海上の森（瀬戸大正池）において行った研究成果もあわせて紹介する．

3 7 1　樹木の光合成産物

　近年，大気中二酸化炭素濃度の上昇による温室効果は，世界が抱える最も深刻な問題の一つである．そしてこの問題を科学的に議論する際にキーワードになるのが炭素循環であり，その炭素循環において森林はきわめて重要な位置を占めている．

森林が生産する光合成産物の大部分は，樹木の根，幹，枝，葉のなかに蓄えられる．樹木光合成産物の一部には，落葉や種子などのように，一年サイクルで固定，放出を繰り返すものもあるが，そのほとんどは年輪構造を有する木部に，細胞壁という形で固定・蓄積される．細胞壁は，セルロース，ヘミセルロース，リグニンなどの高分子からなり，害虫や微生物の侵入がない限り，分解されることはない．しかし，一年草にも多年草にも，また針葉樹や広葉樹にも寿命があるので，いつかは必ず枯れてしまう．植物そのものが枯れなくても例えば，紅葉の季節に森林は色鮮やかな枯れ葉を舞い散らせているが，そのようにして有機物を土壌表面に供給している．その植物の遺骸や落葉はキノコや微生物による分解を受けながら土壌中に埋もれていき，徐々に形を失っていく．この過程で，分解に対する抵抗力の弱い炭水化物（糖類，セルロース，ヘミセルロース）やタンパク質などから，順に二酸化炭素を生成する．したがって，森林＝二酸化炭素固定，という定義は必ずしも当てはまらない．二酸化炭素の固定と放出との差が，真の森林の二酸化炭素固定能力であり，自然林，人工林，気象条件などの違いで評価が異なってくる．ここで問題となるのが，微生物分解における細胞壁成分の挙動の差異である．

　セルロースとヘミセルロースはいわゆる炭水化物と呼ばれる高分子物質で，グルコースなどの糖類が重合したものである．これらは，枯死後，比較的容易に生分解される．一方，リグニンはフェニルプロパン単位を基本骨格とするきわめて複雑な構造をしている（図3-7-1）．セルロースやヘミセルロースと異なり，繰り返し単位を持たず，3次元の不定形高分子である．この化学構造を反映して，リグニンは微生物分解を非常に受けにくく，白色腐朽菌と呼ばれる一部のキノコなどにより生分解されるのみである．やがて，その一部は土壌中で腐植物質と呼ばれる安定な物質を形成し，土壌中に長期間保持されるのである（米林 1997）．この土壌中に存在する有機物量，言い換えれば，土壌中の炭素貯蔵量は，全地球でおよそ2000ギガトンとされている．これに対して生きた植生の炭素貯蔵量は500ギガトンであるから，森林というのは地表面の上ではなく下の，目に見えないところでより多くの炭素を固定していることが分かる（Schimel *et al.* 1996）．

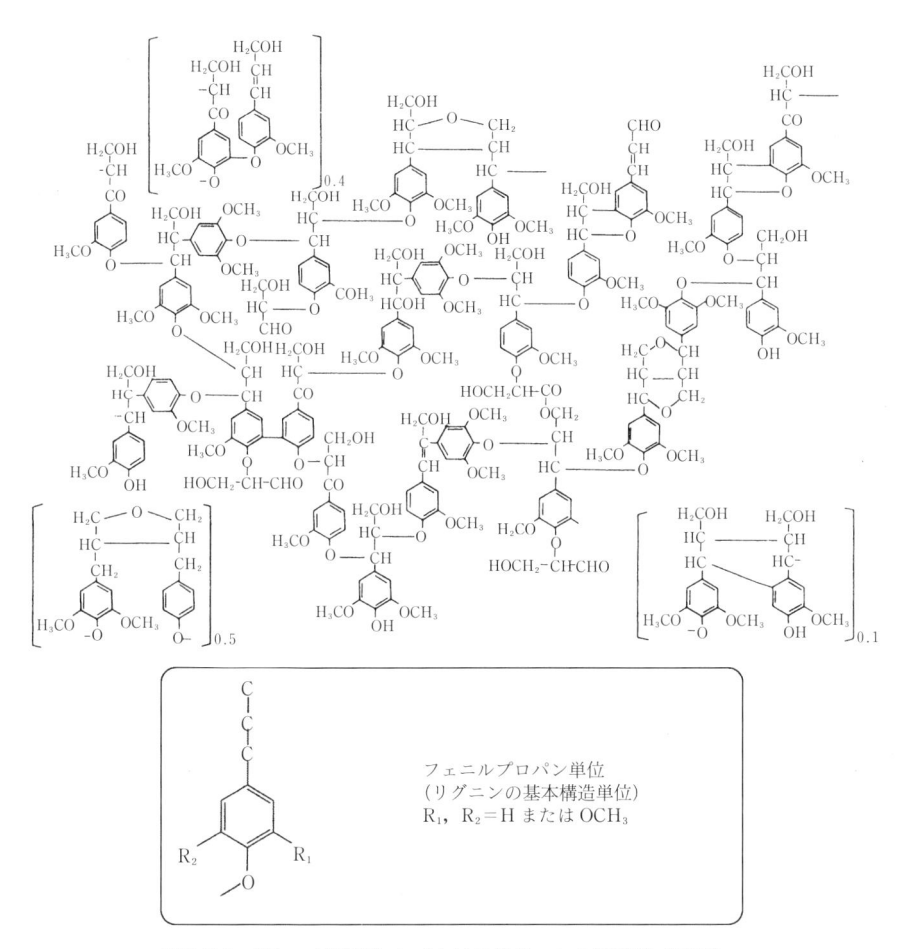

図 3-7-1 Nimz が提案したブナ材のリグニンの構造型 (1974).

森林資源の9割は樹木であり，そのほとんどが年輪構造を有する木部である．針葉樹木部には，25 から 35%，広葉樹木部には，20 から 30% のリグニンが含まれている（図 3-7-2）（日本材料学会木質材料部門委員会 1982）．健全な樹木であれば年輪に永久に蓄積されること，また，枯死後の難分解性を考えると，この値は地球規模の炭素循環において無視できない大きさである．つまりリグニンは，炭素循環における炭素固定物質としてきわめて重要な役割を担っ

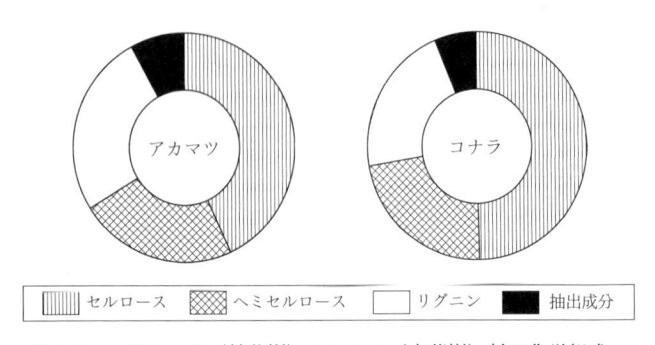

図 3-7-2 アカマツ（針葉樹）とコナラ（広葉樹）材の化学組成.

ているのである．

3-7-2 植物の進化とリグニン

　前述したように，リグニンは陸上維管束植物細胞壁中に存在するフェニルプロパン構造を基本単位とする高分子（図3-7-1）で，細胞壁の他の成分である炭水化物（ヘミセルロース）と結合することにより，永久固定されている．また，植物が水中から陸上に生息域を拡大する過程で獲得した細胞壁成分の一つでもあり，陸上で生息するために必須の代謝物である．そしてリグニンは，道管・仮道管を疎水性にして水分の通導機能を高めたり，木部細胞同士を接着させたり，肥厚した２次壁のセルロース微少繊維を固定し支持機能に寄与したり，あるいは，紫外線から細胞を守ったり（リグニンは紫外線を吸収する），病害虫や病原菌の侵入を阻んだりと多くの役割を担っている．
　リグニンは，3種類のモノリグノール（図3-7-3）が重合して出来た高分子で，細胞壁中で生成される．リグニンは，進化の過程でその構造を変遷させてきた．裸子植物ではグアイアシル（G）プロパン単位，被子植物ではグアイアシル（G）とシリンギル（S）プロパン単位，単子葉植物ではG，Sに加え，p-ヒドロキシフェニル（H）プロパン単位からなる（図3-7-4）．針葉樹は裸子

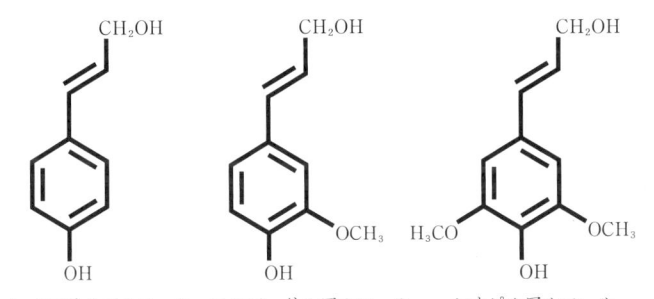

図3-7-3　3種類のモノリグノール（リグニン前駆物質）.

　p-クマリルアルコール　　コニフェリルアルコール　　シナピルアルコール

図3-7-4　リグニンの主要構造単位.

　p-ヒドロキシフェニル（H）骨格　　グアイアシル（G）骨格　　シリンギル（S）骨格

植物なのでG，広葉樹は被子植物なのでGとS，タケ，ササなどは単子葉植物なのでG，S，Hリグニンということになる．

　一般に針葉樹は，枯死後なかなか分解を受けにくい．これは，分解されにくいGリグニンの構造に関係している．広葉樹は，個体が長生きするというよりは，交配という外来遺伝子の導入により環境適応する戦略で生息するものが多い．そのためか遺体の分解速度は速く，森林での新旧の命の交代がスムーズに行われるようになっている．これは，リグニンが分解されやすい構造となっているからである．また，リグニン含量の低い単子葉植物では，さらに分解速度は速い．

3-7-3 里山における炭素循環

　海上の森は，猿投山から連なる瀬戸市南東部の典型的な里山である．スギの人工林が一部に見られるものの，落葉広葉樹が主体である．森が生みだすいくつかの沢は，山口川，矢田川，庄内川となり藤前干潟に注いでいる．そして林内で生産された有機物（落葉や植物遺骸の構成成分）が河川を介して海に運ばれており（図3-7-5），その物質輸送（炭素循環）が海の生態系にとって必要なのだ，という考え方が広まりつつある．海上の森から海に運ばれる物質として，リグニン（リグニン由来物質）は，主要物質の一つであろう．

　筆者らは実際に，里山における炭素循環を理解する一環として，海上の森にある瀬戸大正池の堆積物を採取し，そのリグニン分析を行った．リグニンは非

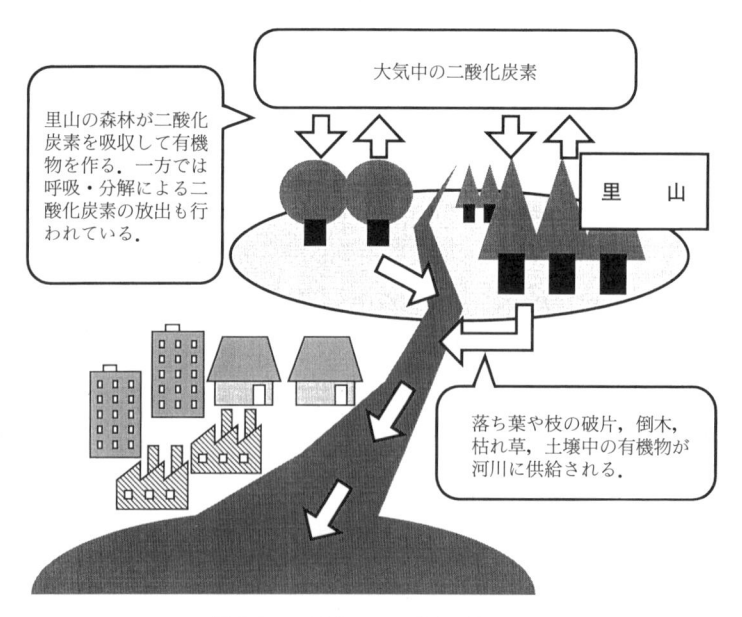

図3-7-5　里山からの炭素の輸送．

常に難分解性ではあるが，土壌中で化学的に改質され，細胞壁中の構造は時間の経過とともに変遷していく．しかし，リグニン構造単位である芳香環部位（G, S, H核）だけは比較的安定で，化学的に分解すれば，土壌や堆積物中からでもその構造（G, S, H）を反映する断片が得られる．堆積物のリグニン分析手法として主流なのがアルカリ酸化銅酸化法で，これは，リグニン高分子中に最も多く存在する結合単位である β—O—4 結合を開裂させてリグニン分解生成物（図 3-7-6）を取り出し，定量するものである．

まず初めに，瀬戸大正池周辺で採取した針葉樹，広葉樹の落葉や木部をアル

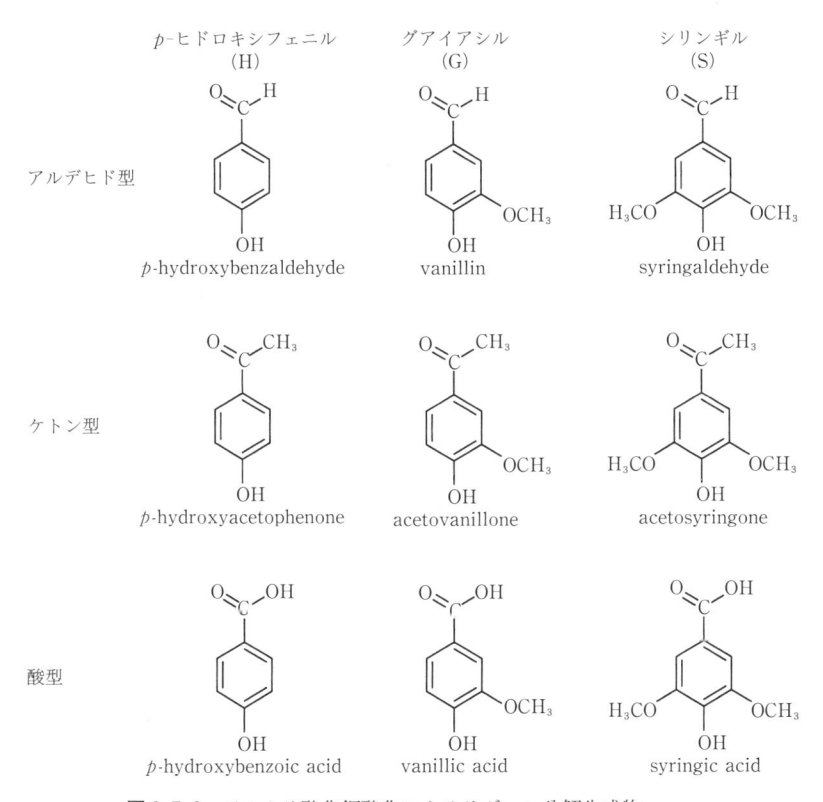

図 3-7-6 アルカリ酸化銅酸化によるリグニン分解生成物．

カリ酸化銅酸化法で処理した結果を図3-7-7a〜dに示しておく．針葉樹の落葉（ニードル）からはG，H核，針葉樹の木部からはGのみ，広葉樹の木部からはG，S核，広葉樹の落葉からはG，S，H核が得られた．これは針葉樹と広葉樹それぞれのリグニン組成を反映している．そして次に，瀬戸大正池堆積物を同じ方法で処理した結果を図3-7-7eに示す．この結果から，瀬戸大正池堆積物中にはG，S，H核の芳香環部位がそれぞれ含まれていることが分かった．S核とG核が存するから，まず，広葉樹が供給源になっていると考えられ，さらにG核の含量が多いことから針葉樹も供給源になっていると推測できる．

　この堆積物中のリグニン由来物質についてさらに詳しく調べるために，アルカリ酸化銅酸化法に加えてチオアシドリシスという手法で分析した．湖沼や海洋の堆積物のリグニン分析を行うのにチオアシドリシスを用いるのは，これまでに例のない試みである．

　チオアシドリシスもアルカリ酸化銅酸化法と同様にリグニン $\beta-O-4$ 結合を開裂させて（図3-7-8）分解生成物を取り出し，定量するものである．しかし，チオアシドリシスの最大の特徴として，リグニン単量体をフェニルプロパン（C_6C_3）構造のまま取り出せるということが挙げられる．その分解生成物を図3-7-8に示したが，エタンチオールの加溶媒分解であるため側鎖の炭素はチオエチル基（$-SC_2H_5$）で修飾されている．アルカリ酸化銅酸化法では生成物は C_6C_1 構造か C_6C_2 構造であり，これだと試料中に含まれるリグニン以外の物質（芳香族アミノ酸など）からも同じ生成物が与えられる可能性がある．もう1つ，チオアシドリシスの重要な特徴は，図3-7-8のような生成物を与えるのは側鎖に変質を受けていないリグニンのみということである．つまり，これによって定量されるのは堆積物中に含まれるオリジナルな構造を保持したままのリグニンであり，微生物などの作用によって化学的変質を受けた部分は除外されるのである．

　このチオアシドリシスによって，瀬戸大正池の堆積物試料中から C_6C_3 構造のリグニン断片が得られた．乾燥させた堆積物1gあたり，グアイアシル核は炭素換算で $234\,\mu g$，シリンギル核は同じく炭素換算で $115\,\mu g$ であった．p-ヒ

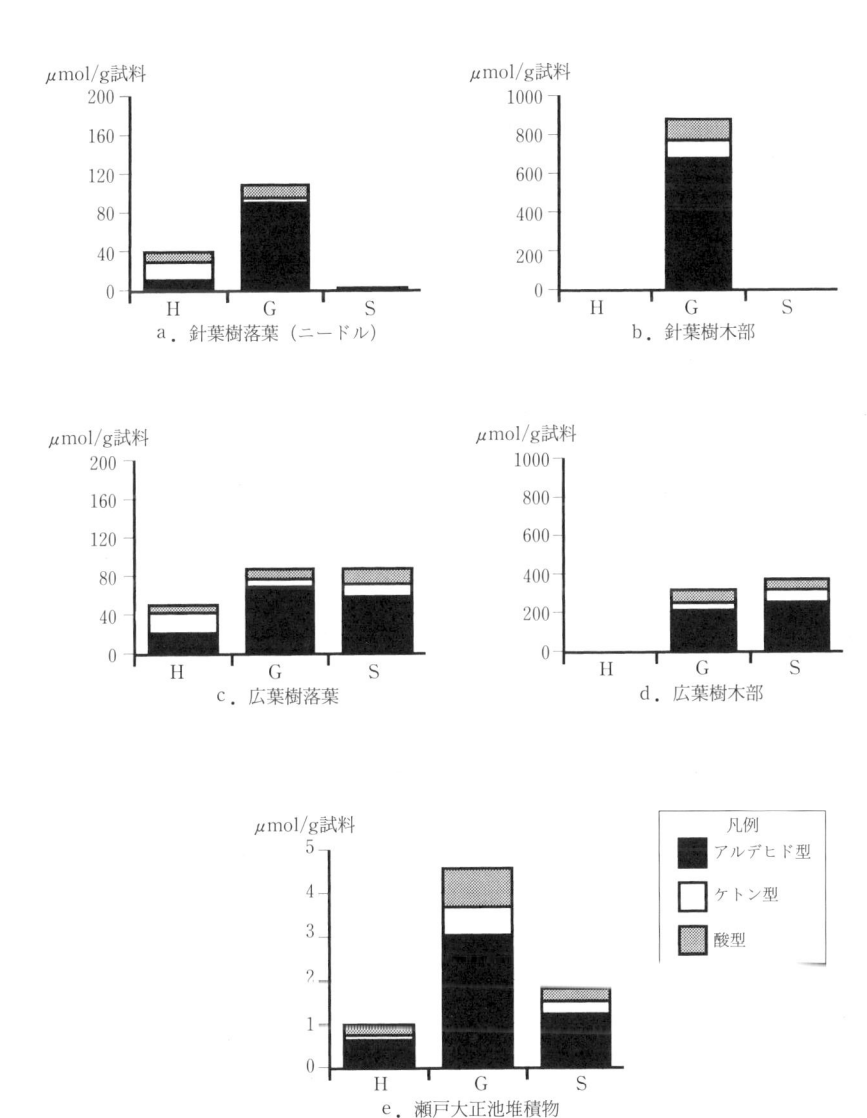

図 3-7-7 アルカリ酸化銅酸化による生成物の収量. H：p-ヒドロキシフェニル G：グアイアシル S：シリンギル.

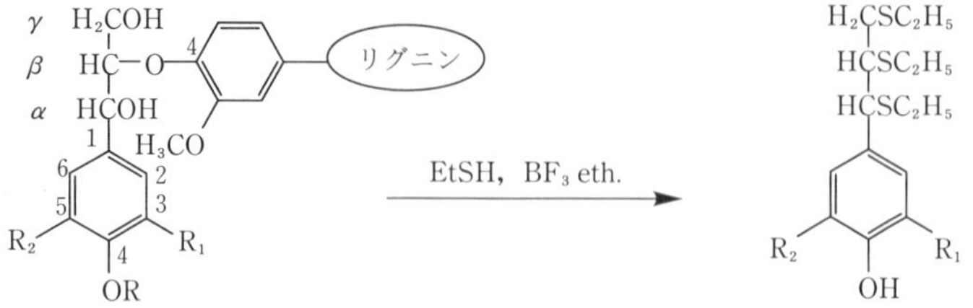

β-O-4 型構造を選択的に切断
（リグニン中に最も多い結合様式）

分解生成物

$R_1 = OCH_3$，$R_2 = H$：グアイアシル
$R_1 = R_2 = OCH_3$：シリンギル
$R_1 = R_2 = H$：*p*-ヒドロキシフェニル

図 3-7-8　チオアシドリシスのキーリアクション．

ドロキシフェニル核も極微量ではあったが存在が確認できた．つまり，瀬戸大正池の堆積物中には確かに針葉樹そして広葉樹由来のリグニン断片が存在しており，また，あまり微生物によって分解を受けていない段階のリグニン断片が含まれているということである．

念のために断っておくが，リグニンというのは陸上の維管束植物だけが作り出す物質であって，水中に生息するプランクトン，魚類，昆虫などの生物は持っていない（もちろん水辺に生えるヨシやハス，それからマングローブ林などは別である）．よって，堆積物中のリグニン断片は間違いなく水の外から供給されたものだと考えてよい．これらは，樹木の落葉落枝や水際に生えていた草が直接水面に落ちて供給されたものかもしれないし，土壌中で溶存有機物となって川まで運ばれてきたものかもしれない．だが，いずれにしても，海上の森で生産された有機物の残骸の一部が，河川という水域に供給されているのは事実であり，炭素循環に寄与していることは言うまでもない．

3-7-4　おわりに

河川に供給された陸上植物由来の有機物は，水の流れに乗って下流へ，そして海洋にまで到達する．陸成植物しか作ることの出来ないはずのリグニンの断

片が,アルカリ酸化銅酸化法によって海洋から検出されたという報告が世界各地でなされている.メキシコ湾での研究例を挙げると,深度 74 m から 2250 m までの数ヶ所の表層堆積物を調べたところ,そこに含まれる有機物は生成してから 2580-6770 年が経過していることが判明し,これはその海洋に生息する植物プランクトン遺骸の堆積速度などを考慮しても,大部分が陸上植物由来なのではないかというのである (Goñi et al. 1997).つまり陸上の植物は,死んだ後も遺骸の一部は数千年もの時間が経過しても分解されずに残っているということになるから,驚くべきことである.

陸上植物に由来するこのような有機物が河川や海洋に供給されたなら,その時点でその有機物は河川や海洋の生態系を構成する一要素となり得る.葉や枝や果実が水中に落ちれば,それを分解する微生物が繁殖するし,摂食する動物もいるだろう(ホーン・ゴールドマン 1999).またさらに,落ち葉などが分解されて生成する腐植にはフルボ酸と呼ばれる物質があるが,このフルボ酸は,土壌中の鉄を海へ運ぶという海の生態系にとって重要な役割を荷っているとも言われている.キレートという働きでフルボ酸分子の中に鉄イオンが組み込まれるのだが,これは生物にとって鉄分を吸収しやすい形態である.こうして土壌から運ばれた鉄を摂取するのは植物プランクトンであり,この植物プランクトンを多くの動物が餌としている.だから河川の上流にある森林がもしなくなってしまうと,こうしたフルボ酸鉄が供給されることもなくなり,下流や海洋の生態系に大きな悪影響を与え得るのである(松永 1993).藤前干潟の生態系の維持,さらには伊勢湾で魚がとれるのは,海上の森の恵みも少なからず関与しているのではないか.

里山の森林を伐採するということは,ローカルな生態系を破壊してしまうのみならず,水圏を含めたグローバルな生態系をも破壊させてしまうことも意味している.

＊瀬戸大正池堆積物のサンプリング,ならびに,本研究の遂行に対し,技術,知識をご提供くださった,名古屋大学地球水循環研究センターの大田啓一博士,中部大学応用生物学部の寺井久慈博士に心より感謝致します.

第4章

里山の保全に向けて

　これまでの章で，雑木林の成り立ちや，湿地を中心とした東海丘陵要素植物の生態，さらには里山生態系の動・植物あるいは菌類について述べてきた．こうした多様な要素を含む里山がどのように保全されるかは，里山に関する人間の認識や，里山を保全する人間の取り組み如何に関わっている．このような観点から，この章では，自然保護の運動や里山の保全のあり方について述べる．

　第1節では，自然保護運動の歴史を概観し，それが二次的自然である里山の保全運動へと発展してきたことを示す．このような流れが世界の動向を背景にしていることや，わが国の法律と密接に関わっていることも見ておきたい．第2節では，近年その価値が見直されている雑木林の果たしている役割を示すとともに，里山の保全に関するさまざまな事例を紹介する．その中で，雑木林の管理という従来の狭い視点ではなく，雑木林を通した生物の多様性の問題を提起する．第3節では，2005年に予定されている愛知万博の経過における問題点を扱う．当初計画された会場予定地は，「海上の森」という瀬戸市近郊の里山であり，里山をめぐる開発のあり方と保全に関する運動の現状を知る上で，またとない事例である．成立して間もない環境影響評価法が，この万博の開発計画にどのように関わったかという点にも触れている．第4節では，里山を守る運動の具体例として，海上の森の国営公園化をめざす市民運動を取り上げて，紹介している．そして，最後の第5節においては，里山保全のあり方，とくに雑木林の保全のあり方を探っている．

4−1
自然保護理念の発展

4-1-1 原生的自然の保護から二次的自然の保全へ

　第二次世界大戦で疲弊したわが国の経済は，1950年代の朝鮮戦争を契機に回復し，1960年代以降には世界的にも稀な経済発展を遂げた．この経済の高度成長期の開発は，一方で目にあまる自然破壊をもたらし，原生的自然の破壊と消滅の危機感を多くの国民のうちに目覚めさせた．このことは原生的自然の重要性を認識させ（読売新聞環境問題取材班 1975；宮脇 1982），それを保護しようとする運動が高まった．その当時は，知床原生林の伐採問題（本多 1987）や白神山地の青秋林道の問題（牧田 1989）が連日ニュースで報道された．

　このような自然保護運動の高まりは，国有林などの森林の保護運動へと発展し，林野庁を動かし，生態系保護地域の指定という成果をもたらした（依光 1999）．しかし，原生的自然の保護に関する運動が大きな成果を得たのに対して，都市の拡大やゴルフ場の建設が進むなど，身近な自然の急速な消失ははなはだしいものがあった．安定成長期に入っても，民間活力という名のもとにいわゆるリゾート法（総合保養地域整備法）が成立して，開発による自然破壊はますます進行した（山田 1989）．

　後に名古屋市をはじめ，いくつかの事例を紹介するが，1970年代から，身近な自然を保護する運動が全国的に起こり，東京都では自然環境保全条例が定められた（倉本 1991）．しかしながら，自然環境の保全に関する国民の世論が形成されるようになるのは，1992年のリオ・デ・ジャネイロのサミット以降である．次項で触れる1995年の閣僚会議における「生物多様性国家戦略」を受けて，環境省は2001年に「生物多様性保全地域計画ガイドライン」を設け，

日本全体としても保全目標を設定するとともに，地域生態系の保全をきめ細かく行うために，地方自治体にも条例を定めるなどの保全対策を取ることを勧めている．このガイドラインが設けられる以前に，高知県では里山保全条例を独自に定めていた（北村 2001）．2005 年開催予定の愛知万博も，環境万博を銘打って里山を開発するものであったため，国際世論の批判を受けて，大幅な計画の変更を余儀なくされたことは後に 4—3 で述べるとおりである．

4-1-2 里山の保全と法律

わが国は，1937 年より長期にわたる戦時体制に入り，造林を怠って森林伐採を進めたため，全国的に森林の荒廃が進行した（日本弁護士連合会公害対策・環境保全委員会 1992）．名古屋市の東山丘陵では，アカマツを根こそぎ掘り取って燃料として利用したため，丘陵の尾根全体が裸地化して，名古屋は「白い街」と呼ばれたほどである（高木他 1977）．

1951 年には，明治以来の森林法が改正され，若齢林等の皆伐を規制して森林の生産性を高め，木材の需要に応えた．しかしながら，この森林法は高度成長期の開発や，その後のゴルフ場建設のラッシュを規制することが出来なかった．それは，森林法が森林をもっぱら林業や観光産業の資源としてのみ捉え，森林の多面的な価値を認めていなかったからである（日本弁護士連合会公害対策・環境保全委員会 1992）．

1957 年以降に取られた拡大造林政策は，天然林を人工林に転換することによって，原生林のみばかりでなく雑木林をも減少させるもととなった．1972 年には，自然環境保全法が成立したが，この法律ではまだ原生的な自然の保護が重点となっている．しかし，この法律によっても，知床の原生的自然を保護することは出来ず，1990 年の林野庁による生態系保護地域の指定まで待たねばならなかった（依光 1999）．

1993 年には，わが国においても，ようやく環境基本法が制定されたが，これは 1992 年のブラジルのリオ・デ・ジャネイロにおける地球サミット（環境

と開発に関する国連会議）に大きく影響を受けたものである（日本環境会議 1994）．この地球サミットは世界的にも環境問題を身近なものとして認識する機運となり，その後のさまざまな市民運動に影響を及ぼした．

　里山等の二次的自然については，現在に至るまで法律上はとくに規定されておらず，今後の課題となっている．1992年の地球サミットで，生物多様性条約が採択され（山村 1994），わが国も批准を行った（志村 1992）．それを受けて，1995年7月の地球環境保全関係閣僚会議において「生物多様性国家戦略」が決定され（環境庁 1996），その中で二次的自然環境の保全に触れている．しかしながら，その具体策には乏しく，従来の林学的な発想に止まっている．このことは，4—3で詳しく触れる愛知万博の会場計画において，自然環境保全の具体的な手だてが取れなかったことと大きく関わっている．

　1997年6月に，環境影響評価法（通称アセス法）が公布された．愛知万博は，このアセス法の施行前の計画であったため，その対象とはならなかったが，万博の計画はこのアセス法の精神に則って行われることになった．しかし，アセス法自身に重大な欠陥があるとともに，愛知万博におけるアセスメントもきわめて不十分なものであった．この点については，後に触れるとおりである．

4—2
二次的自然の重要性と保全運動

4-2-1 二次的自然を保全することの重要性

　前節で述べたように，原生的な自然の開発については，ある程度の規制がかけられるようになったのに対し，二次的自然である身近な自然の消失が大きな問題となってきた．原生的な自然の重要性が認識されはじめたのとほぼ同じ頃，吉良（1976）はすでに雑木林の重要性を指摘している．彼は，雑木林は原生林ほど自然度は高くないが，人工林よりは自然度が高いことを指摘した．また彼は，雑木林の価値は，そこに何か珍しい生物が生息しているからというのではなく，自然のシステムとして成り立っているところにその価値を見いだすべきであると指摘している．

　従来は，森林の効用は，木材等の生活や産業上の経済的な価値，あるいは防災上の価値に重点が置かれてきた．薪炭材等の燃料を供給してきた雑木林も，ほぼ同様な価値として認められてきたものである．その他にも，都市気候の緩和や，大気浄化の機能も果たし得ると言われてきた（只木 1988）．近年は，緑の効用としての「やすらぎ」やフィトンチッド（植物によって合成される殺菌作用のある物質）による健康に関わる精神医学的な効用も指摘されている（神山 1984）．最近では，とくに自然に対する理解や共感を得る場としての環境教育の観点から，里山の自然の見直しが進んでいる（広井 2001）．

　雑木林で代表される二次的自然は，第1章でその成り立ちについて詳しく述べたが，この雑木林は，原生的自然とは異なる独自の特性を有していることが明らかにされてきた．守山（1988）によれば，雑木林は，氷期の遺存種の避難所（レフュージア）として重要な役割を果たしているという．彼によると，ク

ヌギやアベマキの葉を食べるウラナミアカシジミやカンアオイ類を食草とするギフチョウ（ギフチョウについては3—2を参照）は，吉良の提唱した暖帯落葉樹林に分布しており，これらのチョウ類は人為的に作り出された落葉広葉樹林にも分布を拡大して生き残ってきたという．

　雑木林は，人為的な干渉によってシイやカシのような競争力の強い樹種を排除した結果成立したものであり（1-2-7参照），シイ・カシ林のような原生林では生存できない種の生活の場を提供している．二次的自然は，人間の生産活動と結びついて成り立ってきた歴史を反映しているため，その保全は，農業やそれに関する政策と密接に関わっている．しかしながら，都市化が進行した地域において，二次的自然を保全するためには，農林業に代わる生態学的な保全策が必要不可欠である．もちろん，わが国の農林業政策を転換させて，二次的自然の保全を図ることも重要であるが，その場合でも，生産性という経済的価値の評価のみではなく，人間と自然との関わりという生態学的な観点からの見直しが必要であろう．これらの点は，森林についてばかりでなく，伝統的に維持・管理されてきた草地・草原についても同様にあてはまることである．内藤他（1999）は，地域の生物多様性を維持するためには，草原のような二次的植生は，適度な人為圧が必要であることを指摘している．

　雑木林は，どこにでも存在し，ありふれたものであるという見方がある．しかし，皆似たような森林のように見えても，それぞれの地域ごとに森林のあり方は多様である．平川・樋口（1997）は，地域ごとの固有性と歴史性を認めることの重要性を指摘している．また，実際に類似した森林であっても，さまざまな種の生存のためには，地域個体群の増大と消滅を繰り返して存続し得るだけの冗長性が必要とされる．これらの点は雑木林の保全と密接に関わるので，保全に関する4—5でまた触れる．

4-2-2　岐阜県山岡町におけるゴルフ場建設をめぐる訴訟

　ゴルフ場の開発は，里山の自然を破壊してきた大きな要因の一つであるが，

ゴルフ場建設のラッシュは，単なる自然破壊だけの問題では済まず，農薬の使用による水質汚染の問題や，土地の売買をめぐる汚職や地域社会の破壊にまで進展する社会・経済的な多くの問題を発生させてきた（環境庁企画調整局環境影響審査課 1993；山田 1989）．多くのゴルフ場建設は，このような多岐にわたる問題をかかえているが，ゴルフ場開発反対運動は里山の自然を守る運動という性格もあった．

1990年時点で，岐阜県恵那市山岡町（図4-2-1）にはすでに二つのゴルフ場が建設されており，二つ合わせたゴルフ場の面積は約273 haで，山岡町の森林面積4336 haの約6.3%を占めていた．さらに二つのゴルフ場が建設されると，およそ540 haとなり，森林面積の12.5%に達する．長野県におけるゴルフ場開発の指導要綱では，森林面積に対して2%という目安を設けており（信州大学環境問題研究教育懇談会・地域開発と環境問題研究班 1990），この目安から見て，山岡町のゴルフ場計画がいかに桁外れかということが読みとれる．

地権者の一人である度会錦吾氏をはじめ6名が原告となって，1990年に当時の開発当事者であった御園開発株式会社を訴えて「ゴルフ場建設差止請求」訴訟を起こした．その後，開発側の会社が何度か代わったが，裁判中にもかかわらず岐阜県知事が許可を認めてしまったため，開発会社はゴルフ場の建設を強行してしまった（写真4-2-1）．現状復帰を求めた訴訟は2001年12月に原告棄却の一審判決がなされたが，原告は高齢化も進み，控訴を断念せざるを得なかった．

この「ゴルフ場建設差止請求」訴訟は，「自然享有権」を唱った全国でも初めての重要な裁判で

図4-2-1　岐阜県山岡町の位置．

230　第 4 章　里山の保全に向けて

写真 4-2-1　ついにブルドーザーが入って森林が伐採されてしまった岐阜県山岡町のゴルフ場予定地．将来，尾根は削られ，その土砂で谷が埋められる．

あった．「自然享有権」というのは，自然自身および将来の国民から信託された自然を保護・保全する権利であり，自然を守ることが人間らしい生活を送り，自然の恵沢を享有することを可能にするというものである（山村 1994）．

　訴訟開始直後から，岐阜県在住の歌手でもある南修治氏は立木トラスト運動（トピックス「ナショナル・トラスト運動」参照）を推進してきたが，立木トラストの場所を除いて森林の大部分は伐採されてしまった．伐採された部分の多くは，コナラを主体とした発達した森林で，林床にはチゴユリ，ナルコユリ，ホトトギス等のユリ科の多年生草本が繁茂し，谷筋ではフタリシズカの他にラン科のシライトソウ，エビネ等の草本も分布していた（広木 1990）．このゴルフ場建設に際しては，アセスメントはほとんどなされておらず，オオカサスゲの繁茂する湿地もまったく消失してしまった．

　度会氏をはじめ入会地を共有する地権者の同意なしに知事がゴルフ場建設の許可をしたとして，知事に対して許可の取り消しを求める行政訴訟が上記の裁判と並行して行われた．この行政訴訟は 1995 年に岐阜地裁で敗訴になったが，翌年の 1996 年の名古屋高裁では原判決取り消しの勝訴となった．その後，裁判は最高裁までいき，最終的には立木トラストは認められなかったが，周辺住民に対しては開発行為許可処分の取り消しを求める原告適格が認められるに至った．それまで行政訴訟では原告適格が認められていなかったので，この成果はたいへん重要な意義を有するものであった．

　全国的には，本書で紹介した事例以外にも，さまざまなゴルフ場反対の運動が進められた（山田 1989；ゴルフ場問題全国連絡会 1990）．それらの運動が世論を喚起し，現在では，ゴルフ場建設に対してより強い規制がかけられるようになってきている．

4-2-3 名古屋市緑区の勅使ヶ池緑地における開発の例

(1) 緑地の墓地公園化の計画とその後の経過

名古屋市は，1980年代の初めに，名古屋市緑区の緑地を大規模な墓地公園にする計画を立てた．この計画は2000年までに墓石を3万6千基配置するというものであり，名古屋市は1983年1月に環境影響評価準備書を公表した（名古屋市 1983）．一方地元住民からは，巨大な墓地公園は住環境を損なうので規模を縮小するようにという要望が出された．

この墓園事業の特徴とその問題点は二つあった．その一つは，名古屋市の勅使ヶ池緑地は，もともと1960年代に将来の開発のために緑地指定されていた，という点である．緑地保全のためではなく，開発のために利用するのが目的だったのである．二つ目の問題は，環境影響評価の方法である．この方法では，工事による影響の数値と植生自然度とを掛け合わせてクロス評価を行っていることである．この評価方法では，勅使ヶ池緑地内の発達した森林の価値に開発行為の影響を組み込むことになるため，結果として森林の価値が低く評価されるシステムとならざるを得ない．詳しい検討内容は，「勅使ヶ池緑地墓園事業計画における環境アセスメントの問題点」として，中部の環境を考える会の機関誌である『環境と創造』のNo.3に掲載されているのでそれをご覧いただきたい（広木 1984）．

当時，名古屋市には環境影響評価に関する条例があり，この点では要項のみであった愛知県よりは進んでいたが，実情は，住民の意見を聞くというのは，ほとんど建前であった．1984年の1月に，名古屋市緑区区役所で墓園事業に関する公聴会が開催された．この公聴会において，独自の調査結果をもとに計画の問題点を指摘したが，筆者の意見は認められなかった．住民は墓地公園の規模を縮小するように提案したが，墓地の需要を最優先する立場の名古屋市は住民の意見を聞き入れなかった．当初の計画どおりに開発は進められ，巨大な

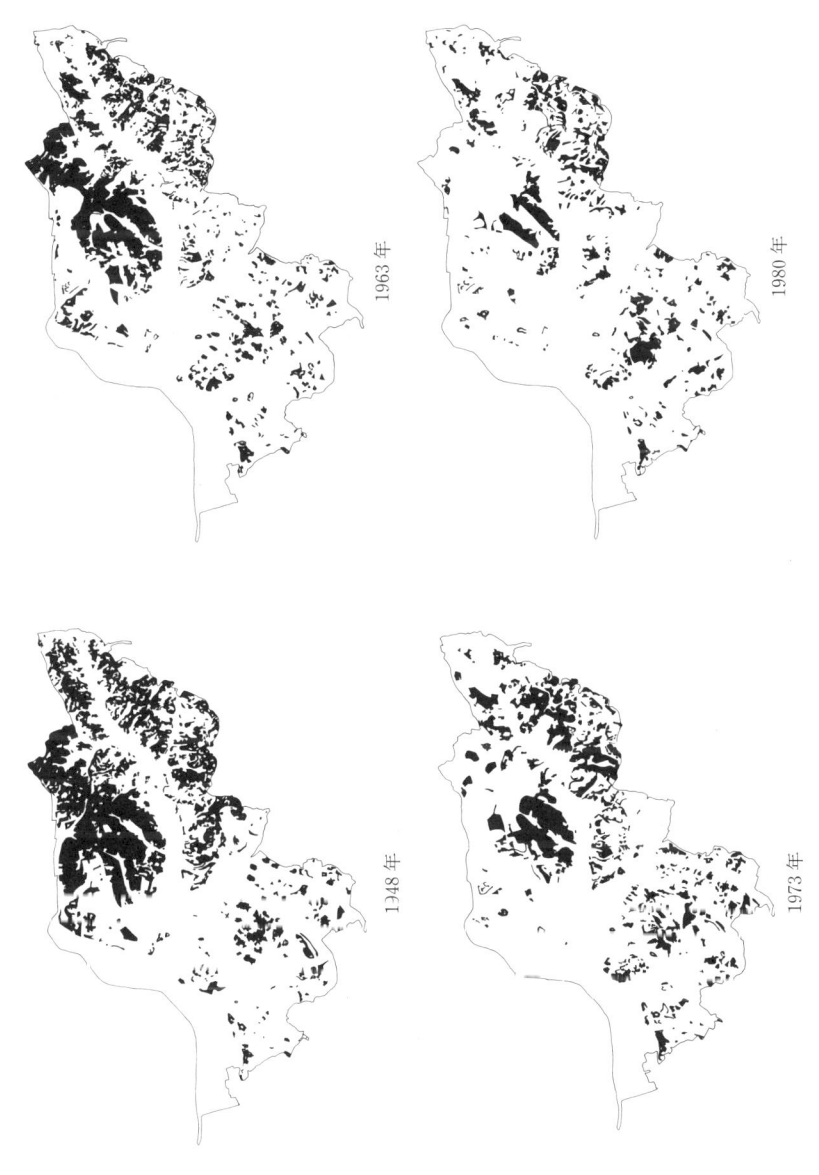

図 4-2-2 名古屋市緑区における森林の消失過程（広木 1985）．

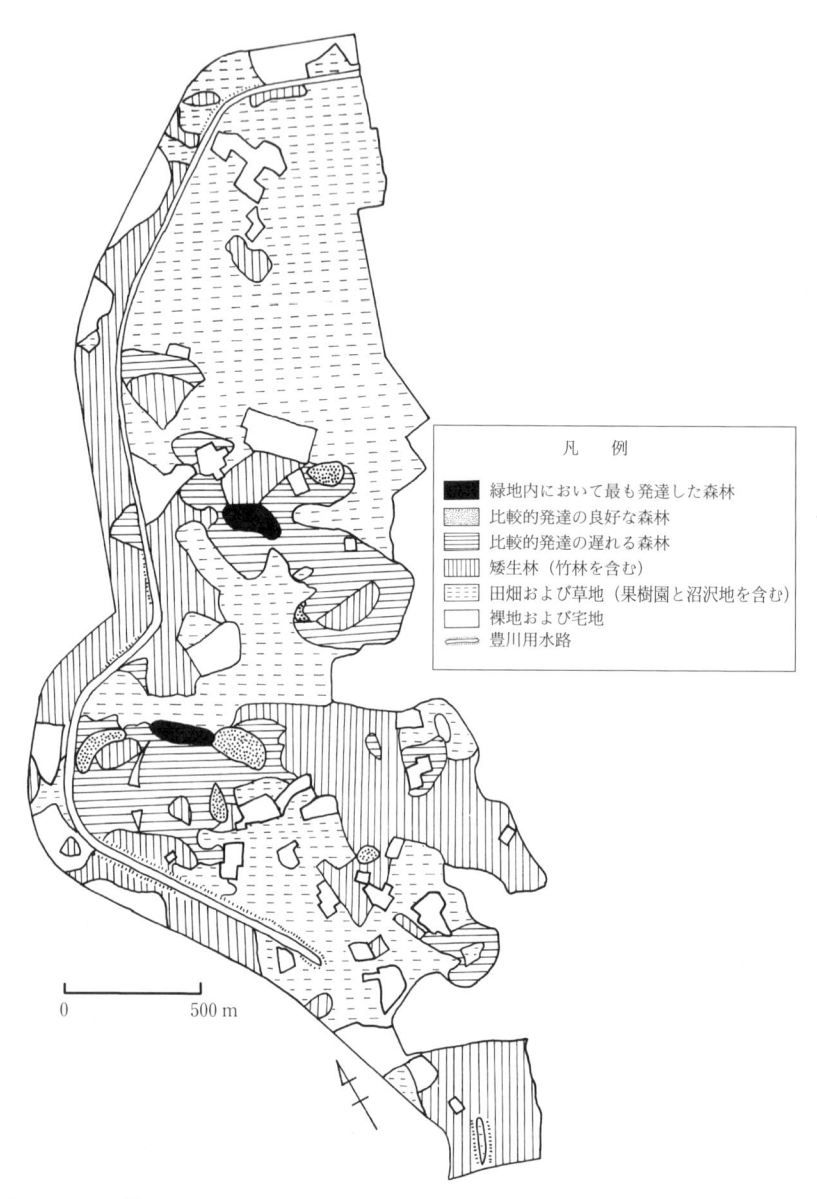

図 4-2-3　森林の発達度から見た勅使ヶ池緑地（名古屋市緑区）の植生図（広木 1985）.

凡例
- 緑地内において最も発達した森林
- 比較的発達の良好な森林
- 比較的発達の遅れる森林
- 矮生林（竹林を含む）
- 田畑および草地（果樹園と沼沢地を含む）
- 裸地および宅地
- 豊川用水路

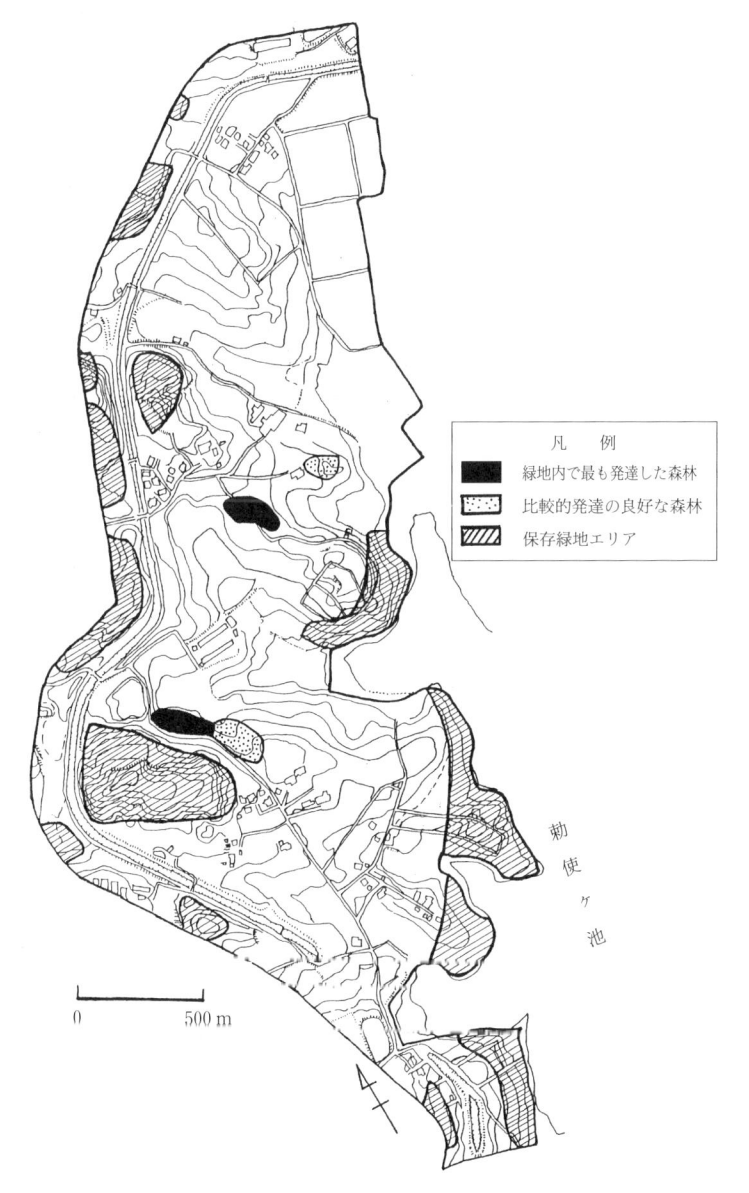

図 4-2-4 名古屋市による勅使ヶ池緑地の墓園事業計画における保存緑地エリアと緑地内の発達した森林との関係（広木 1984）．

墓地が建設された．尾根や池周辺の森林のみが一部保全緑地として残され，およそ 37 ha が墓地とその他の施設として開発された．筆者が指摘した発達したコナラ林の一部は，当初の計画では消失する予定であったが，伐採せずに残された．しかしながら，この残存したコナラ林は，広大な開けた墓地に接する結果となったため，その影響が大きく，森林の質の低下は著しかった．行政には，当時，雑木林に環境としての価値を認める視点はきわめて弱かったし，当時の世論は，まだ，このような住民運動を理解する点では成熟しておらず，自分たちの問題として受け止めることはなかった．

　名古屋市の緑区は，市街地から遠く隔たっており，その名が示すように，経済の高度成長期を迎えるまではかなり緑に覆われていた．その後 1960 年代以降急速に森林が消失していった．この森林の消失過程を図 4-2-2 に見ることが出来る．1980 年には，戦後まもなくの時期である 1948 年に存在していた森林の 50% 以上が消失してしまっている．1970 年代には経済は安定成長期に入ったにもかかわらず，開発は止まることなく，都市のスプロール化が進んだ．名古屋市は，勅使ヶ池緑地に巨大な墓地公園を設けることによって，都市化が進んだ緑区において，身近な自然の消失にさらに追い打ちをかけたのである．

(2) 消失する前の勅使ヶ池緑地における森林

　勅使ヶ池緑地が墓地公園になる前の植生図を図 4-2-3 に示す．およそ 60 ha の緑地の 50% 以上は田畑および草地であり，残存している森林は尾根部ではアカマツとネズの矮生林となっており，谷筋では一部に比較的発達したコナラ林が存在した（広木 1985）．コナラ林の亜高木層にはソヨゴやサカキが見られ，低木層にはヒサカキが多く出現した．公園化される前のこれらの植生は，植生自然度の観点からはそれほど高い評価の得られない二次的自然や田畑であった．しかし，現在のような里山の身近な自然に重きを置く視点から見直せば，また別の評価も成り立つであろう．そのことは，失われる前の植生と，わずかに手直しして実行された開発の事業計画図（図 4-2-4）とを比較してみれば歴然としている．谷部の比較的発達した森林や，将来発達するであろう森林の部分をすべてはぎ取り，墓地にしてしまい，利用しにくい尾根や，工事の影

響を受けやすい池の周辺部分を保全緑地として残したのみであった．この事業計画においては，森林の自律的な働きなどには目もくれず，森林をただ飾りとして利用したにすぎない．さらに始末の悪いことは，このようにわずかに残された植生の中に，もともと存在しないスダジイやタブノキを植栽したことである．この行為は，従来行われてきた都市公園型の管理の発想に基づいている．以下に，このような管理的発想とは異なる森林と人間の関わり方を提示したい．

　この勅使ヶ池緑地の谷筋に存在したコナラ林では次のような興味深い現象が認められた．それは，ヒサカキやソヨゴ等の常緑の低木や亜高木の個体数密度が比較的低かったことである．図 4-2-5 に尾根部を含めた森林の断面模式図を示す．尾根部ではこれらの密度がかなり高いことが読みとれる．このように尾根部において常緑の低木や亜高木の密度が高いのに対して，谷部では密度が低い．その理由は，近隣の住民が山菜取りなどで森林を適度に利用していること

図 4-2-5　勅使ヶ池緑地における比較的発達の良好な森林の断面模式図（広木 1985）．

によるものと考えられる．つまり，このような現象は，樹木の伐採によるものではなく，人による踏み圧等の干渉によって生じたものと解釈し得る．尾根部が常緑の低木や亜高木がひしめき合っていて取りつき難いのとは対照的に，谷部は人に心地よい印象を与える．このように，この勅使ヶ池緑地における谷部の森林の例は，人間によって適度な干渉を受けた森林は，人間にとって好ましく感じるようになるということを示している．これは人間と森林の関わりについての一つの示唆を与える．

(3) 雑木林の維持の方法について

名古屋市の東山丘陵では，二次林の低木層や亜高木層に常緑樹が多いことは一般的である．名古屋大学のキャンパス内の二次林では，谷筋においてもソヨゴやヒサカキの密度が高いことが知られている（表4-2-1）．人間による伐採の

表4-2-1 名古屋市の2地域間における二次林内の常緑低木の出現度の比較（広木 1985）．

| 調査地点[*2] | | 勅使ヶ池緑地 | | | | | | | | 名古屋大学構内 | | | | | | |
| | | 谷 | | | | 尾 根[*1] | | | | 谷 | | | | 尾 根 | | |
胸高直径階級 (cm)[*3]		A	B	C	D	E	F	G	H	I	J	K	L	M	N	O
ヒ サ カ キ	3>	4	6			6	4	7	16	10	12	8	11	21	22	7
	3〜10	1			1		3	3		2	2		2	6	10	
	株立ち[*4]		1			5	2		10				2	5		15
ソ ヨ ゴ	3>		1			2		1								1
	3〜10				1		1	2	1		3			1		
	>10						1	1		2	1		1			2
シャシャンボ	3>				1						1			1		1
	3〜10					1				1				1		
サ カ キ	3>							1	1	4		1				
	3〜10		2					2	2							
その他[*5]	3>								1	8		2				

 *1 斜面の上部をも含む．
 *2 調査面積はいずれも5×5m．
 *3 樹高50cm 未満の稚樹及び実生は除く．
 *4 同一個体から萌芽によって株立ちになったもの．萌芽枝は2〜6本．
 *5 その他の種はアラカシ，クロガネモチ，ネズミモチ，カナメモチ，ヤツデ．

影響を受ける以前には，ツブラジイやアラカシの常緑広葉樹林が発達していて，ソヨゴやヒサカキはそのような常緑広葉樹林の構成要素であったと考えられる．人為的な伐採によって成立した二次林としての落葉広葉樹林には，シイやカシのような競争相手が存在せず，したがってソヨゴやヒサカキが一時的に優占することになる．このようなシイ・カシ林への遷移の途中相に，人間が適度な干渉を加えることによって，遷移の進行は抑制される．その場合，雑木林と人間の関係は，必ずしも意図して出来るものではなく，従来の雑木林の管理手法では不可能である（亀山 1996）．

二次林そのものが人間による伐採によって維持されてきたことは，1—2で述べたとおりである．ここで特に強調しておきたいことは，二次林の維持のためには，従来のような農林業による森林の維持・管理が必ずしも必要ではないことである．それぞれの地域の歴史性と固有性を生かしながら，雑木林を維持することは比較的容易に行うことが可能であることを，勅使ヶ池緑地の森林は示唆している．常緑広葉樹の割合が高くなると，落葉広葉樹は競争に負けて消失しがちなので，常緑広葉樹の密度を低く抑えれば，あとはそれぞれの土地ごとに自立的に多様な落葉広葉樹林が維持されるであろう．

4-2-4　全国的な身近な自然の保全運動の例

全国的な身近な自然環境の保全運動の例は数多くある（鈴木 1987, 1988；横畑 2000）．また，東京における川や池の再生や保全の運動も行われている（本谷 1987）．ここでは2, 3の生態学的に重要な意義があり，とくに参考になる運動例をごく簡単に紹介したい．なお，次に紹介する例では，保全の対象となったものは，雑木林のみではなく湿地や湖の場合もある．身近な植物群落の保護としては，里山に限らないが，全国的な事例集である『生態学からみた身近な植物群落の保護』（財団法人日本自然保護協会 2001）が出版されている．

(1) 中池見湿地

　中池見湿地は，敦賀市の中心部から北東に約2kmの福井県敦賀市樫曲(かしまがり)地区にあり，その面積はおよそ25haほどである．この中池見湿地に，大阪ガスの液化天然ガス備蓄基地を誘致する計画がなされた（長田・森 1997）．この湿地の大部分は，かつては水田として利用されていたものであるが，そこには現在，イトトリゲモをはじめ12種の湿地性絶滅危惧種が見いだされており，また，水生昆虫を代表するゲンゴロウ科の11種が確認されているという（河野 1998）．また，この中池見湿地では，64種のトンボや，クマタカ・ハチクマ・オオタカ等のレッドリスト種10種を含む100種以上の鳥類が確認されている（森・笹木 2000）．

　近年の農業の近代化，とりわけ農薬の大量使用や大規模な圃場基盤整備事業などによって，水田生態系や湿地性植物が大きく衰退してきた中で，中池見湿地は，上記のような豊富で多様な生物相を維持している．この湿地は，周囲を三つの山に囲まれた袋状埋積谷という特異な地形からなっており，このような地形が上記のような多様な生物相を養っている背景となっていると考えられる．かつては天然スギも分布していたが，スギの巨大な根を掘り取って開墾してきたという歴史がある（Kawano 2000）．天然スギの分布や，人間による水田としての利用があっても，絶滅せずに生き延びてきた多くの貴重な種群の存在は，上記の袋状埋積谷という水が集まりやすく泥炭を集積しやすい立地によるところが大きいであろう．

　西日本では，低湿地のほとんどは水田等の農耕地として改変されてしまっている．そのような中で，中池見湿地のように大規模な面積の湿地についての学術調査がなされたことはたいへん重要な意義を有しており，現在，この中池見湿地をフィールド・ミュージアムとして保全する運動が取り組まれている．この湿地内を活断層が通っていることや，厚い泥炭層に覆われている軟弱な立地であることから，液化天然ガス備蓄基地計画は諸々の批判にさらされ，1999年に，大阪ガスは工事の10年間延期を表明し，2002年4月には基地計画そのものの中止を発表するに至った．中池見湿地の保全に関して，今後どのような

方策を取るかの対応が問われている．

(2) トトロの森

　武蔵野丘陵の一角として，埼玉県の狭山丘陵がある．1970 年代から雑木林の保護の運動が始まっており，1980 年代に早稲田大学が進出しようとしたとき，保護団体はその計画を変更させて雑木林や湿地を守ることが出来たという（広井 2001）．1990 年から二次にわたるナショナル・トラスト運動（トピックス参照）が進められ，1990 年には，埼玉県は県立公園の一部を「さいたま緑の森博物館」として市民に開放している（トトロのふるさと財団 1999）．この背景には，東京や埼玉の都市近郊の開発が激しく，雑木林の消失が急速に進んだことがあろう．

　関東地方の丘陵地の特徴は，関東ローム層からなる台地と，台地と台地の間に生じる谷戸から構成される点である．その大部分が水田として利用されてきた谷戸は，湿地性植物の生育環境として重要であるばかりでなく，その景観も保全の対象となっている．宮崎駿の『となりのトトロ』という映画によって，雑木林の重要性の認識が全国的に高まったと言ってよいであろう．その背景としては，これまでに述べてきた身近な自然に対する保護運動の歴史があった．

　狭山丘陵における雑木林の保全に関しては，森林の相続税の問題や管理の問題がある．個人によるナショナル・トラスト運動も重要な貢献をしたが，それには限界のあることが指摘されている（トトロのふるさと財団 1999）．その中でトトロの森は，行政が従来の公園の他に土地を購入して，フィールド・ミュージアムとした良い例と言える．

(3) 霞ヶ浦のアサザの保護運動

　琵琶湖に次ぐわが国で二番目に大きな湖の霞ヶ浦で，行政や市民を巻き込んだ運動として行われたアサザプロジェクトは，たいへんユニークであると同時に，今後の自然環境保全運動のあり方を指し示しているという点で貴重な保護運動の例である．

　レッドデータブックによれば，日本産のシダ植物と種子植物の絶滅の恐れが

ある 895 種のうち，水草や湿地性植物の 170 種ほどが絶滅の危機に晒されている（鷲谷・飯島 1999）．鷲谷・飯島（1999）によれば，陸上から湖沼の中央にかけての移行帯に分布する，水生植物の一種のアサザ（ミツガシワ科）は，ヨシよりもより沖合に生育し，水質浄化に大きな役割を果たすと言う．彼らは，1994 年に，環境復元の一環として霞ヶ浦にアサザを再生させる「アサザプロジェクト構想」と，それを実行するための「霞ヶ浦ローカルアジェンダ」を提案し，行政への提案や要望を総合的に行った．このプロジェクトには土木工学の関係者が参加した．また，多くの市民がこれに協力し，霞ヶ浦におけるアサザの再生は，優れた環境教育の実践の場にもなっている．

このような市民，行政ばかりでなく，生態学者と土木工学の専門家が共同して環境保全に取り組むという動きは，今後の自然環境保全のあり方の一つのモデルとなり得るであろう．

> トピックス

ナショナル・トラスト運動

　イギリスでは，産業革命以降に，森林の伐採や自然景観の破壊が進んだため，国民自身が自然や歴史的建造物を買い取って，自分たちで保護・管理して保存しようという運動が盛んになった．わが国におけるナショナル・トラスト運動の最も早いものは，1960年代半ばに鎌倉で取り組まれたもので，鶴ヶ丘八幡宮の裏山を業者から買い戻した例であると言う（依光 1999）．現在では，このようなナショナル・トラスト運動に関して，わが国でも多くの経験と蓄積がある．とくに，この運動は，経済の高度成長期に自然破壊が進んだことに対する対抗措置として発展した．1977年に始まった知床100平方メートル運動も代表的なナショナル・トラスト運動の一つであり，この運動により世論の関心も高まり，北見営林支局斜里営林署による知床原生林の伐採をやめさせることに貢献した（本多 1987）．

　このナショナル・トラスト運動の一形態であるが，ゴルフ場の建設を止める上で大きな役割を果たした運動として，立木トラスト運動がある．一本ずつの木を買い取って，所有者の名札を下げ，開発をくい止めようとするものである．開発をくい止めた暁には，立木を所有者に返すという了解のもとに行うのが通例である．1990年代の初めには，30都道府県の75ヶ所で立木トラスト運動が取り組まれたと言う．愛知万博の当初のメイン会場予定地であった海上の森でも立木トラストが行われたが，会場計画の問題を全国的に知らしめるまでには至らなかった．

　わが国のナショナル・トラスト運動は，全国的に募金や協力を募る点ではナショナル・トラスト運動の性格を有しているが，世論の高まりという背景がないと，地域的な運動にとどまりがちである．多くのナショナル・トラスト運動は自発的な市民運動として発展したが，自治体が主導して行われたナショナル・トラストの例もある．依光（1999）によれば，神奈川県は1983年に都市緑化に関する協議会を設置し，1985年には県民参加の「みどりのまち・かながわ県民会議」を発足させ，そしてその翌年には「かながわトラストみどり基金」を創設したと言う．このような自治体の協力が今後ますます重要となるであろう．

4—3
愛知万博と海上の森

　2005年に開催された愛知万博は，21世紀最初の万博であることもあって注目されたが，その当初のメイン会場予定地であった瀬戸市海上町を中心とした海上(かいしょ)の森は生物相の豊かな地域であり，里山との関わりできわめて重要な問題を提起することになった．本書のこれまでの章においても，この海上の森に関連する記述はあるが，ここではとくに万博の会場計画と里山の保全との関連に焦点を当てて述べる．

　愛知県や博覧会協会が計画した当初の愛知万博の会場計画は，従来型の開発優先の計画であり，市民ばかりでなく，BIE（博覧会国際事務局）からも批判されるに至った．当初のメイン会場予定地である海上の森でオオタカが繁殖していることが明らかになり，メイン会場は，愛知県長久手町の愛知青少年公園に変更になったが，愛知青少年公園での環境影響評価を十分に行わず万博会場の開発計画を進めようとしていたため，その自然環境に関する問題も重要である．しかし本論では，おもに海上の森に関する会場計画の問題点と，開発推進側と反対する市民との関係に焦点を絞って紹介する．長久手町の愛知青少年公園の自然については，簡単ではあるが，「湫(くて)のさけび―愛知万博会場の生きものたち―」（林 2001）で触れられている．

4-3-1 海上の森の里山としての特徴

(1) 地理・地質・地形

当初，万博のメイン会場として予定された「海上の森」(かいしょ)(愛知県瀬戸市海上町を中心とした丘陵地帯)は，瀬戸市の市街地から南東部におよそ2kmほどの位置にあり，この丘陵地帯は東におよそ5kmに位置する猿投山(標高629m)の西部山麓地域にあたっている(図4-3-1)．瀬戸市の南部を東西に流れる矢田川は，この海上の森の丘陵地において，北から順に赤津川，篠田川，海上川，屋戸川，吉田川となっており，さらに海上川は海上町で北海上川と繋がっている(図4-3-2)．

海上の森の地質は，花崗岩と砂礫層からなる．砂礫層は，後に会場の重点が海上の森から移った愛知青少年公園が位置する長久手町から続いており，一方花崗岩は，猿投山一帯に続いている．海上の森はこれらの

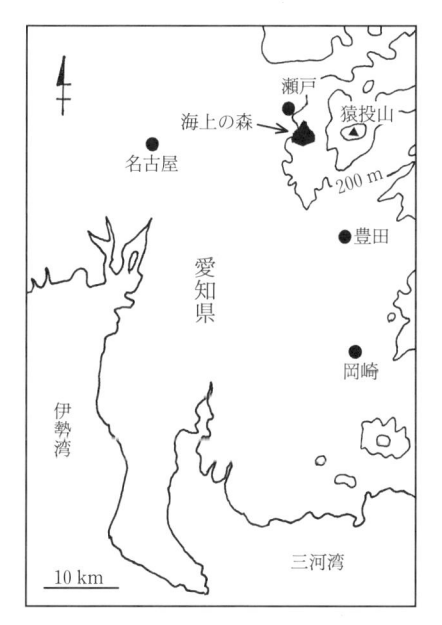

図 4-3-1　海上の森の位置．

図 4-3-2　海上の森における水系．

地質が出会う境界に位置している（図4-3-3）．海上の森地域一帯では，花崗岩が基盤をなし，砂礫層がその上を覆っており，東部では尾根部にのみ砂礫層が残存している（波田他 1999，図4-3-4）．この二つの異なる地質の接点という地質学的な特徴が，後に述べる海上の森の生物相の豊かさの一因として挙げられる．

(2) 植生

海上の森の植生は，スギ・ヒノキの人工林，コナラ・アベマキの落葉広葉樹林が大部分であるが，アカマツ林が砂礫層地域全体や花崗岩地域の尾根部に分布し，砂礫層地域の谷部に規模の小さな湿地が点在する．海上町の多度神社には，小規模なツブラジイ二次林も存在する．また，ツブラジイやアラカシの比較的大きな個体が海上の森全体に点在しており，局所的にはツブラジイやアラカシの実生や稚樹が存在し，シイ・カシの常緑広葉樹林へと遷移が進行しつつある林分も認められる．

砂礫層の堆積する屋戸川や寺山川の流域における谷部に分布する湿地では，ミカヅキグサ，イヌノハナヒゲ，ヤチカワズスゲ等の湿地性の草本が出現する．東海丘陵要素であるトウカイコモウセンゴケも一時的に乾燥するような場所に出現する．愛知県農地林務部（1998）の調査では，コイヌノハナヒゲやイトイヌノハナヒゲも記載されている．湿地性の樹木であるシデコブシやサクラバハンノキは，すでに2章で述べたようにいずれも湿地周辺や谷筋に分布するが，両者の間には微妙な地形上のすみ分けも認められる（広木 1995）．

(3) 生物相

海上の森ネットワーク（1997）の調査によれば，シダ植物以上の高等植物が732種（その後のアセスメントにおける調査では1000種以上が見いだされている．3-1-3参照），ムササビを含む哺乳類が20種，鳥類139種が確認されており，この139種の鳥類の中にはオオタカを含むワシタカ目8種が含まれている（表4-3-1）．亜熱帯からの渡り鳥であるサンコウチョウやサンショウクイも5月頃からの繁殖期に姿を見せる（日本野鳥の会愛知県支部 1996）．同じ調査で，昆虫

4—3 愛知万博と海上の森 247

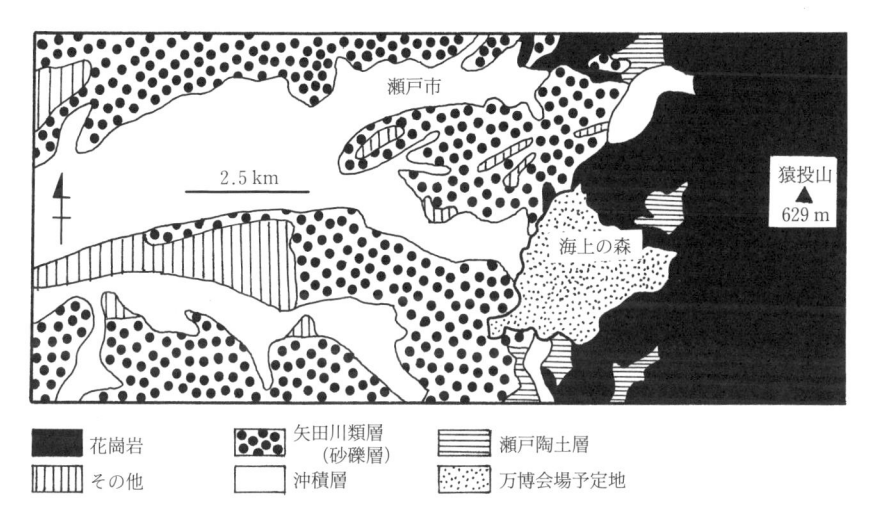

凡例:
- 花崗岩
- その他
- 矢田川類層（砂礫層）
- 沖積層
- 瀬戸陶土層
- 万博会場予定地

図4-3-3 海上の森を含む瀬戸市近郊の地質図（地質調査所発行20万分の1地質図「豊橋」に基づいて作成）．

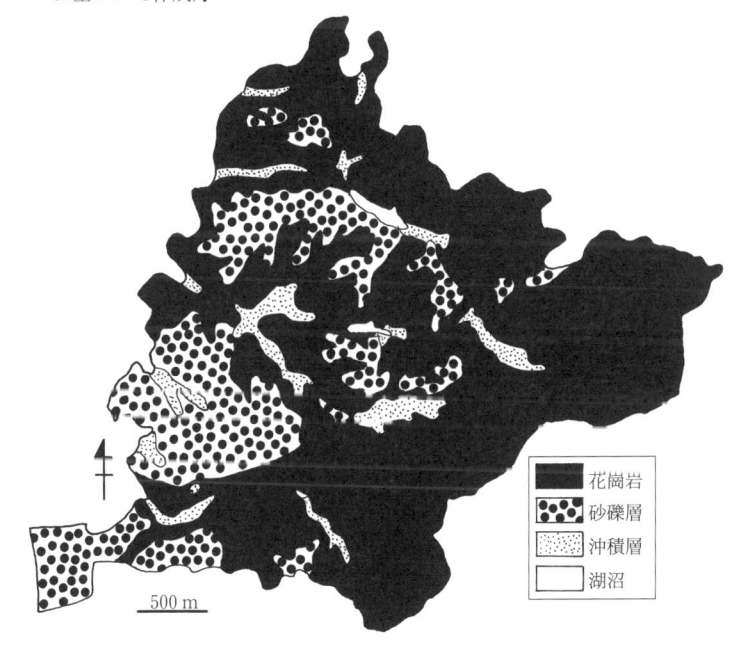

凡例:
- 花崗岩
- 砂礫層
- 沖積層
- 湖沼

図4-3-4 海上の森（愛知県瀬戸市）の地質図（財団法人2005年日本国際博覧会協会 1999）．

表4-3-1 海上の森で確認された猛禽類（海上の森ネットワーク 1997）．

ワシタカ目	ワシタカ科	ハチクマ
		トビ
		オオタカ
		ツミ
		ハイタカ
		ノスリ
		サシバ
	ハヤブサ科	チョウゲンボウ
フクロウ目	フクロウ科	オオコノハズク
		フクロウ

は1226種記録されており，そのうちトンボ類だけでも54種が含まれている．トンボについては，その後67種まで確認されている（3—1参照）．トンボに関するところ（3—1）ですでに触れているが，このようにトンボの種類が多いことは，海上の森における水系や湿地の重要性を反映している．魚類はホトケドジョウを含めておよそ10種と少ない．トンボの種類が多いのは，この魚類相が貧弱なことと関係があるかもしれない．また，鳥類が豊富な理由として，繁殖期における昆虫の量が多いことと，次に述べるが森林の異なるタイプがセットで存在することで多様な生息環境をもたらしている可能性と，多くの水系が鳥類の生息環境として重要な役割を果たしている可能性が考えられる．

(4) 地形・地質と植生の景観

海上の森の砂礫層地域では，一般に傾斜が緩いが，花崗岩地域では谷が深く侵食されて，谷に連なる斜面は急傾斜となっている場合が多い．とくに，南東部には，愛知工業大学の北側を流れる吉田川が深く谷を刻んで峡谷をなしている．この吉田川に並行するかたちで，猿投北断層が走っており，この断層を境に砂礫層と花崗岩という2つの異なる地質が接している（図4-3-4）．砂礫層地域ではアカマツを主体とした疎林が発達し，花崗岩地域ではアベマキの発達した森林となっており，地質の違いに対応した森林の違いが景観的にも顕著に認められる．

4-3-2 万博計画と海上の森をめぐる開発と保全とのせめぎあい

海上の森における万博開催計画は，開発批判や環境保全を求める市民の運動を引き起こした．それは1990年代の環境意識の高まりの中で，愛知県における「環境」と「市民参加」を求める市民による運動の代表例となった．そして，行政など事業者もまた，開発から「環境」や「市民参加」の重視へと態度を変えていった．ここでは，万博開催計画の推移を追いながら，計画とそれに対抗する運動がどのように変化していったのか，そしてそれによって，どのような可能性が生じてきたのかを概観する．

(1) 3つの時期区分

この海上の森での愛知万博をめぐる経緯は，開発と環境保全とをめぐる，事業者と反万博運動とのせめぎ合いであった．ここでは，BIEに開催を登録するまでの愛知万博の経緯を，万博の位置づけと反万博運動の展開から，3つの時期に区分しておこう（図4-3-5参照）．第一の時期は，開発型の万博に対して，反万博運動が反開発を訴えていた時期であり，特に環境運動が「環境の保全」を，市民運動が「市民参加」を主張していた．第二の時期は，万博計画が「環境博」へと転換されて以降の時期である．この時期には事業者が，開発ではなく「環境」と「市民参加」を強調し，それに対して反万博運動も，ただ単に「環境」や「市民参加」を訴えるだけでなく，「環境」の中身や「市民参加」の内容を問うていく展開を見せている．そして第三の時期は，「環境博」と開発行為との矛盾が明るみになって以降の時期である．この時期には，「環境」と「市民参加」を軸に万博計画が根本的に再構築される時期であり，特に後述の「愛知万博検討会議」の開催は，その具体例である．このことは，いわゆる「環境共生型社会」や「市民参加型社会」の実現へと向かう可能性をもっていたと考えられる．ただし，当時の愛知万博をめぐる状況を見ると，必ずしもこの可能性が実現に近づいたと言いきれるわけではなく，むしろ，混沌とした状

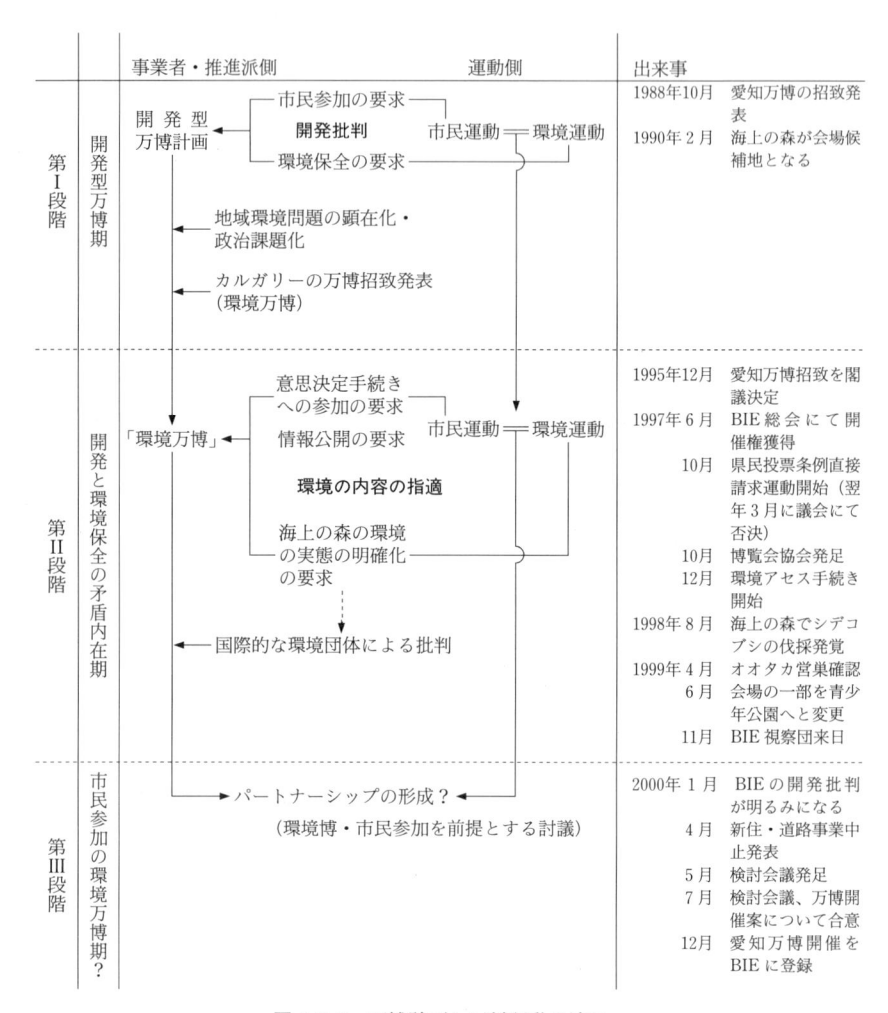

250 第4章 里山の保全に向けて

段階	事業者・推進派側	運動側	出来事
第I段階 開発型万博期	開発型万博計画 ← 市民参加の要求／**開発批判**／環境保全の要求 ← 地域環境問題の顕在化・政治課題化 ← カルガリーの万博招致発表（環境万博）	市民運動 = 環境運動	1988年10月 愛知万博の招致発表 1990年2月 海上の森が会場候補地となる
第II段階 開発と環境保全の矛盾内在期	「環境万博」← 意思決定手続きへの参加の要求／情報公開の要求／**環境の内容の指適**／海上の森の環境の実態の明確化の要求 ← 国際的な環境団体による批判	市民運動 = 環境運動	1995年12月 愛知万博招致を閣議決定 1997年6月 BIE総会にて開催権獲得 10月 県民投票条例直接請求運動開始（翌年3月に議会にて否決） 10月 博覧会協会発足 12月 環境アセス手続き開始 1998年8月 海上の森でシデコブシの伐採発覚 1999年4月 オオタカ営巣確認 6月 会場の一部を青少年公園へと変更 11月 BIE視察団来日
第III段階 市民参加の環境万博期？	→ パートナーシップの形成？ ←（環境博・市民参加を前提とする討議）		2000年1月 BIEの開発批判が明るみになる 4月 新住・道路事業中止発表 5月 検討会議発足 7月 検討会議、万博開催案について合意 12月 愛知万博開催をBIEに登録

図4-3-5 万博計画と反対運動の流れ．

況が続いていたと見ることも出来る．

　以下では，この区分に従いながら，愛知万博の経緯を簡単に確認していこう．

(2) 地域開発と万博招致

　当初の愛知万博の開催計画は，インフラ整備などの公共事業と組み合わさった開発型の万博であった．1988年に鈴木愛知県知事（当時）が，議会後の記者会見で2005年の万博招致を発表した．この時期，バブル景気による税収増を前提としていくつもの開発計画がなされており，万博招致の背後にも，中部国際空港建設など大規模開発の計画があったとされている．また，万博会場予定地に名古屋市東部の丘陵地帯が選ばれているが，これも愛知県の「あいち学術研究開発ゾーン構想」と連動していた．「あいち学術研究開発ゾーン構想」は大学や研究所など誘致し，それを研究開発機能の集積に繋げようとするものである．万博は，これら開発事業の「起爆剤」として位置づけられていた．

　1990年，県有地がその大半を占める瀬戸市南東部の海上町（通称，海上の森）を万博の会場予定地とすることが発表された．その後，650 ha を造成して，約4000万人を集める万博会場とし，跡地を宅地として開発するという構想が打ち出された．会場跡地の開発事業は，「瀬戸市南東部新住宅市街地開発事業」および「名古屋瀬戸道路建設事業」と呼ばれるものである（以下，新住・道路事業と略記）．前者は，当初計画では「あいち学術研究開発ゾーン構想」の一環として2500戸7500人の大住宅地を供給しようとする計画，後者は，名古屋市の環状2号線—東名高速道路—東海環状自動車道路を結ぶ自動車専用道路の建設計画であり，このふたつの事業は万博開催計画と裏表の関係をなすものであった．すなわち，万博のための予算では，土地買収費用や造成費用を捻出することは困難であった．しかし，新住・道路事業であれば，土地買収も造成も十分に可能であり，また土地収用法の適用も可能である．そこで，新住・道路事業で土地を買収，造成し，その土地で万博を開催，その後，住宅建設を行い，新しい住宅地が完成するという計画がなされた．

　このような開発計画と一体となった万博開催計画は，1970年の大阪万博以降の博覧会に共通して見られる傾向である．それは開発政治と一体となったイベントであり，博覧会の開催に合わせて行われるインフラ整備や跡地計画に主眼をおくものであった．

(3) 反万博運動の2つの流れ

上述の開発の「起爆剤」としての万博と対応するかのように，万博に抗議する反万博運動も，基本的には反開発の運動であり，その運動展開の中で，「環境」あるいは「市民合意」を主張するというスタイルをとっていた．

しかし，この反万博運動には，大別すると2つの流れがあった．ひとつは開発主義的な政治を批判する市民運動の流れ（以下便宜的に「市民運動」と表記）であり，万博やそれに伴う開発事業に反対する運動を展開する．もうひとつは，「海上の森を守る」という環境運動の流れ（以下「環境運動」と表記）であり，自然観察会などを通して海上の森を守る運動を展開する．前者は，名古屋オリンピック反対運動などを展開した参加者を含み，県内のさまざまな争点の運動グループ間に張りめぐらされたネットワークを基盤としている．後者は，瀬戸市在住の主婦たちが，海上の森で自然観察会を始めたことをルーツとしている．このふたつの運動の流れは本質的に異なるが，しかし，万博開催計画と新住・道路事業が表裏一体の計画であったため，双方ともに「海上の森を守る」という点で，協力して運動を進めることが出来た．

(4) 「環境博」への転換

1995年，愛知万博の招致が閣議了解される．その直前に，通産省国際博覧会予備調査検討委員会の報告書が発表されており，そこでのテーマ案は「Beyond Development（日本語訳：新しい地球創造）」となっていた．この報告書のテーマ案と閣議了解に基づき，愛知万博は「環境万博」へと方向転換した．その後，愛知万博の正式テーマは，「新しい地球創造──自然の叡智（Beyond Development：Rediscovering Nature's Wisdom)」と決定されている．このBeyond Developmentは，日本語に直訳すると「開発を越えて」となり，これにより開発主義的発想から脱却した計画が推し進められるようにも見えた．

この計画変更には，3つの背景がある．第一はリオ・サミットの開催（1992年）に象徴される地球環境問題の政治課題化である．環境への関心が高まって

いる以上，環境破壊を伴う開発型万博は各国からの支持を得られず，むしろ環境を前面に押し出した計画の方が支持を得やすい．また，「環境」をテーマとすることは，単に各国の支持を得るだけでなく，地球環境問題解決へのさまざまな国際的取り組みにおいて日本の存在をアピールすることにもつながる．第二は，カナダのカルガリー市が「環境」をテーマに2005年の万博招致を表明したことである．環境問題の政治課題化を前提とすると，開催権の獲得競争において開発型万博ではカルガリーに勝てないという判断があったと思われる．そして第三は，先に述べた反万博運動の存在である．

このテーマ変更以降，事業者側は「環境」をテーマにした万博であることを強調するようになる．しかし，新住・道路事業の計画は中止されず，むしろ万博計画の前提として存在し続けたため，建前として「環境」を口にしつつも，実際には海上の森を破壊する開発計画が存在しているという矛盾があった．この環境と開発の矛盾が，反万博運動の批判対象となり，後に愛知万博をめぐって混乱を引き起こす原因となる．ただし，この矛盾はすぐに表面化するわけではなく，むしろ「環境博」への転換は開催計画の追い風となっていた．そして，1997年6月のBIE（博覧会国際事務局．博覧会国際条約に基づく国際機関で，総会において万博の開催国などを決定する）の総会では，52対27とカルガリー市に圧倒的大差をつけて，日本が2005年の国際博覧会開催権を獲得する．

(5) 環境への配慮

BIE総会での開催権獲得の直後から，環境万博の開催に向けた取り組みが始まっている．愛知万博の会場建設に関して環境アセスメントを実施することが表明されている．この環境アセスメントの実施表明は，ちょうど環境影響評価法が成立と時期的に重なったため，「21世紀の環境アセスメントのモデルケース」と位置づけられることとなった（トピックス参照）．環境アセスメント手続きは，現時点で終了していないため，その評価は難しいが，新住・道路事業の環境アセスメントとの連携，非公式の市民との話し合いの開催など，実施過程における取り組みについては，これまでに見られなかったものとして評価されるべきである（海上の森のアセスメントについては次項参照）．

> トピックス

環境アセスメント

　環境アセスメントとは，日本語では「環境影響評価」という．世界で最初に登場した環境アセスメント制度は，1969年にアメリカで制定された「国家環境政策法（NEPA）」であり，NEPA制定以降，すでに多くの国で環境アセスメントの制度化がなされている．1992年のリオ・サミットで採択された「アジェンダ21」においても，環境アセスメント制度は環境政策の重要な手段として盛り込まれており，今日の環境政策には不可欠なものとなっている．

　日本においては，公害被害が深刻化した1970年代前半から，環境アセスメントの制度化を求める運動が存在していた．そして，自治体レベルでは1976年に川崎市が独自に環境影響評価条例を制定するなどの動きが見られた．しかし，国レベルでは，特にオイルショック後に産業界が環境アセスメントの制度化に強く抵抗したこともあり，法制化には至らなかった．そして1984年に国会で環境影響評価法案が廃案となって以降，日本では長らく閣議決定に基づく環境アセスメントしか実施されてこなかった．1990年代の地球環境問題の政治課題化は，再び環境アセスメントに光を当てた．1993年にリオ・サミットを受けて「環境基本法」が成立したが，同法20条は環境アセスメントを法制化するよう定めている．そして，1997年には「環境影響評価法」が成立，1999年に施行された．

　この環境アセスメントを理解する場合，制度として理解するか，理念として理解するかで解釈が異なってくる（石原 2001）．

　第一に，制度として見た場合，日本では「環境影響評価法」という法律に定められた一連の手続きと理解してよい．環境庁で同法の策定作業に関わった寺田は，環境アセスメントを「事業者がよりよい環境配慮を行うことを支援するための情報交流手段の手続き」（寺田 1999）と定義している．この制度では，事業計画案が出来上がった後に，その計画案に基づいて環境影響を予測するという，いわゆる「事業アセス」のスタイルをとっている．この場合，事業計画策定後に環境評価を行うため，事業が環境に与える影響をより詳細に予想することが出来るとされるが，しかし，現行の環境アセスメント制度に対しては，参加機会の不十分さ，事業アセスの限界などさまざまな制度上の問題点が指摘されている（淡路 1997）．

　第二は，環境アセスメントの理念を重視する理解である．環境アセスメ

ント制度に対する批判の多くはこの理念に基づいており，それは基本的には「参加による代替案の比較検討」と考えてよい．つまり，事業者や周辺住民などが，計画策定段階で代替案を出し合い，それを比較することでよりよい案を採用するというものである．このような計画策定段階で環境アセスメントを行うスタイルは，計画策定後にアセスメントを行う「事業アセス」に対して，「計画アセス」と呼ばれる．原科（1994）は，サンフランシスコのミッション・ベイの再開発事業時に行われた環境アセスメントを，計画アセス手法に基づいた理想的な環境アセスメントの例として挙げている．

　なお，愛知万博事業は環境影響評価法の対象事業とはなっていないが，これは万博が一過性の事業であって道路事業のように恒久的な建造物を建設するわけではないため，また常時開催計画が存在するわけではないためであると考えることが出来る．そこで，愛知万博について環境アセスメントを実施する場合，環境影響評価法とは別に法的根拠が必要となる．このため，万博の所管官庁である通産省が「2005 年日本国際博覧会環境影響評価要領」を通達として出し，これによって環境アセスメントが実施されている．この要領は，環境影響評価法とほぼ同内容であるため，万博事業の環境アセスメントには環境影響評価法のプラス面とマイナス面の両方が現れてくると考えられる．したがって，万博の環境アセスメントは環境影響評価法の試金石であり，その成果と課題を今後の環境アセスメント制度の運用に反映することが求められてくるであろう．

また，1997年には，2005年日本国際博覧会協会（博覧会協会）が設置され，同年12月には博覧会協会内に万博のコンセプトなどを検討する企画調整会議が結成された．企画調整会議は，1998年6月に万博を「エコ万博」と位置づけ，森全体をパビリオンとする構想を発表，それを具体化するためのさまざまなアイデアを発表していく．

　しかし，環境を中心に据える万博開催計画に対しては，計画を推進するはずの愛知県からも異論が出された．鈴木知事は，企画調整会議の提案に対し「テーマが深刻で重々しい．検討案には聞き慣れない言葉が使われており，市民感覚から離れた薄っぺらな感じがしている」，「谷底ばかり，はい回っていても」と牽制を繰り返した．また，反対運動から「環境破壊である」と批判を受けた新住・道路事業についても，愛知県は事業実施への意欲を持ち続けていた．

(6) 「環境」とは何かを問う運動展開

　他方，万博開催のための合意形成の不在を指摘する市民運動グループを中心に，BIEの開催国決定後に愛知万博の開催の是非を問うための県民投票条例の直接請求が実施された．この直接請求は，県議会の審議で否決されるものの，「BIE総会での開催国決定＝愛知万博開催決定」という構図を崩すには十分な効果を持っていた．さらに1999年2月には，この県民投票直接請求の請求代表者を県知事選挙に擁立し，約80万票を獲得，万博に反対する意見も多く存在することを示している．

　また，万博の環境アセスメントの手続きが始まると，環境運動の参加者を中心として，環境アセスメントや都市計画決定などの手続きの場で「環境」の内容を問い，問題点を指摘するという戦略が採られる．その運動展開のために，一方では環境アセスメント調査データが分析され，他方では独自調査も行われた．そして，これらのデータによって環境アセスメント調査の不備の指摘が行われ，さらには調査の杜撰さをめぐって住民訴訟も起こされた．この度重なる指摘は，大幅な計画変更の伏線となっていく．

　さらに，貴重種であるシデコブシの伐採やオオタカの営巣など海上の森の環

境に関わる具体的な事実に基づいて，市民運動と環境運動は「環境への配慮」や万博開催計画の見直しを要求していった．特に，オオタカの営巣確認は計画に大きな打撃を与え，1999年6月，会場計画からオオタカ営巣地周辺がはずされ，オオタカ営巣期間中の関連工事等の中止も決定された．同時に，海上の森に近接する長久手町の愛知青少年公園の会場利用，およびオオタカ保護のための委員会の設置が発表された．

このように，「環境博」への転換以降，さまざまな環境対策や会場案の変更がなされたが，海上の森での造成計画は，なおも存在し続けた．それは一方で新住・道路事業の実施のためには造成を行わざるを得ず，他方で博覧会協会は会場造成のための費用を捻出できないため，新住・道路事業に依存せざるを得なかったからである．この制約のために，いくら「環境博」のプランが出されても，海上の森の環境破壊につながる造成を中止することは出来なかった．

(7) BIEによる環境破壊批判と検討会議

しかし，環境保全と開発との矛盾は，愛知万博の計画を根底から覆すことになった．2001年1月14日，中日新聞朝刊は「BIE，新住計画を批判」と報道し，BIEが開発計画と連動した万博開催計画の全面的見直しを求めているという事実を明らかにした．この批判は，前年11月，会場計画の進捗状況を確認するという名目でBIE視察団が来日した際，通産省との協議の席でなされたものである．この背景には，日本野鳥の会などの環境団体が国際的な環境団体を通じてBIEに働きかけたことがある．

この批判の効果は非常に大きく，2000年4月，新住・道路事業が中止され，それに伴い海上の森の大規模な造成も中止，会場計画は海上の森の南側を中心に再検討されることになった．そして，市民参加によって万博計画を見直すために，地元代表や環境団体などを委員とした「愛知万博検討会議」が設置されることとなった．この検討会議では，資料や議事録を含めて完全公開で行われ，また委員の選出においても，いわゆるあて職や御用学者などを排し，万博について明確な意見を持つ人物を委員に選ぶという対応がなされた．

そして検討会議では，海上の森の南側部分数十haの利用をめぐって，最大

限の利用をめざす万博推進派の市民，海上の森からの完全撤退をめざす万博反対派，そして，万博開催を利用して海上の森全域の保全をめざす環境派との間で，激しい議論がなされた．海上の森の南側部分は急峻な土地であり，開発によって水系の生態系が破壊される危険があるため，万博開催を容認する環境派からも造成に反対する意見が出された．他方，事業者側は2000年12月のBIE総会で開催登録を行うために7月中の結論を求めた．このため，厳しい時間的制約の中で，万博開催と環境保全とをめぐって激しい議論が続けられるが，最終的には海上の森の西端を中心とした10.35 haの計画案が示され，これに基づいて，BIEへの開催登録がなされた．

(8) 検討会議の限界と可能性

この検討会議に対しては，いくつかの批判がなされた．まず第一に海上の森の会場計画のみが主たる議題として話し合われ，必ずしも万博そのものを議論したわけではない．この点については，万博開催を支持する委員からも「どのような環境博を行うのか，それを議論したい」という意見が再三にわたり出されている．また，青少年公園の会場計画については十分に話し合われず，公園周辺の住民に万博に対する不信感をあたえる結果となった．第二に，検討会議での発言は28名の委員に限られたため，この検討会議をもって「市民参加」と主張することに対して，主に反対派から批判がなされた．第三に，協会が2000年12月の万博開催登録を目指したために，時間的制約が大きく，協議が十分に出来なかったと批判されている．

しかし，検討会議は，不十分ではあったかもしれないが，事業者と推進派の市民，そして万博に反対する市民あるいは環境保全を求める市民との間の対話の可能性を切り開いた．少なくとも愛知万博をめぐる経緯の中では，市民が正式な計画づくりの議論の場に参加する機会は，この検討会議がはじめてであった．そして市民参加を前提として公開の場で議論がなされ，「環境に配慮する」ことを前提に議論がすすめられたことの意義は大きい．また，検討会議では，万博に対して意見を持つ市民同士で議論をしなければならない点で，不完全ではあるがこれまでの事業者と反万博運動の対立図式から抜け出している．

今後,「環境共生型社会」や「市民参加型社会」を実現する上で,そして具体的に市民参加による里山保全を進めていく上で,このような検討会議の経験は無駄ではない.今後,この経験をいかに活かしていくのか,対話や環境保全のための合意をいかに作り出していくのか,そしてその可能性をどのように切り開くのかが問われてくる.検討会議の後継機関のひとつとして,万博開催後の海上の森のあり方を検討する「里山学びと交流の森検討会」が設置されたが,この中で行政,地元住民,環境運動団体などが海上の森のあり方についてどのような話し合いを行ったかを吟味することが,検討会議の成果が受け継がれたかどうかを判断するためには必要だろう.

だが,検討会議後,愛知万博の開催をめぐって,再び迷走が始まったようにも見えた時期もあった.例えば,堺屋太一氏が博覧会協会の最高顧問に就任し,検討会議案とは異なる会場計画案を作成しようとしたことなどはその一例である(その後,堺屋氏は最高顧問を辞任し,検討会議案に沿って会場計画を策定する作業が進められることとなった).また,海上の森での会場建設のために,沢筋に工事用道路や砂防堰堤を作ることが明らかとなり,環境への配慮と生態系の保全を要求する環境運動が激しく抗議するということもあった.その一方で,海上の森での一切の工事に対して反対運動が監視しており,災害復旧工事や里山保全に必要な工事などを行う場合ですら,「環境破壊」として抗議が生じかねない状況も生まれた.

なお,本項の最初に述べたように,検討会議では検討対象が海上の森のみに限定されたため,万博のメイン会場が長久手町に移るとともにその役目を終え,2000年12月21日に開催された第13回の会議をもって終了した.

4-3-3 愛知万博における会場計画の問題点

(1) **愛知万博の当初の計画**

愛知万博の開発計画の推移とそれに対抗する運動の経過について前項で詳し

表4-3-2 愛知万博の会場計画の経過とその変遷.

1988年	10月	愛知県知事,名古屋市長,地元経済界が21世紀初頭の万博構想を打ち上げる
1992年	3月	愛知県が「万国博覧会候補地区地域整備構想調査報告書」を公表する (この中で8つのブロック構想を打ち出し,そのうちの1地区を新住宅開発区域とする)
	6月	木村尚三郎東京大学名誉教授を委員長に,「21世紀万国博覧会基本構想策定委員会」が設置される
1993年	6月	愛知県が「瀬戸市南東部地区環境現況調査報告書」を公表する
	6月	「21世紀万国博覧会基本構想 中間報告」が公表される (この中で当初の会場予定地を都市ゾーン,田園ゾーン,里山ゾーンに区分する)
1994年	6月	愛知県が「瀬戸市南東部地区環境影響調査報告書」を公表する
1995年	9月	カナダのカルガリーが万博開催地候補として名乗りをあげる
	12月	通産省の国際博覧会予備調査検討委員会が会場規模の縮小と環境影響評価の方針を打ち出す(この方針の中にA,B,Cゾーン案が盛り込まれる)
	12月	会場候補地の環境保全に配慮することを含めて愛知万博に関する閣議了解がなされる
1998年	4月	愛知県と博覧会協会がこのときから2年にわたってアセスメントを行う
1999年	2月	愛知県と財団法人2005年日本国際博覧会協会が万博とその関連事業の「環境影響評価準備書」を公告・縦覧に供する
	6月	青少年公園を会場計画の一部として取り入れる
2000年	1月	BIE(博覧会国際事務局)によって新住宅開発構想が批判されていたことが発覚
	4月	通産省・博覧会協会・愛知県が新住宅開発事業と名古屋瀬戸道路開発を断念する (この時点では海上の森がまだ主会場の予定)
	8月	博覧会協会が青少年公園を会場予定地に加えて修正評価書を作成することを表明
	12月	「環境影響評価書」の出ないまま,愛知万博がBIEに登録される (この時点で青少年公園が万博の主会場予定地となる)

く述べた.ここではとくに会場計画の問題点を取り上げたい.

愛知万博は1988年に打ち上げられ,愛知県瀬戸市の南東部地域が会場候補地とされた(表4-3-2).1993年7月に,木村尚三郎東京大学名誉教授を委員長とする万博の基本構想策定委員会は,基本構想の中間報告において自然との共生をテーマに取り入れ(朝日新聞1993年7月1日朝刊),1994年6月に,「21世紀万国博覧会基本構想」(以下,基本構想と称する)において,「地球市民交流の杜としての新しい万博」をキーワードとして会場構想を立てた(21世紀万国博覧会基本構想策定委員会 1994).しかしながら,この「基本構想」における

自然との共生というのは，後に BIE（博覧会国際事務局）からも批判される新住宅市街地開発事業（新住事業）を前提にしたモデル都市づくりであり，自然の保全という視点のない開発構想であった．この構想の上に立って，宮脇昭氏が提案した緑のシンボル軸構想は，雑木林を切り開いた上で常緑広葉樹を植栽するという矛盾したもので，環境庁の批判を受け，立ち消えになった．

愛知県は，すでに1992年に，「あいち学術研究開発ゾーン構想」に基づいた会場計画構想を「万国博覧会候補地区地域整備構想調査報告書——新しい地球創造を担う交流未来都市をめざして——」（以下，「地域整備報告書」と称する）の中で打ち出している（愛知県企画部企画課 1992）．この報告書の中で，愛知県は，海上の森を含む約2000 haの地域を地域整備構想の対象区域として設定し，その区域をA～Hの8ブロックに区分し，そのうちの1つである約250 haのAブロックを新住宅市街地開発事業の用地としてあてた．この「地域整備報告書」では，自然環境に触れているのはたった1ページであり，しかも植生に関する記述はたったの5行に過ぎない．この事実から，愛知万博の会場候補地の選定が上記の開発の一環であることが明白である．吉見（2000, 2001）は，愛知万博の計画がわが国の高度経済成長時代の産物であることを指摘している．

「地域整備報告書」の計画は，翌1993年には装いを新たにし，会場候補地の海上の森650 haを会場面積とし，これを山村ゾーン，田園ゾーン，および都市ゾーンに分けるゾーニング案が構想された（21世紀万国博覧会基本構想策定委員会 1993，図4-3-6）．

愛知県は1994年に，

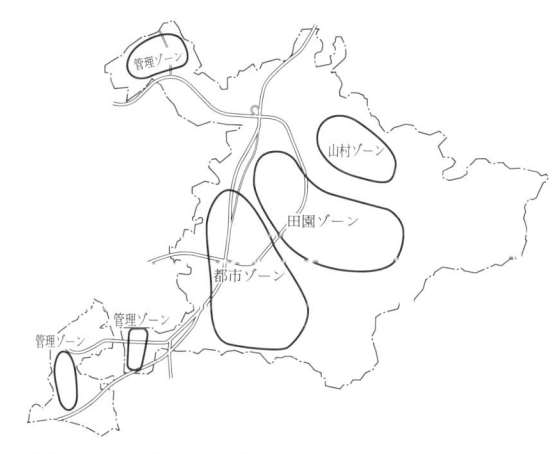

図4-3-6 会場計画のゾーニング案（21世紀万国博覧会基本構想策定委員会 1993）．

若干の調査を踏まえて,「瀬戸市南東部地区環境影響調査報告書」を公表した(愛知県 1994).この報告書では,高等植物と鳥類および昆虫のリストを示すとともに,この会場ゾーニングを前提とした環境の影響に関する意見をとりまとめている.しかしこれは,貴重種の移植という現在では批判に耐えない古い手法に依拠するものであり,後に市民団体の調査で,多くの批判にさらされることになった.また,この報告書でも,一見アセスメントのための体裁を取りながらも,水系の保全と称して人工的な改変による開発を目論んだものであった.

(2) 会場計画の変更

1995年9月に,カナダのカルガリーが万博開催地として立候補した.このカルガリーの立候補で,これまで楽観的であった通産省は危機感を感じ,それまでの万博の計画の見直しを図った.

同じ年の12月に,通産省の調査検討委員会は最終報告書を発表し,その中で「環境万博」をテーマとして打ち出す方向を示した.通産省は,愛知県に会場計画のゾーニングの変更を迫り,愛知県は,樹木などを伐採する開発面積を120 haから約70 haに縮小することと,名古屋瀬戸道路を当初の計画から東へ100 mほど移し,造成面積の少ない橋脚方式にすることを決定し,環境庁もこれを認めた.

愛知県は,会場計画において,会場総面積を650 haから540 haに縮小し,これをA,B,Cの三ゾーンとし,湿地の分布するBゾーンは保全区域とすることで,環境に配慮している姿勢を一応は示した(図4-3-7).予想入場者数も4000万人から2500万人と下方修正した.

1995年12月に,自然環境に配慮することと市民との対話による合意形成を盛り込んだ閣議了解がなされた.通産省の意向と閣議了解を受けて,その後6回にわたる市民シンポジウムが開催された.このシンポジウムは,市民との合意形成という名のもとに開催されたが,後に開かれた万博検討会議(4-3-2参照)とは性格がまったく異なり,単なる市民との対話というアリバイ作りに利用されたものであった.この間における愛知県の万博計画の進め方に関して

は，情報開示が不十分なことや住民参加が軽視されていることが強く批判された（名古屋弁護士会公害対策・環境保全委員会 1996）．

愛知県が 1996 年 8 月に公表した「2005 年国際博覧会会場候補地に係る地域整備構想及び会場構想について」では，海上の森の会場を「里山交流都市」として「実験都市づくりの場」と位置づけていた（愛知県 1996）．当時

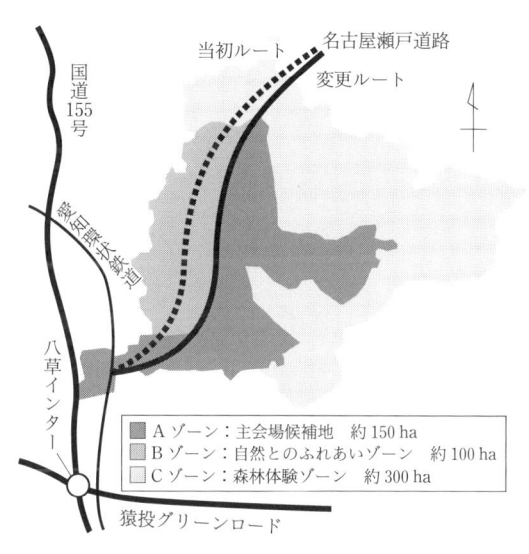

図 4-3-7　会場計画 A～C ゾーン案．

の愛知県商工部長である平井敏文氏は，「里山は人間の干渉によって成り立ったものであるから，自然に節度ある干渉は必要だ」と，雑木林の成り立ちのメカニズムを人間の開発行為にすり替えて平然としたものだった（朝日新聞 1995 年 12 月 11 日夕刊）．

財団法人日本自然保護協会（1997）は，この間の開発重視の万博計画を問題視し，保護委員会のもとに 7 名の専門家による小委員会を設け，生物相の豊かな海上の森における万博開催の問題点を明らかにするとともに，博覧会国際事務局にもその旨を通知した．

(3)　愛知万博の環境影響評価をめぐって

1998 年 3 月には，通産省のもとに置かれた 2005 年の国際博覧会に係る環境影響評価手法検討委員会（以下，手法検討委員会と称する）が「2005 年の国際博覧会に係る環境影響評価手法検討委員会報告書」をとりまとめ，通産省はこの報告書をもとに，「2005 年日本国際博覧会環境影響評価要領」（以下，「要領」

と称する）を通達として出した．この「要領」には，「環境影響評価法の趣旨を先行的に取り込」むこと，「生態系」にも配慮すること，地域整備事業との「連携を図る」等の意見が盛り込まれている．しかしながら，この「要領」は，新しいアセスメント法の制約を受け，代替地の検討を視野に入れることが出来なかった．手法検討委員会の森島座長は，「新住構想は自然環境保全の上から問題が多く，代替地の検討が必要」というNGOの提言を受け入れなかった．このことは，その後のアセスメントの迷走の主要な要因となったと言っても過言ではない．

　1998年4月に，博覧会協会が行う国際博覧会会場に関するもの，愛知県が行う新住事業に関するものおよび名古屋瀬戸道路の建設に関する三つの「環境影響評価実施計画書」の公告・縦覧が行われた．以下に，おもに愛知万博会場と新住事業のアセスメントについて，その特徴ととくに里山の生態学的な側面に関わる問題点について簡単に述べる．

a) 生態系概念の混乱

　愛知万博のアセスメントにおいては，通産省の通達にしたがって，評価項目の一つに生態系が加えられた（財団法人2005年日本国際博覧会協会 1998）．生態系の概念とその混乱については，序章でも述べたが，改めて簡単に述べる．生態系というものは，生き物の総体が原理的に生産者，消費者，分解者という食物連鎖の関係にあるということと，それらの関係がエネルギー保存の法則のもとに成り立っているという生態学上における基本的な概念である（Odum 1971）．このように生態系そのものをアセスメントの対象にしたことは，従来の貴重種のみの調査方法の限界を超える試みとしては評価し得るものの，結果として生態系の概念をあいまいにし，今後のアセスメントにおける混乱のもとを生み出すこととなろう．その問題点を具体的に検討してみたい．

　手法検討委員会は，「2005年の国際博覧会に係る環境影響評価手法検討委員会作業経過報告書」において，生態系に関する調査項目を上位性，典型性，特殊性に区分した（2005年の国際博覧会に係る環境影響評価手法検討委員会 1998）．その後，若干の修正が加えられ，通産省の「要領」では，生態系の上位性の観

点からオオタカとフクロウが対象として取り上げられた．それでは，この「要領」に基づいたアセスメントの実施計画書では，具体的に何を調査の対象としたのであろうか．

食物連鎖の図式に基づいて，博覧会協会は，主要餌鳥類とネズミ類の生息密度に関するラインセンサスを行うことと，鳥類の餌となる種子生産量の測定，および主要昆虫と土壌動物の現存量を把握することをその実施計画書において示した（財団法人 2005 年日本国際博覧会協会 1998）．果たして，オオタカあるいはフクロウに関してこのような情報が必要であろうか．「2005 年日本国際博覧会に係る環境影響評価準備書」（以下，「準備書」と称する）において，オオタカに関する食物連鎖の栄養段階が現存量で示された（図 4-3-8）．しかし，実際にそれらがどれだけの餌を採ったかということなしに，種子生産量や土壌動物の現存量を測定してもあまり意味はない．オオタカやフクロウの餌の量を求めることよりも，むしろ，オオタカやフクロウは，それを支える餌としての生物群集の指標となり得ることを重視すべきである．もちろん，オオタカやフクロウが実際に何をどのように食べているかは，それなりに重要であり，そのことを研究する必要はあるが，アセスメントにおいてはこれらのデータを得る方法が十分に練られておらず，研究上の価値はきわめて低い．このようなことに多額の金を投資するのは無駄と言わざるを得ない．このような研究は別途行い，アセスメントとしては，オオタカやフクロウを生態系の指標としてきちんと位置づけ，個体群の動態を正確に把握することを目標とすべきである．

上記のような各栄養段階における現存量を把握するよりも，オオタカとフク

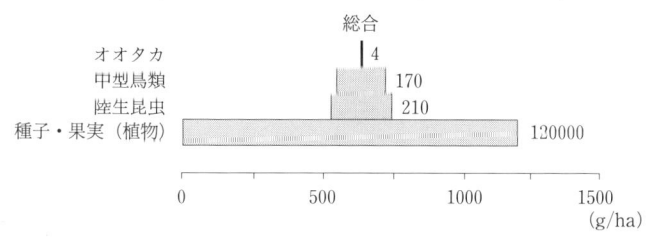

図 4-3-8　オオタカを頂点とする食物連鎖のピラミッド．種子量のみ 100 分の 1 に縮小して表示（財団法人 2005 年日本国際博覧会協会 1999）．

表4-3-3 海上の森における3年にわたるオオタカの雛の繁殖状況（国際博会場関連オオタカ調査検討会 2001）．

	雛の個体数		
	A巣	B巣	C巣
1998	2	2	不明
1999	2	2	—
2000	—	1	2

—は雛養育を途中で放棄したことを示す．

ロウが毎年どれだけの雛をかえすかを調査し，経年の個体数の増減をきちんと押さえる方が重要で意味があるであろう．猛禽類の個体数そのものが，その生息域の生態系の指標となり得るからである．そのような点から，国際博会場関連オオタカ調査検討会の示した次のデータは貴重である．表4-3-3は海上の森のオオタカの3つの巣において，3年間にわたる雛の繁殖個体数を示したものである．これらがすべて親になるわけではないが，このような調査を長期にわたって継続することが望まれる．

生態系の典型性の項目としては，キツネとゲンジボタルが取り上げられた（財団法人2005年日本国際博覧会協会 1998）．キツネという高次の捕食者が生態系の指標として調査の対象に挙げられることに異論はないが，ゲンジボタルを生態系の指標とすることはほとんど意味のないことである．すでに何度も述べたように，それぞれの地域における生き物のあり方は，歴史性，固有性があるから，その地域ごとの特性を明らかにすることは重要であり，ゲンジボタルが重要でないと言うわけではない．ただ，ゲンジボタルの重要性を，生態系との関連において「典型性」として価値を置くところに，生態学的な混乱があると言わざるを得ない．後に重大な欠陥であることが露呈するが，サンコウチョウやサンショウクイについては，どうして調査の対象に挙げなかったのか．このような調査項目における混乱が生じたのは，生態系の概念をあいまいなままにしたままで，生態系に関する調査項目を定めたためであると言える．

実施計画書におけるさらに重大な問題は，生態系の特殊性に関してである．生態系の特殊性の観点から，シデコブシとウンヌケが取り上げられた（財団法人2005年日本国際博覧会協会 1998）．シデコブシは東海丘陵要素植物群の一種で，湿地に生育するという生態的な特性を有する稀少種であることは，本書の2章ですでに述べた通りである．このシデコブシを調査の対象とする上で，生

態系の観点から行う必要はまったくない．このような生態系概念の誤用は早急に正すべきである．

　ウンヌケは裸地という立地の指標となり得るので，非森林性の環境を評価する上で重要でないとは言えないが，このような生育環境の特性を生態系の概念で価値づけることは，その概念の誤用を認めることになり，はなはだ好ましくない．さらに言えば，ウンヌケそのものを重要視していることも問題である．このウンヌケの重視は，非森林性の環境という特定の環境に価値を置くことを意味し，万博の計画において，雑木林を伐採して利用するという万博推進側の意向を支えるものとなった．会場予定地の海上の森は，前述したように花崗岩と砂礫層が接する地点に当たり，なるほど砂礫層地帯では森林の発達が悪く，ウンヌケの生育地となっている．しかしながら，海上の森の砂礫層地帯は，すでに図 4-3-3 に示したように，名古屋市から延々と続く砂礫層地帯の端に当たっているのである．したがって，ウンヌケが海上の森を代表する種とはとうてい言えない．このような恣意的な種の選択が行われた原因には，その生態系概念の誤用とともに，手法検討委員会に植物生態学の専門家や現場の状況に詳しい生態学者が入っていなかったという問題が指摘し得るであろう．

　それぞれの種は，種ごとの歴史性と生態的特性を有しているので，特定の種に絞って調査をすることは，種の価値の選別につながるという指摘がある（鈴木 1992）．この指摘は重要で，今後大いに検討すべき課題である．確かに，後に述べるように，生物群集は多様で複雑きわまりなく，特定の種のみで代表できるものではないことも事実である．しかしながら，アセスメントとして何らかの評価を行うためには，その地域の生物多様性をそれなりに把握することが重要であり，人間の価値判断が入るとは言え，指標となる生物種に関する情報は必要であろう．実際にどの種に価値を求めるかは，今後の行政と市民と専門家の合意形成の課題であると言える．その場合，森林や草本群落という群集の保全が前提となるべきことは言うまでもない（環境庁 1980）．

b) 雑木林の評価の問題点

　実施計画書では植生の評価として，植物群落特性評価という手法が取り入れ

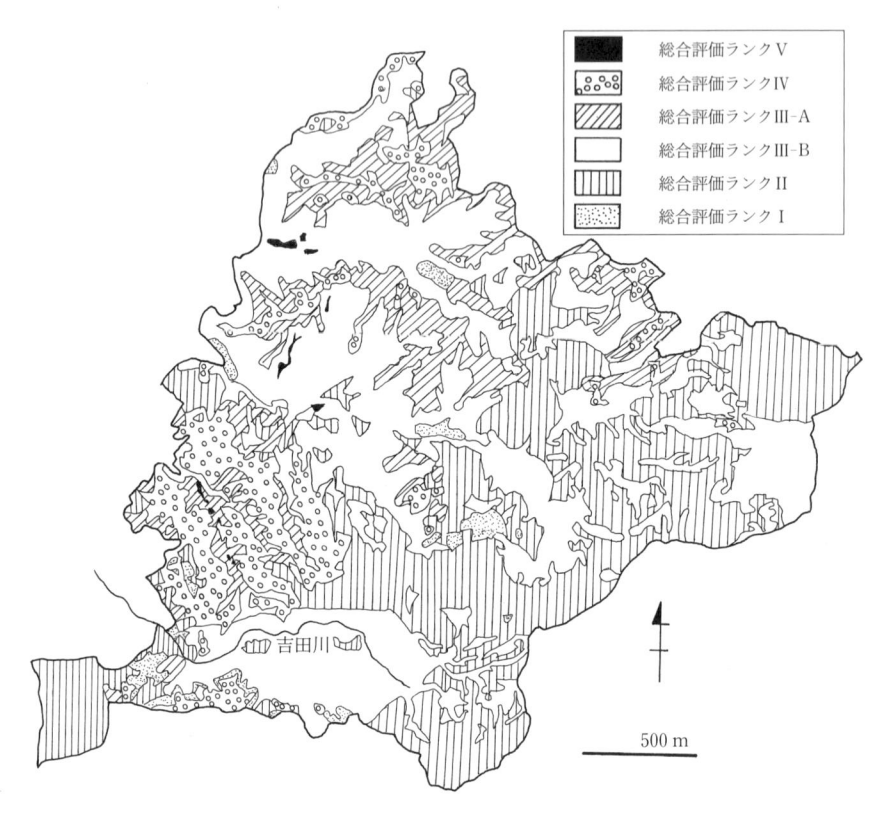

268　第4章　里山の保全に向けて

図 4-3-9　植物群落特性評価図（財団法人 2005 年日本国際博覧会協会 1999）．

られた．種の多様性，種組成の多様性，撹乱に対する感受性，立地特殊性，注目すべき植物種の有無，植生自然度，分布の稀少性の 7 つの項目について 5 段階評価を行った．その結果は，図 4-3-9 に示すような植物群落特性評価図として得られている．シデコブシ等の東海丘陵要素を含む湿地は，総合評価ランク V として高い値を有しているのに対して，大部分のコナラ・アベマキ林は，たとえ発達した森林を形成していても，総合評価 5 段階の中で，ほぼ真ん中のランク III-B と低い値となっている．吉田川流域の雑木林はこのランク III-B に位置づけられており（図 4-3-9），このような雑木林は開発されても仕方のない

植生として評価される仕組みになっている．このような評価に基づいて，後の図 4-3-10 で見られるように吉田川流域の雑木林は，新住事業で住宅地等として開発される区域とされている．

雑木林の評価における最も重大な問題点は，質的に異なる植物群落を同一の基準で評価しているところにある．この博覧会協会が「準備書」で採用した基準は，専門家の間で合意の得られていないものであった（環境庁 1980）．このことは生物多様性の観点からも見直しが計られる必要がある．

植生自然度が用いられている点も問題として挙げられよう．この植生自然度は，遷移の進行の度合いが目安となっており，人為的干渉によって遷移の段階を止めている雑木林の評価は低くなってしまう．広井（2001）も，植生自然度では雑木林の価値を十分に反映し得ないことを指摘している．

さらなる問題は，雑木林そのものの評価が十分になされておらず，種組成や立地の点でまったく異なる湿地と一緒に評価されていることである．そのため，必然的に雑木林の評価が低くならざるを得ない仕組みになっている．この評価の背景には，貴重種にきわめて高い価値が置かれている点が指摘し得る．もちろん，貴重種の保護も重要ではあるが，雑木林独自の価値も評価する必要がある．次に述べるように，動物の生息空間としての役割と切り離して植生を評価しているため，雑木林の意義が十分に捉えられていない．

以上のように，雑木林に対して最初から低い価値しか認めておらず，その低い価値を結論づけるように評価方法を考案していると言わざるを得ない．

c) 生育環境と生物群集の評価

これまでのアセスメントは，貴重な動植物の保護が中心であったため，動物や植物を別々に評価するという欠点を有していた．また，動物の生育環境としての森林を評価することもなかった．ましてや，生育環境の基盤となっている地質や地形を含めて評価するシステムは存在しなかった．波田他（1999）は，海上の森における生物の多様性を維持している要因としての地質や地形の特性を明らかにしている．すなわち，貧栄養の砂礫層と土壌の発達しやすい花崗岩という異なる地質が多様な環境を形成し，砂礫層地帯における貧栄養の湧水が

写真 4-3-1 吉田川の一画をなす広久手第 2 池．雑木林（左手）とヒノキ林（右手）が見える．

湿地を涵養して東海丘陵要素を多数包含している要因であることを指摘した．以下に，海上の森の吉田川流域（写真 4-3-1）に絞り，博覧会協会と愛知県の環境影響評価準備書に基づいて，このような生育環境と生物群集の評価のあり方について検討を加えたい．

　吉田川の峡谷沿いは，ムササビ，カワセミ，アオゲラ，サンコウチョウ等の鳥獣の行動圏あるいは繁殖地となっているが，雑木林はこれらの鳥獣類の生息環境として位置づけられていない（財団法人 2005 年日本国際博覧会協会 1999）．とくにサンコウチョウについては，繁殖可能性の高い（5 段階の 4）個体の消失率が 50％と影響があることは認めており，このような影響の大きいサンコウチョウに対して，残置森林や改変地域の緑化計画の措置を取るという保全策を講じると言う（愛知県 1999）．しかしながら，図 4-3-10 の新住事業の計画図を見ると，吉田川沿いの残置森林はきわめて幅が狭くなっている．比較的鬱蒼とした森林を好み，繁殖時には人に対して非常に過敏なサンコウチョウが，このようなわずかな残置森林で繁殖し得るとはとうてい考えられない．このように工事および住宅建設による影響が大きいにもかかわらず，その影響に対する評価はなされないままであった（愛知県 1999）．環境庁の意見書では，オオ

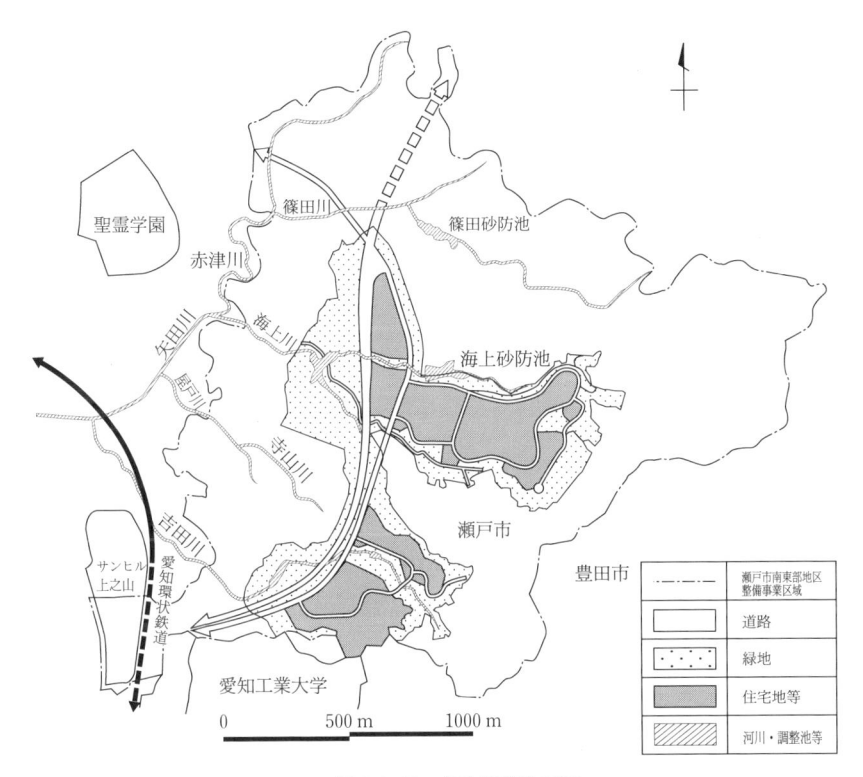

図 4-3-10 新住事業計画図.

タカ，ムササビ，タヌキ，シデコブシ等についての意見が述べられているが，サンコウチョウについては触れられなかった（環境庁企画調整局環境影響評価室 1999）．環境庁は，この時点においては，雑木林の保全についての明確な指針を有していなかったと言える．

　吉田川の谷は，侵食を受けやすい花崗岩地帯に川が深く切り込んで出来た峡谷をなしている．この吉田川峡谷のすぐ北側には砂礫層地帯が接しており，なだらかな砂礫層地帯と吉田川峡谷の対照は著しい景観の違いを生じさせている．砂礫層地帯では痩せ地に成立したアカマツ・コナラ林と点在する湿地が存在し，吉田川流域の花崗岩地帯における鬱蒼とした森林とが好対照をなしている．このような地形的な景観の違いとそれに対応した植生の変化は，それらの

間を歩いている人間に刺激を与える.

　上記のような特徴の他に,吉田川流域では,鳥類の生息密度が高いことが推測し得る.この点に関するデータはないが,冬に歩いて比較すると,吉田川流域と他の区域とにおける鳥類の活動の違いは明らかである.この吉田川流域の森林は,一部にヒノキの人工林が手入れされずに放置されているが,二次林であるものの発達した林相を示している.これからのアセスメントにおいては,動・植物の種類数や密度のような量的な評価のみでなく,鳥獣の生息環境としての質的な側面の評価が要求されるであろう.

(4)　さらなる会場計画の大幅な変更とその後の環境アセスメント

　海上の森で,オオタカの繁殖が認められたことから,主会場が愛知青少年公園に移されたことは,すでに本節の最初の部分で触れたとおりである.万博計画について市民を交えて検討する「愛知万博検討会議」の場が設けられたことは前項でも触れたが,その会議において海上の森の利用形態についての議論がなされ,海上の森における会場は西地区のみに絞られた.2000年12月におけるBIE登録以後にも,前項で若干触れたような紆余曲折があり,会場面積も多少変更されたりした.博覧会協会は,2001年10月に,「2005年日本国際博覧会(愛知万博)の基本骨子」(財団法人2005年日本国際博覧会協会 2001a)を公表した.この骨子の会場計画を図4-3-11に示す.そのおもな特徴は,空中をループによって会場内を移動するグローバル・ループ案や,森林体感エリアを設けていることである.

　経済産業省の森島委員会が2001年の11月に開催され,その委員会において,アセスメントの調査を最低限1年以上の期間行うべきという意見が出たにもかかわらず,委員会としては,開催までの期間が短いことを理由に,環境に対する影響の十分な調査を求めなかった.その後,博覧会協会は,「2005年日本国際博覧会に係る環境影響評価について」(財団法人2005年日本国際博覧会協会 2001b)を出し,広く意見を求めている.一方,アセス市民の会(愛知万博の環境アセスメントに意見する市民の会)は,宇佐見・金森両代表委員の名で,「愛知万博基本計画への意見」を作成し,博覧会協会宛に見解を求めた.その

トピックス

オオタカ

　猛禽類は，肉食性の獣類とともに，陸上生態系において高次の栄養段階を占める．わが国における猛禽類には，フクロウ科10種，ハヤブサ科5種およびワシタカ科16種が含まれている．

　オオタカ（*Accipiter gentilis fujiyamae*）は，ヨーロッパからアジア，そして北米にわたって広く分布するが，わが国においては四国，本州および北海道で繁殖が確認されている（環境庁自然保護局野生生物課 1999）．オオタカに近縁な種としてハイタカ，ツミが存在するが，これらの中でオオタカが最も大きく，体長は50-57 cm程度である．国内希少野生動物に指定されているオオタカはおもに標高の低い丘陵地帯で繁殖し，里山の猛禽類を代表する種と言える（岐阜県 2001）．

　愛知万博の会場予定地となった海上の森では，フクロウやオオタカ等の10種の猛禽類が通過を含めて確認されている（海上の森ネットワーク 1997）．愛知万博の環境影響評価にあたっては，通産省の通達にしたがって，生態系の項目が取り入れられ，オオタカとフクロウがその対象とされた．フクロウは夜行性であり，その餌としてネズミ類を捕食する点では一部共通しているが，オオタカはおもに鳥類を餌とするのに対して，フクロウはネズミやカエルを捕食するため，両者の生態的地位は大きく異なる（財団法人2005年日本国際博覧会協会 1999）．

　オオタカのような猛禽類の保護に当たっては，繁殖期，とりわけ抱卵期のような敏感な時期には注意が必要であり，営巣期における高利用域を含めた行動圏の保全が不可欠である（環境庁自然保護局野生生物課 1999）．また，生息環境としての雑木林はもちろんのこと，林から飛び立つ鳥を襲って捕らえるので，林縁や開けた空間も必要である．オオタカの保護に関しては，このような生活や行動を踏まえて，生息環境の保全を図るべきである．

　岐阜県ではワシタカ類の繁殖や行動圏に関する調査がなされているが，その公開は密猟の危険性を招くため，一般には公表されていない．このような問題はあるが，オオタカの保護のためにはこのような詳しい調査が全国的に行われることが望ましい．

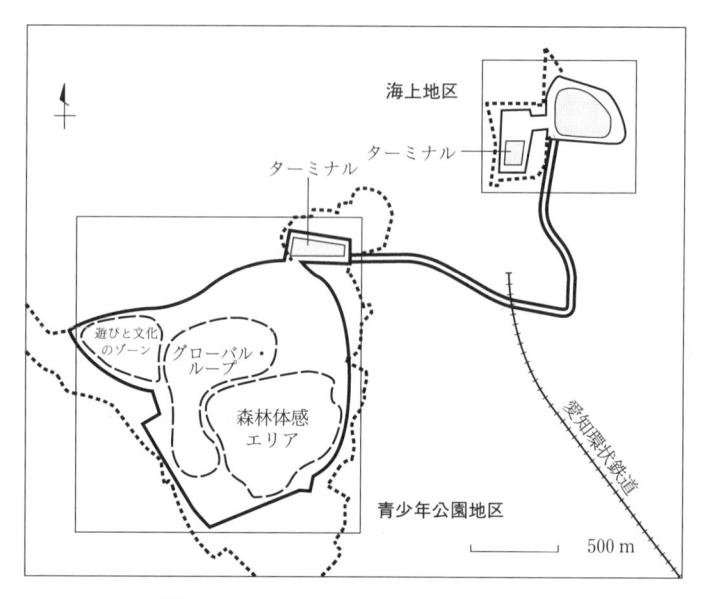

図 4-3-11 2001 年 10 月時点の会場計画.

中で博覧会が従来の評価書を手直しした程度の修正評価書で済まそうとしている点を厳しく批判している（愛知万博の環境アセスメントに意見する市民の会 2001）．

その後の愛知万博の経過であるが，青少年公園のスポーツ施設を壊してパビリオンが建設され，「自然の叡智」をテーマに 2005 年 3 月 25 日から 9 月 25 日まで開催された．当初の開発優先型の計画は乗り越えられ，市民参加型の万博と会場における廃棄物処理の徹底という特色を示した．この市民参加が万博検討会議の意義をどう受け止めたかという点は定かではない．また，青少年公園の周囲の雑木林は維持されたが，スポーツ施設は万博開催後復元されないという問題を残した．海上の森は開発を免れたが，その保全は前途多難である．

4—4
里山を守る市民運動——海上の森の国営公園構想

　近年,環境運動において里山が注目され,各地で里山保全運動が展開されるようになってきた.それは原生自然を守る運動と異なり,身近な自然を保全しようとする運動である.今日における里山保全運動は,地球環境問題というグローバルな問題に対応しつつローカルな現場で環境を考え守るという意義を有している.そして例えば,山の保水力を高めることで下流域の安全性を高める,子どもが自然と触れ合う環境教育のフィールドとなる,などの点で,里山の保全は人間生活にも関連している.

　しかし,この里山保全運動が,里山の維持管理に実際どのように貢献し得るかについては,まだ明確にされていない.むしろ,そこには多くの課題が存在していると言える.そこで,この節では,愛知万博の開催をめぐり,「里山としての海上の森」を守り,再生しようとした「国営瀬戸海上の森里山公園構想をすすめる連絡会(以下,国営公園をすすめる会と略記)」を例として,里山保全運動について考えてみよう.

4-4-1 愛知万博と里山

　1995年以降,愛知万博は「環境博」であるとされ,「里山での万博」とうたわれていた.「里山」が万博のキーワードのひとつとなったのであるが,このことは,2000年のBIE批判後の計画においても,海上の森が万博会場として残されたことからも見て取ることができる.

　他方で,この「環境博」の内容をめぐって,環境に配慮すれば開発は可能と

する事業者と，開発によって環境が破壊されるとする反万博運動とは，激しく争い続けた．「里山」という語についても，「人の手を入れることで環境が維持される」として開発を正当化するために使われて，それに対して反万博運動は激しく抗議した．

そこで，環境運動にとっては，この「里山を保全する」とはいかなることなのか，そして，そもそも「里山」とは何なのか，ということが重要な問題となった．愛知万博をめぐる一連の経緯の中で，この問いに答えることで，海上の森を守ろうとしたグループである「国営公園をすすめる会」が登場した．

国営公園をすすめる会は，1999年の夏に結成された会である．会の中心メンバーには，4-3-2で述べた市民運動や環境運動に関わってきた者も多い．国営公園をすすめる会の結成以前の彼らの中心的主張は「貴重な自然を守る」ということにあり，万博および新住・道路事業を中止することによって海上の森が守られるという認識が示されている．

これに対して，国営公園構想とは「海上の森を万博にそのまま出展し，その後，万博を記念する国営公園とする」という案であり，基本的に万博容認の主張である．それまで頑強に万博に反対してきた運動のメンバーが，何故万博を容認してまで，海上の森を国営公園にしようとするのであろうか．

そこでまずは，国営公園構想がいかに登場し，いかに国営公園の位置づけや里山の意味を変化させていったかを確認する．その上で，海上の森に見る里山保全の課題と，里山保全運動全体に与えた可能性を考察していく．

4-4-2　国営公園構想

そもそも「海上の森を国営公園にする」という構想は，4-3-2で述べた新住・道路事業の中止を最大の目的としていた．特に，名古屋瀬戸道路は，交通体系上の重要な道路であるため，仮に海上の森での万博開催が中止されたとしても，将来的に道路建設計画が再び持ち上がる可能性が非常に高いとされていた．つまり，単に万博に反対するだけでは，将来的な道路計画から海上の森を

守れない可能性があったのである．このような予想に対して，万博に海上の森を「そのまま出展」し，その後万博を記念する公園として少しでも多くの規制をかけることによって，最低でも道路事業のルートを変更させる，という狙いから国営公園の構想が生まれたのである．

しかし，国営公園をすすめる会は，公園の具体的計画づくりの作業の中で，「海上の森を国営公園にする」別の理由を見出した．

> わたしたちも，「新住・道路を中止させる」という戦略から国営里やま公園を考えたわけですが，「なぜ公園なのか」を考えざる得ないがゆえに，「海上の森はどうあるべきか」を考えたのであり，「里やま」をキーワードにしたために「里やまとは何か」を考えざる得ませんでした．そしてその問いを考えることが，私たちの興味を膨らませ，学び発展させ，活動を活発にしました．（国営瀬戸海上の森里山公園構想をすすめる会 2001：66）

つまり，上述の通り，新住・道路事業の中止という戦略目標のためにカウンタープラン作成の作業として行った公園計画づくりの中で，「海上の森を望ましい状態で保全するためにはどのような公園を作るのか」を考えた上で，公園のマスタープランを作成しようとした．その作成過程で出てきたのが「里山公園」である．そして，「里山」について定義がなされていない状態の中で，「里山公園にする」というスタンスを採ったために，「里山とは何か」を考えざるを得なかった．そして，国営公園をすすめる会は「里山」をコンセプトにした公園のプラン作成のために，以下で見るようなさまざまな作業を行うことになる．

4-4-3　里山の発見

国営公園をすすめる会は，里山公園のプランを作成するために，例えば，古くから海上の里に住む地権者への聞き取り調査や，戦後の航空写真の判読作業など，いくつかの具体的作業を行っている．

「戦後直後の海上の森ははげ山だった」と言われていたが，このことは「海上の森は古くからの里山として利用されてきた」という主張とは一見相反するものであった．また，実際に戦後直後の海上の森がはげ山だったとしたら，約50年で海上の森のような里山を作り出すことが可能ということになってしまい，海上の森の保全要求の妥当性が失われることになる．しかし，航空写真の判読作業によって，戦後直後の海上の森は，樹木は伐採されているものの，表土はむき出しにはなっていないことが判明した．このことから，海上の森は「はげ山」ではなくて「丸刈り」状態であったと結論づけられた．すなわち，根まで伐採する「はげ山」と異なり，「丸刈り」状態では樹木を皆伐しても根が残っていたために，その根から再び樹木が成長するという「萌芽更新」が起きる．この萌芽更新によって海上の森は復元したのだというのである．そして，造成を伴う工事は里山としての海上の森を破壊するため，造成を伴わない保全策を用いるべきという主張に至っている．

また，1999年春，後の国営公園をすすめる会のメンバーを含む，反万博運動参加者の一部が海上の森で地権者から土地を借り水田耕作を始めている．この時，この田んぼでの農作業の中で，前年までは見られなかったオタマジャクシや水棲昆虫などが観察された．このことは「休耕田にはオタマジャクシはいないが，田んぼに水を張ればオタマジャクシがやってくる．オタマジャクシがいれば，カエルを食べるヘビが出てくる．ヘビが出てくるとそれを食べる動物がやってくる」という発見を彼らにもたらした．つまり，水田に水を張るという人間の営みが生態系を支えているということを確信することとなった．

このような試行錯誤の末に，1999年10月に海上の森を国営公園とする最初の計画案，通称「マスタープラン」が発表（国営瀬戸海上の森里山公園構想をすすめる連絡会 1999）され，その中では「里山とは，田んぼと林のセットである」という定義が示されている．つまり，海上の森から見いだされたのは，農耕や生活のために人間が手を入れることによって維持される環境としての里山である．もっとも，この結論は国営公園をすすめる会のオリジナルではない．実際，「ため池・水田・林のセット」という里山の定義，水田耕作と生態系との関係，樹木の伐採の必要性など，人の手を入れることで環境が維持されると

いうことは，すでに主張されてきたことであり（田端 1997；田中 1996；宇根・貝原 2000），その主張はマスタープランの作成において参考にされている．むしろ，重要なことは，海上の森を守るための具体的な活動の中で，それまでの「万博や新住・道路事業を阻止すれば海上の森は守ることが出来る」という発想が転換され，水田耕作と生態系との関係や樹木の伐採の必要性が経験の中で習得されていったことである．

4-4-4　里山保全の課題

　国営公園をすすめる会は，以上のような過程をたどり，従来の自然保護運動から里山保全運動へと転換した．しかし，その主張を実現に結びつけることは容易ではない．現在の国営公園をすすめる会の人的資源や資金力だけでは，海上の森を保全することはほぼ不可能であり，マスタープラン中のいくつかのアイデアのひとつを実現することですら，大きな困難を伴うと考えられる．海上の森が国営公園になるにせよならないにせよ，市民運動として里山環境の維持に関わっていくためには，より多くの主体との関係の中で，いくつもの課題を解決しなければならない．

　従来の自然保護運動の場合，開発行為を止めれば目的を達成することが出来る．しかし，里山保全の場合，里山に対して継続的に人の手を加え続けなければならない．海上の森で考えた場合，万博が中止されても，海上の森が「塩漬けの土地」になってしまえば，人の手が入らなくなり，やがて里山という環境は失われてしまう．実際，減反や土地買収によって休耕田は増大しており，また開発計画にともなって県有林の手入れも中断されていた．他方で，自然観察を続けてきた環境運動のメンバーは，「かつての海上の森とは様相が異なってきている」ことを感じ取っていた．そして，その様相の変化は，開発による破壊だけではなく，人の手が入らなくなったことにも起因しているのだ，と指摘する．このような「いかにして海上の森に手を入れて里山環境を維持するか」という視点に立って活動を行おうとするとき，それまでの自然保護とは異なっ

たことを考えなくてはならなくなる．以下，他の主体との関係という視点から，里山保全運動の今後の課題について順に見ていきたい．

a) 行政との関係

これには保全の手法の問題と土地の問題のふたつが関わっている．第一に手法の問題については，これまでの自然保護においても，保護地域の指定など行政的な手法が行われてきたが，里山保全の場合にも同じような手法が必要と考えられる．つまり，強力な権限によって里山を保全地域に指定し，継続的に保全していくプログラムを実施していく必要がある．このような保全策を用いるためには，行政との連携が不可欠となる．第二に，海上の森の場合，その土地の大半は県有林である．里山保全を考える場合，その土地が国有林などである場合には，所有権や森林管理の関係もあり，行政との連携や協議は不可欠となる．

b) 広範な市民との関係

それとは別に，広範な市民の理解と参加を得る必要もある．たとえ，行政の全面的な理解と協力によって，里山保全の方向性が打ちだされたとしても，実際に人の手を入れるためには，人手や資金が必要となる．これを継続的に行っていくために，市民の支持と協力が必要になってくる．つまり，一方で，運動が行政に里山保全を要求し，そして協力してこれを実施していくためには，里山保全に対する広範な合意が必要となる．他方で，里山保全のための市民ボランティアの力が重要になってくる．そして市民の支持と協力を得るためには，「なぜ里山保全が重要なのか」を説明する意味づけが重要となってくる．

c) 自然保護運動との関係

里山保全運動は，従来の自然保護運動とは異なり，里山に人間の手を入れることによって環境を維持しようとする．したがって，「ありのままの自然」を要求し，「人の手を入れる」ことを批判するような自然保護の主張とは衝突することになる．また，上述のように，里山保全には行政との協力が必要とされ

る場合が多い．しかし，これまでの自然保護が反開発のスタンスを取っていたため，行政に対する不信感が非常に強い．このため，行政との協力が，コンフリクトの源泉となってしまう可能性もある．実際，国営公園をすすめる会の場合は，万博を容認したことと，「国営」を主張したこと，つまり万博を推進する国に歩み寄ろうとしたことで，他の反万博運動団体から多くの批判を受け続けている．このような場合に，「里山とは何か」，「いかにして里山環境を維持するのか」について，意見の相違をいかに解消するか，つまり，いかにして意見の異なる者を説得出来るかが課題となる．

d) 地権者・住民との関係

　最後に，最も重要な関係は，里山に住む住民や里山の地権者，里山の周辺住民との関係である．継続的に里山環境に人の手を入れる里山保全運動では，地権者や住民の意向は無視できない．古くからの住民や地権者は，その里山の歴史とともに生活してきたのであり，アイデンティティのよりどころである．また里山の利用方法を経験的に熟知している場合が多く，生活や農作業の中でこれまでの里山環境を維持していたのである．国営公園をすすめる会は，海上の森の中にある古い集落の休耕田で水田耕作を行っているが，この水田耕作のアドバイスや水の世話などを行っているのも，この集落で耕作を行っている地権者である．したがって，地権者や住民に，里山を守るという保全運動の意義を理解してもらい，地権者や住民の権利を守りつつ，運動に何が出来るかを考える必要がある．

　このような里山に関わる多様な主体を考えたとき，里山保全運動やそれに参加する市民が，勝手に里山に入り込んで里山を管理するわけにはいかない．したがって，里山保全を行おうとする場合，里山保全運動，行政，市民ボランティア，住民や地権者がどのように有機的な関係を形成し，里山保全を行っていくかが問われてくる．その関係形成については，それぞれの運動の実践の中で行っていく以外にはないだろう．海上の森での里山保全に関して提案された国営公園という方策は，そのような実践のひとつと見なすことが出来る．

里山保全のために，その里山がどのような場所かを調べ，どのような状態が望ましいかを先入観にとらわれずに考えること，そして望ましい状態に向けて上述のさまざまな主体との関係をどのように形成するかを模索し，関係形成に向けて努力していくことが求められる．

4-4-5　里山保全の現代的意義

　国営公園をすすめる会の構想は，実現するにはあまりに課題が大きすぎ，運動として「海上の森を国営公園とする」という目標を達成することは非常に難しいと考えられる．もし仮に，海上の森が国営公園になったとしても，その中で，小規模な環境運動がどのような役割を担い得るかということを考えた場合，現時点では，国営公園をすすめる会が行い得る活動内容は限定的であると考えられる．

　しかし，この運動に意味があったとすれば，それは第一に，海上の森という具体的なフィールドとの関わりから，「里山とは何か」という問いに対する解答を導きだし，そしてその解答に沿った運動展開を行ったことにある．すなわち，具体的なフィールドとの関わり方次第で，里山保全運動は単なる開発阻止（土地は塩漬け状態になる）を目指す運動展開になることもあるし，人間の手で里山を再生しようという展開へと進む場合もあり得る．

　第二に，多くの里山保全運動は，実際に活動対象となる里山の保全作業に追われてしまうことが多い．しかし，海上の森が万博会場予定地であったがゆえに，国営公園をすすめる会は，その運動目標を海上の森の保全だけにとどめることが出来なかった．万博のテーマと関連づけて海上の森を保全する上，海上の森の保全が世界中の環境保全にとって意味を持たなければならない．したがって，里山全般の保全を視野に入れざるを得ず，ひいては社会全体，人間生活そのものにまで言及せざるを得なかったのである．

　2001年に出されたマスタープランの増補版（国営瀬戸海上の森里山公園構想をすすめる会 2001）では，「人と自然との豊かなふれあい」という言葉で，生

活様式の見直しや人間性の回復に言及している．そしてそれを里山と結びつけることで，里山との新しい関わり合いを生み出す必要性を主張している．これは行政や広範な市民に対して，里山保全の社会的意味と重要性を訴えかけるものであった．

このような展開を可能にしたのは，実は「環境博」によって万博後の社会的イメージを作り出そうという発想であった．つまり，万博を媒介とすることで，里山としての海上の森保全という個別具体的な主張と「人と自然との豊かなふれあい」や生活様式の見直し，人間性の回復という普遍的な主張とを結びつけて訴えようとしている．

> 地球的規模の環境危機が現代社会の構造から生じていることの認識無くしては，環境問題は語れません．この構造と因果を総点検し，その因果の悪循環から脱却して，自然と人間との新しい関係を取り戻し，人類とすべての生き物の生き残りを確保することこそ，「環境」万博の取り組むべきテーマであり，課題であると考えます．（国営瀬戸海上の森里山公園構想をすすめる会 2001：47）

さらに「環境博」と位置づけられた愛知万博の是非が問われ，2000年以降，不十分とはいえ検討会議などで市民参加で愛知万博についての議論がなされるという状況は，全人類的課題という観点から里山保全を主張し得る機会ともなった．国営公園をすすめる会にとって，海上の森を守るためには，愛知万博を環境博として成功させることが不可欠であり，そのための論理展開をせざるを得なかったのである．このような過程を経て，「里山保全」の主張から地球環境問題，あるいは人類の存続という大きなテーマへと展開されていった．

もちろん，このような壮大な構想を実現するには，国営公園をすすめる会は明らかに力量不足である．これは，現在の市民運動の限界とも言えるであろう．今後，愛知万博の開催計画がどのようなものになるにせよ，海上の森保全のために具体的に何が出来るか，その結果としてどのような成果を生み出せるかが，問われてくるであろう．しかし，それとは別に，市民が具体的な里山との関わりの中で「里山とは何か」を見いだしたこと，そして「里山と社会との

> トピックス

海上の森のムササビ

ムササビとその生態

　ムササビは，ネズミ目リス科の小動物で，生涯門歯が成長する．門歯と臼歯の間に歯のない場所があり，採食中に不要な部分はこの隙間から口の外に押し出す．樹洞に営巣するため，大きな樹木を必要とする．生まれたときは赤裸で，目も耳も開いていない．成長すると樹上から滑空する．最近では，深い森の中よりも集落周辺の神社などを利用しており，社殿の屋根裏などに営巣する場合が多い．生涯門歯が伸びるため，板壁にたくさん穴を開けていることがしばしばである．

　ムササビは植物食で，若葉，冬芽，花，果実，種子などを主に食べている．また巣材には，ヒノキやスギの皮を利用し細かく裂いて使っている．

　ムササビの食する植物は，種類数が多く，様々な部分に及ぶ．季節的に様々なものを使い分けており，種類が単純化すると年間の餌が保証されない．従って，食物の種類数が多いことが生息の重要な条件になる．特定な種類が多くても季節的に餌が欠けると，年間の生存ができない．

海上の森と人間によるその管理

　古から相当過度に人間に利用されてきた海上の森に生物の種類の多いことは，日本の里山の集落の特徴をよく表している．山間の集落は，比較的集合した人家とその周辺に展開する畑，水田，さらにその外側の採草地である土手からなっている．さらにその外側には，日常生活の場としての里の林がある．里の林は，日常の燃料や刈敷き（カッチキ：ナラ類，ハギ等のマメ科植物の若芽などを刈り取って肥料として水田に入れる）に利用されてきた．採草地や刈敷きから得る肥料が主体であった江戸時代までは，人力による搬入のため，田畑の周辺の林が日常的に利用された．人の生活や休息に必要な集落は，そのはずれに鎮守の社などを持ち，外の世界と分けられている．さらに，里の林と奥山との境には，山の神がまつられて，異界との境をなしている．

　海上の里における林の管理状態には，二つの特徴がある．一つは，土地の所有が小規模で入り組んでいることである．小さな谷や尾根を境として土地が分割されており，林の伐採などは所有者ごとに異なっていた．この結果，一斉皆伐はなく，小区画毎に伐採時期がずれていた．このため多く

の種が生存可能であった．移動力の小さい昆虫やカタツムリ等の仲間も，僅かに場所を移すことによって生存が保証されたと考えられる．また，植物においては，種子の散布距離が短い種でも，母樹が残り，種が維持されてきた．土地所有の境界には，ツブラジイやアラカシなどの極相種やヤマザクラなどが残されて目印にされることもあり，種の多様性を助けている．二つ目は一定の目的のために，それぞれの小環境に適した管理が行われてきたことである．これらの安定した環境は，人為が加わるようになってから進入してきた種の生存を安定化させ，小環境における種の増加を引き起こしている．

　この様な二つの管理上の特徴は，少なくても数百年維持されてきたと考えられる．この管理状態において，人手の加わらない自然状態よりも小面積に多種が共存している状態を作り出している．例えば，原生極相林にあってはギャップの周辺に多くの種が生存するのと同じ原理であろう（大沢 1977）．人為的に作出されるギャップの維持によって，環境が多様化し，種の多様性が生じている．しかしながら里山の環境は，人為の入力によって植生遷移の進行が止められ，一定の安定した状態を保っているために，進入した種も安定して生活していると考えられる．鳥類で，ウグイス，ホオジロ，モズなどの繁殖が里山に多いのはこの例であろう．

海上の森とムササビ
　上記の様な安定した複雑環境による種の多様性が，ムササビの生活を支えていると考えられる．現在では，ムササビの生息地は山間の集落の周辺が多い．愛知県内の自然林でも生息が見られるが，営巣できるような木が少なくなっているので，密度的には圧倒的に集落周辺が多い．海上の森では，自然林に近い吉田川上流の愛知工業大学に寄った渓谷に見られ，他方では，集落周辺に見られる．吉田川上流は，ツブラジイ，アベマキ，ヤマザクラなどの大きな木が多く，営巣が可能である．また，林が立体的構造をなしており，ムササビの餌植物の点でも優れた場所である．

　戦後の一時期は，どこにおいても里山を過度に利用した．化石燃料が十分でなかったために，薪炭林として利用された．さらに瀬戸市は焼き物の産地で，窯業の燃料として伐採された．それにもかかわらず，日本の伝統的な里山の管理方法は，多様な自然を回復させている．

　以上のようなムササビの生息環境の観点から見ると，海上の森は，人と自然の関係が安定した典型的な里山といえよう．

関わり合い」を不十分ながらも体系的に描き出し，そのために何が出来るかを示そうとしたという経験は，他地域の里山保全運動にとって，興味深い先行例となるであろう．

4—5
里山の保全のあり方

　序章でも触れたが，自然界における撹乱が生物の多様性を生じていることが理解されてきている．第1章で解説した雑木林の維持は，人間による撹乱の例で，人間による伐採という撹乱が，雑木林の維持と，そこに生育・生息する動・植物に重要な生活の場を与えている．しかしながら，近年の人間による大規模な開発等に見られる撹乱は，生物の多様性を減じるように働く．自然における撹乱は一時的な作用で，生物の移住や再生によって回復するのに対し，人為的な環境の改変の多くは半恒久的で生物の移住や再生を許さないからである (Reice 2001)．とくに地形の改変は，湿地への影響が著しい．したがって，里山を保全する上でもっとも重要なことは，ゴルフ場の建設を含め，いわゆる乱開発と呼ばれるような自然を無視した無秩序な開発を避けることである．ここでは，このような無計画な開発の問題はさておき，これからの雑木林の保全のあり方や，貴重動・植物種の保護，さらには生態系を保全する上で考慮すべきことについて述べる．

4-5-1　雑木林の保全について

　植生の状態を評価する尺度として，環境庁が示した植生自然度がある．この植生自然度は，原生的な自然を基準に10段階の評価を行うものである．この評価方法は，原生的な自然を保全する上で大きな役割を果たしたが，里山のような二次的自然は低い価値しか認められないことになる．この植生自然度に基づく評価では，雑木林は開発の対象となりやすい．愛知万博のアセスメントの

際に，この植生自然度を用いて雑木林が不当に低く評価されたため，雑木林は利用開発の対象とされたことはすでに 4-3-3 で述べたとおりである．雑木林は，原生的自然とは異なる多様な価値を有するのであるから，このような雑木林を正当に評価するシステムを考案することが望まれる．

　田端（1997）は，炭焼きや木質燃料として雑木林を利用することを提案している．このような雑木林の利用は，森林に適度な干渉を行って遷移の進行を抑えることによって雑木林を維持する上での有効な方法の一つであろう．しかしながら，雑木林のあり方も多様であり，このような燃料としての利用のみでは，雑木林全体の保全としては必ずしも有効ではないであろう．重松（1993a, b）は，イギリスにおけるボランティア活動に学び，ボランティア活動による除伐や間引きを雑木林の維持の方法として運動を進めている．これらの提案や運動も重要であるが，雑木林の重要性に対する認識を改めることも必要である．藤井（1996）は，里山の雑木林の価値を，従来の農山村の生産活動の視点のみではなく，環境緑地として見直すことの重要性を指摘している．このことは，次に述べるようなとくに都市化の進んでいる地域においては，差し迫った課題である．

　農山村の里山の経済的な価値が低下し，さまざまな開発の波にさらされる一方で，都市の拡大は，身近な自然の急速な消失をもたらしている．従来の都市公園ではない都市林の保全や，そのあり方も模索されつつある（高橋他 1977）．従来の都市林の管理は，造園学の方法によっていたが，これからは造園学の手法から脱した生態学的方法を確立する必要がある．そのためには，管理という狭い視点ではなく，間引きや除伐を行いながら，その後の雑木林の自立的な変化をモニターし，雑木林と人間との共同作業として森林の有り様を探るという謙虚な観点が必要であろう（倉本・麻生 2001）．

　雑木林は森林に対する人間の干渉として成り立ってきたものであり，これまで生態学的な研究の対象となっていなかった．私たち人間による科学の営みは，これまで複雑な現象をきわめて単純化して，科学の対象として取り扱ってきた．森林と人間の相互作用系として成り立つ雑木林を構成する生態系は，想像以上に複雑であり，林学的なまたは園芸学的な単純な取り扱いを許さない．

単に雑木林を存続させることだけならばその管理も容易ではあるが，生物の多様性を生み出している雑木林を人間が管理するというのは，思い上がった態度であり，このことは生態系というものの複雑さに対する無知に由来すると言わねばならない．亀山編（1996）の『雑木林の植生管理――その生態と共生の技術――』は，雑木林の生態と管理に関するよくまとまっている本ではあるが，その中身を生態学的に検討するとまだ従来の知見の寄せ集めに過ぎず，特に雑木林の管理に関しては，従来の林学的あるいは造園学的な手法を脱していない．雑木林を伐採する際に関わる諸々のデータを，実際に総合的に検討することが必要である．

一般的な里山の保全のあり方としては，暖温帯域であれば，シイ・カシの常緑広葉樹林と落葉広葉樹からなる雑木林が混在し，さらに谷や湿地が存在するという多様な生物の生息空間を，セットで保全することが望ましい．しかしながら実際には，都市化の進んだ地域においては，このような多様な生活空間を維持することは困難であろう．その場合には，少なくとも雑木林の断片化を極力避けることが肝要である（鷲谷 1999；広井 2001）．中静・飯田（1996）は，雑木林の断片化が種の多様性を減ずる要因であることを指摘している．

生態系の多様性の維持の方法として，森林の一部を伐採して，パッチ状に空き地を作り出して草原を生じさせるのも一つの試みであろう．しかし，このことが可能であるためには，伐採の影響が森林全体に及ばないほど大きな森林面積があって，初めて可能であるだろう．どのような規模の伐採がどのような影響を及ぼすか，今のところ大まかな予測しか出来ないので，伐採という干渉に対して，自然の反応を常にモニターして，人間の作用と自然の反応という相互作用系として把握することが肝要である．とくに貴重な種が存在する場合は，その個体群の動態をチェックすることも必要不可欠である．このような試みはまだ多くはないので，今のところ具体的な一般化は困難であるが，山崎他（2000）は，アカマツ・コナラ林内において，林冠はそのままにしてササ等の低木層を刈り取った結果，アオハダ等の樹木が進入し，種多様性が高まったことを報告している．今後，このような研究事例の蓄積が必要である．また，財団法人日本自然保護協会（2001）の『生態学からみた身近な植物群落の保護』

には，全国の保全活動の例がまとめられており，今後の保全のための参考になるであろう．

4-5-2 絶滅危惧種の保護と里山の保全との関係

里山の自然が急速に消失するにしたがって，かつては普通に見られた植物が絶滅の危機にさらされるようになった例は多い．愛知県植物誌調査会 (1996) がまとめた『植物からの SOS――愛知県の絶滅危惧植物――』によると，絶滅が懸念されている種は，自然林における 58 種よりも，二次林に生育するものの方が 78 種と多いとされている．このことは，里山の二次林の消失や，二次林の遷移が進んでいることによると指摘されている．しかし，1960 年代以降の高度成長期以後の極度の乱開発が，普通に見られた植物や昆虫を絶滅の危機に追いやっていることも確かである．また，絶滅危惧植物は湿地や草地に生育するものが多いという報告もある（藤井 1999）．このような種の絶滅の危機に対して，植物の種の標本の大切さが訴えられている（高木 1979）．それぞれの地域ごとに，植物相をきちんと押さえて，その変化をモニターすることは生存の危うい種を絶滅の危機から守る上で必要なことであるが，それだけではなく，次に述べるように，それらの植物が分布している生育環境を保全するという視点が重要である．

　上記のような絶滅の危機にある種を保護しようとするとき，その種の生育環境がはっきりしている場合は，保護の目標は容易である．例えば，湿地性の植物であれば，湿地という生育環境を保全することは，絶滅の危機にある種の保護にもつながる．しかしながら，生物は常に他種との競争にさらされているので，そのようなシステムを通じて保護しようとするのはそう容易ではない．さらに，次項で触れる冗長性という概念を取り入れてそのような保護に生かすことが必要である．保護しようとする種にのみ注目するのではなく，他種をも含めた比較的広い生育環境を保全するのである．従来のアセスメントにおける保護の傾向は，貴重種のみに配慮すれば済むというものであった．これからは，

貴重種のみでなく，その生育環境と一体となった保全という視点をとくに重視する必要がある．

4-5-3 群集の保全

上記のように，個々の種を保護する場合，それぞれの植物や種は，他種と競争しながら生存しているという側面を考慮する必要があることを述べた．他種との競争が大きく関わっている場合は，長期的なタイムスケールにおける個体群の変動を考慮しなければならない．それぞれの種の個体群は，局所的なレベルでは，個体群の増大や縮小，分布拡大や消滅という変動を繰り返しながら存在していると考えられる．このような個体群の変動を繰り返しながら種が存続するためには，生活空間の冗長性がきわめて重要な役割を果たしていると考えられる．冗長性というのは，本来は，群集における機能的に類似した種が多く存在することであるが (Chapin *et al*. 1997)，類似した群集の空間的な広がりにも適用し得るであろう．生活空間が最小限しか存在しないと，その中のある種の個体群が消滅した場合，その個体群の周辺からの移住による回復が不可能となる．したがって，種の集まりとしての群集を対象とした場合，保全する面積は出来るだけ広く維持することが望ましい．

また，鷲谷（2001）は，その最新の生態学理論を分かりやすく示した『生態系を蘇らせる』という本の中で，生態系のダイナミックな特性を考慮し，人間による干渉に対する自然の反応をフィードバックさせた順応的管理という方法を提案している．この順応的管理（adaptive management）というのは，もともとは資源としての鳥獣を捕獲して利用する場合に，調査を行い，さらなる捕獲の際にそのデータをフィードバックさせて，過剰な捕獲によって資源が枯渇するのを防ぐことが目的であった (Sutherland 2000)．この順応的管理という方法は，複雑な群集や生態系の保全においても，今後大きな役割を果たすことが期待し得る．この順応的管理を行うためには，たえずモニタリングを行うことが必要である（倉本・麻生 2001）．

トピックス

タケとササの問題

　タケとササは，生殖器官がイネ科と類似性が高いので，イネ科として取り扱われる場合が多いが，鈴木（1978）は，タケとササでは葉身と葉柄の間に節があって離脱しやすい等の性質をもとに，タケとササをイネ科から独立させてタケ科としている．鈴木によれば，タケとササの区別は，稈鞘（竹の皮）が早落性のものをタケ，宿存性のものをササとして一応区別し得ると言う．

　タケは一部には日本原産のものもあるが，その多くは中国や東南アジアから移入したものであるのに対して，ササは日本固有のものが大部分である（鈴木 1978）．ササはとくに落葉広葉樹林に多く生育し，山地帯のブナ林にはチシマザサが低木層を占める．日本海側と太平洋側では，冬の積雪量が異なり，それに応じて生育するササにも違いが認められる．有名なのはミヤコザサ線と言い，平均最高積雪が 50 cm を境として，積雪の少ない地域にミヤコザサが分布し，多い地域にはチマキザサのなかまが分布するというすみ分けが見られる．

　タケやササは，人間生活と密接に関わってきたが，近年タケやササをあまり利用しないことと関連して，その管理上の大きな問題が生じている．

　関東地方では，雑木林を伐採した後，適度に管理を行わないと，2 m 以上にも達するアズマネザサが密生してしまう（広井 2001）．関東地方の平野部から丘陵地帯にかけては，火山灰である関東ローム層からなっており，ササが地下茎で繁殖しやすく，林床全体を覆ってしまう事態も生じる．東海地方の砂礫層地帯では，土地が痩せている場合が多いので，ササの繁茂はそれほど著しくない．しかし，近年は，マダケやモウソウチクが進出して，雑木林を衰退させている姿をあちこちで見かける．竹林の場合

雑木林を駆逐した竹林が中央より左手に広がる．

は，タケノコを採取することで管理されてきたのだが，近年，放置されるようになったことがタケが雑木林を駆逐しだした大きな要因である．タケは，節ごとに細胞分裂能力を有する組織があり，分裂した細胞は，あとは水を吸収するだけで伸長することが出来る．そのため，春先に出たタケノコは，わずかな期間で雑木林の隙間から樹冠に到達してしまうことが可能なのである．

　比較的最近，行政も竹林の管理に乗り出した例がある．名古屋市は，相生山緑地（名古屋市天白区）において，モウソウチク林の管理を試みている．しかしながら，その方法は市民を排除して竹の密度を管理しようとするものである．市民がタケノコを採ることを通じて竹林の管理がなされる道も探るべきであろう．

　このようなタケやササの管理は，里山の保全にとって重要な課題である．

モウソウチクが進出して，落葉広葉樹が負けそうになっている．

終章
里山生態系の保全のための提言

　これまでの章において，里山の雑木林や湿地の成り立ちについて，あるいは動物や菌類と里山との関連について述べるとともに，里山の保全に関する具体例やその方策についても触れてきた．経済の高度成長期と重なる燃料革命が雑木林の価値をおとしめ，雑木林は開発の波にさらされており，里山の消失にはいまだ有効な対策が打ち出せないでいる．環境基本法において，二次的自然の重要性は指摘されたものの，その具体的な方策はまだ模索中である．本書を終えるにあたって，今後の里山保全の大まかな方向性について述べておきたい．

　里山生態系の保全に関しては，農林業との関わりと，都市近郊の人里周辺における保全のあり方と，大きく二つの異なる観点があることを指摘し得るであろう．従来行われていたような炭焼き等の雑木林の利用を通じて雑木林の保全を図る，あるいは水田での米づくりを通じて人里の自然を保全する運動もあるであろう（田端 1997；宮崎 2000）．しかし，従来の農林業との関わりを越えて，都市住民による生態学的な二次的自然の保全も可能であることを指摘しておきたい．また，吉良（2001）は，里山のすべてを現状のまま維持することは出来そうもないので，一部は二次林として維持しながらも，他は放置して自然の遷移にまかせることを提唱している．人為的な干渉から解き放たれたとき，里山生態系がどのように変化するかということは，今後の重要な生態学的な研究課題である．

　現在，多くの人が，人間と自然の関わりの重要性に目覚め，このことを環境教育という観点から捉えようとしている（例えば広井 2001）．従来，自然の価値については，人間生活上の効用や経済的な価値の観点から論ぜられることが多かった．しかし，これらの価値とは直接関わりのない倫理的な価値の側面も

存在する（宮脇 1982；石井 1993）．倫理的な価値とは，本来，人間どうしの関わりの中で生まれるものであるが，自然との関わりをどのように捉えるかという人間の規範としての価値判断も存在し得る．武田（1993）は，自然自体に価値が存在するのではなく，人間の生存条件との関係においてのみ，自然の存在は規範的価値をもち得る，と指摘している．私たちが住んでいるこの地球上における生態系の進化と，私たち人類の進化に目を向けるならば，地球上の生態系は，私たち人類の生存の基盤であることは明白であるが，現代の人間社会の地球環境に及ぼす影響の計り知れない甚大さは，ますますそのことを多くの人に認識させざるを得ない．このような倫理的な観点を考慮するならば，原生的な自然や貴重種の重要性もさることながら，子供のうちから何気ない身近な自然に接して，そのミクロな自然が地球生態系と複雑に関わり合っているという認識を育むことが肝要である．

　地域における今後の里山保全のあり方について言えば，その生態学的な背景について深く認識を深めることの重要性が指摘し得る．従来，行政による保全対策は，安易に自然を管理しようとする傾向が強かったと言わざるを得ない．このことは，自然の複雑さに対する無知に由来するものであった点は否めない．私たちの力で自然が思うように管理し得ると考えることは甚だしい思い上がりである．本書においても，生態系の複雑さについて述べたが，鷲谷（2001）も，同様のことを指摘している．目的をもって，計画的に自然に働きかけることは重要であるが，そのように計画的に働きかけたとしても，管理し得るのは自然のごく一部に過ぎず，予測しない事柄が絶えず生じ得る．第4章で述べた順応的管理が提唱されるゆえんである．薪炭林として利用されてきた雑木林は，本書で解明した森林再生のメカニズムに従い，長年の経験的な知恵に基づいて維持されてきたものである．しかしながら，その雑木林の維持は，一定の限度内で可能だったのであり，過度の利用は禿げ山を生じさせ，その結果として災害に結びついた場合のあることはすでに述べたとおりである．私たち人間は，自然に働きかけると同時に，その結果としての自然の応答や，人間の意図を越えた自然の働きを常にモニターすることが必要であろう．

　生物の多様性を保全するための大まかな原則が提唱されている．羽山

(1993) は，次の三つの原則を指摘している．それは(1)出来るだけ広い面積を残す，(2)分断された緑地をつなぐ，(3)生態系の中で個々の種の進化を保証する，というものである．この三つ目に関しては，「遺伝的変異を保証する」と言いかえた方がよいが，撹乱を受けても容易に回復する生態系（鷲谷 2001）の維持のためには，これら三つの原則はきわめて重要な視点である．これらのことを考慮するならば，他に似たような自然が存在するという理由で，一見何気ない自然を安易に開発の対象としてしまうわけにはいかないのは明白である．近年の甚だしい開発によって，多くの自然が質の低下をきたしてしまったと推測し得る今日，開発をしようとする人間社会の制御そのものが重要な課題となるであろう．

　これからの生態学的に重要な課題としては，(1)スケールの問題，(2)レベルの問題，さらに(3)変動性の問題の三つが挙げられよう．まず，スケールの問題を考える上で，猛禽類はそのよい例である．イヌワシやオオタカでは，地域的な保護活動の全国的なネットワーク作りが進んでいる．このことは，地方自治体間の連携はもちろんのこと，国と地方自治体の間の連携も必要であることを示している．

　次に，レベルの問題であるが，例えばオオタカのような猛禽類の保護とギフチョウのような昆虫の保護との関係はどのようなものであろうか．これまで個別に扱ってきた異なる生物群を一体のものとして把握することは可能であろうか．個別の保護事例を積み上げることも重要であるが，生態系という視点に立てば，それらの相互関連が明らかにされねばならない．例えば森林の一部を伐採すると，それがオオタカとギフチョウにどのように影響を及ぼすのかは不明である．

　最後に，変動性に関しては，今のところまったく分かっておらず，研究はこれからである．例えばハンノキやサクラバハンノキは，つねに裸地化が生じる地域でなければ存続し得ない．現存する親個体は必ず寿命がきて消滅せざるを得ない．はたして，そのような変動する環境そのものを維持することが可能であろうか．変動する自然そのものがどのように成り立っているかについても明らかにすることが求められている．さらに重要なことは，変動性を把握するた

めにはどのような情報が必要かを明らかにすることである．複雑なシステムを扱う生態学は，まだ揺籃の時期にあるのであるから．

　最後に，これからの里山の保全を進めるためには，行政と学者・研究者が住民や市民を無視して事を進めることは望ましくない．本書の第4章で，愛知万博に関して，行政・市民・研究者による検討会議がもたれた事例に触れているが，必ずしも十分なものであったとは言えない．今後，住民あるいは市民と行政が対等に意見を交換しあうことが必要であり，学者や研究者は，専門的な立場からそれを援助するというのが望ましい姿と言える．

引用文献

序章

Beatty, J. (1995) The Evolutionary Contingency Thesis. In "Concepts, Theories, and Rationality in the Biological Sciences" (ed. by Wolters, G. and Lennox, J. G.) pp. 45-81. The Second Pittsburgh-Konstanz Colloquium in the Phillosophy of Science. University of Pittsburgh, October 1-4, 1993. University of Pittsburgh, Pittsburgh.

Clements, F. E. (1916) "Plant Succession: An analysis of the development of vegetation" The Carnegie Institution of Washington, Washington.

Clements, F. E. (1928) "Plant succession and indicators" The H. W. Wilson Company, New York.

Dodson, S. I., Allen, T. F. H., Carpenter, S. R., Ives, A. R., Jeanne, R. L., Kitchell, J. F., Langston, N. E. and Turner, M. G. (1998) "Ecology" Oxford University Press, Oxford.

Drury, W. H. and Nisbet, I. C. T. (1973) Succession. Journal of the Arnold Arboretum 54: 331-368.

Finegan, B. (1984) Forest succession. Nature 312: 109-114.

Harper, J. L. (1967) A darwinian approach to plant ecology. Journal of Ecology 55: 247-270.

Harper, J. L. and Ogden, J. (1970) The reproductive strategy of higher plants I. The concept of strategy with special reference to *Senecio vulgaris* L. Journal of Ecology 58: 681-698.

樋口広芳編 (1996)『保全生物学』東京大学出版会,東京.

伊藤嘉昭 (1973)『比較生態学』(増補版) 岩波書店,東京.

吉良竜夫 (2001)『森林の環境・森林と環境—地球環境問題へのアプローチ—』新思索社,東京.

Larcher, W. (1995) "Physiological Plant Ecology" (3rd ed.) Springer, New York.

Leakey, R. and Lewin, R. (1995) "The Sixth Extinction" Doubleday, New York.

Lindeman, R. L. (1942) The trophic-dynamic aspect of ecology. Ecology 23: 399-418.

マッキントッシュ, R. P. (1989)『生態学—概念と理論の歴史—』(大串隆之・井上弘・曽田貞滋訳) 思索社,東京.

松田浩之 (2000)『環境生態学序説』共立出版,東京.

森主一 (1997)『動物の生態』京都大学学術出版会,京都.

Odum, E. P. (1971) "Fundamentals of Ecology" (3rd ed.) Toppan, Tokyo.
Pickett, S. T. A. (1976) Succession: An evolutionary interpretation. The American Naturalist 110: 107-119.
Pickett, S. T. A. (1980) Non-equilibrium coexistence of plants. Bulletin of the Torrey Botanical Club 107: 238-248.
プリマック, R. B.・小堀洋美 (1997)『保全生物学のすすめ―生物多様性保全のためのニューサイエンス―』文一総合出版, 東京.
Ricklefs, R. E. and Miller, G. L. (1999) "Ecology" (4th ed.) W. H. Freeman and Company, New York.
Reice, S. R. (1994) Nonequilibrium determinants of biological community structure. American Scientist 82: 424-435.
四手井綱英 (1995)『森に学ぶ』海鳴社, 東京.
武内和彦・鷲谷いづみ・恒川篤史編 (2001)『里山の環境学』東京大学出版会, 東京.
Tansley, A. G. (1935) The use and abuse of vegetational concepts and terms. Ecology 16: 284-307.
鷲谷いづみ・矢原徹一 (1996)『保全生態学入門―遺伝子から景観まで―』文一総合出版, 東京.
山中二男 (1979)『日本の森林植生』築地書館, 東京.

第1章

文化庁 (1973)「天然記念物緊急調査　植生図・主要動植物地図　23 愛知県」財団法人国土地理協会, 東京.
千葉徳爾 (1973)『はげ山の文化』学生社, 東京.
Fineschi, S., Taurchini, D., Villani, F. and Vendramin, G. G. (2000) Chloroplast DNA polymorphism reveals little geographical structure in *Castanea sativa* Mill. (Fagaceae) throughout southern European countries. Molecular Ecology 9: 1495-1503.
畑中健一・野井英明・岩内明子 (1998) 九州地方の植生史.『図説日本列島植生史』pp. 151-161. 朝倉書店, 東京.
日比野鉱一郎・竹内貞子 (1998) 東北地方の植生史.『図説日本列島植生史』pp. 62-72. 朝倉書店, 東京.
広木詔三 (1982) 愛知県小原村の花崗岩地帯における二次林の動態. 名古屋大学教養部紀要 B (自然科学・心理学) 26: 85-102.
広木詔三 (1986) 群集構造論の試み―森林群集を中心にして―. 個体群生態学会報 42: 13-23.
広木詔三 (1990) 岐阜県山岡町のゴルフ場予定地における植生. 環境と創造 9: 62-66.
Hiroki, S. (2001) Invasion of *Quercus glauca* and *Castanopsis cuspidata* seedlings into

secondary forests on the western slope of Mt. Miroku and adjacent hill in Kasugai City, Aichi Prefecture, Japan. Vegetation Science 18: 31-37.

広木詔三・市野和夫（1991）果実の形態から見たスダジイとツブラジイの分布. 植物地理・分類研究 39: 79-86.

Hiroki, S. and Ichino, K. (1998) Comparison of growth habits under various light conditions between two climax species, *Castanopsis sieboldii* and *Castanopsis cuspidata*, with special reference to their shade tolerance. Ecological Research 13: 65-72.

広木詔三・小林悟志（2001）名古屋市とその周辺の丘陵地帯におけるシイ類の分布の再検討. 情報文化研究 13: 1-8.

堀川侃（1981）序論.「地域社会の変貌と再編―小原村の過疎と崩災を中心に―」pp. 5-10. 名古屋大学教養部「東海研究」発行.

穂積正一（1975）二次林構成樹種の動態に関する生態学的研究. 東北大学理学研究科修士論文.

市川健夫・斎藤功（1985）『再考 日本の森林文化』（NHK ブックス 481）日本放送出版協会, 東京.

井波一雄（1966）岐阜県の植物分布地理概説.『岐阜県の植物』（岐阜県の植物刊行会編）pp. 25-84. 大衆書房, 岐阜.

石塚和雄（1966）萌芽林における萌芽の発生, 生長および自然間引きについて―萌芽林の生態学的研究 1 ―.「生物群集における相互作用」（加藤陸奥雄編）pp. 19-40.

石塚和雄（1968）岩手県におけるコナラ二次林とミズナラ二次林の分布, および北上山地の残存自然林の分布について.「一次生産の場となる植物群集の比較研究」文部省科学研究費特定研究『生物圏の動態』昭和 42 年度報告. pp. 153-163.

伊藤秀三・川里弘孝（1978）わが国における二次林の分布.「吉岡邦二博士追悼 植物生態論集」（吉岡邦二博士追悼論文集出版会編）pp. 281-284. 東北植物生態談話会.

Johnson, W. C. and Webb, T. III (1989) The role of blue jays (*Cyanocitta cristata* L.) in the postglacial dispersal of fagaceous trees in eastern North America. Journal of Biogeography 16: 561-571.

菊池多賀夫（2001）『地形植生誌』東京大学出版会, 東京.

岸本定吉（1976）『炭』丸ノ内出版, 東京.

吉良竜夫（1949）日本の森林帯. 林業解説シリーズ 17, 日本林業技術協会, 東京.

吉良竜夫（1976）『自然保護の思想』人文書院, 東京.

吉良竜夫（2001）『森林の環境・森林と環境―地球環境問題へのアプローチ―』新思索社, 東京.

Kira, T. (1977) A climatological interpretation of Japanese vegetation zones. In "Vegetation Science and Environmental Protection" (ed. by Miyawaki, A. and Tuxen, R.) pp. 21-30. Maruzen, Tokyo.

小林悟志 (1999) 愛知県豊川市財賀寺におけるツブラジイとスダジイの雑種個体群の解析. 名古屋大学大学院人間情報学研究科修士論文.
小山修三 (1996)『縄文学への道』(NHK ブックス 769) 日本放送出版協会, 東京.
Kusumoto, T. (1957) Physiological and ecological studies on the plant production in plant communities. 4. Ecological studies on the apparent photosynthesis curves of evergreen broad-leaved trees. The Botanical Magazine 70: 299-304.
前田保夫 (1980)『縄文の海と森』蒼樹書房, 東京.
松原輝男・広木詔三 (1980) ブナ科植物の生態学的研究 II. アベマキの分布と種子期の性質. 日本生態学会誌 30: 85-98.
Matsubara, T. and Hiroki, S. (1985) Ecological studies on the plants of Fagaceae. IV. Reserve materials in roots and growth till five years old in *Quercus variabilis* Blume. Japanese Journal of Ecology 35: 329-336.
Matsubara, T. and Hiroki, S. (1989) Ecological studies on the plants of Fagaceae. V. Growth in the sapling stage and minimal participation of reserve materials in the formation of annual new shoots of the evergreen *Quercus glauca* Thunb. Ecological Research 4: 175-186.
松下まり子 (1988) 新宮 (紀伊半島) および室戸岬の完新生植生史—とくにシイ林の成立について. 日本生態学会誌 38: 1-8.
松下まり子 (1989) 御前崎榛原町周辺の後氷期における植生変遷史. 日本生態学会誌 39: 183-188.
松下まり子 (1990) 伊豆半島松崎低地の後氷期における植生変遷史. 日本生態学会誌 40: 1-5.
松下まり子 (1991) 銚子半島高神低地の後氷期における植生変遷史. 日本生態学会誌 41: 19-24.
松下まり子 (1992) 日本列島太平洋岸における完新世の照葉樹林発達史. 第四紀研究 31: 375-387.
Miyaki, M. and Kikuzawa, K. (1988) Dispersal of *Quercus mongolica* acorns in a broadleaved deciduous forest 2. Scatterhording by mice. Forest Ecology and Management 25: 9-16.
中川治美 (1997) 第 1 節 大型植物遺体.「琵琶湖開発事業関連埋蔵文化財発掘調査報告書 1 粟津湖底遺跡第 3 貝塚 (粟津湖底遺跡 I) 本文編」pp. 232-269. 滋賀県教育委員会・財団法人滋賀県文化財保護協会.
中尾佐助 (1966)『栽培植物と農耕の起源』(岩波新書 583) 岩波書店, 東京.
新美倫子・廣木詔三 (2000) 愛知県における野生クリ (*Castanea crenata*) の生産量に関する予備的研究(1). 動物考古学 15: 33-46.
西田正規 (1974) 遺跡出土炭化材の樹種同定について. 人類学雑誌 81: 277-285.
西田正規 (1976) 和泉陶邑と木炭分析.「大阪府文化財調査報告書第 28 輯 陶邑 I—本文

編一」pp. 178-187. 大阪府教育委員会.
西田正規(1983)歴史生態人類学—とくにヒトと植物の関係—. 『現代のエスプリ別冊 現代の人類学生態人類学』pp. 58-70. 至文堂, 東京.
野本宣夫・田柳勝男(1983)暖温帯・冷温帯両域にわたる森林の植生連続的考察. 『現代生態学の断面』(沼田真教授退官記念論文集, 現代生態学の断面編集委員会編) pp. 221-228. 共立出版, 東京.
野嵜玲児・奥富清(1990)東日本における中間温帯性自然林の地理的分布とその森林帯的位置づけ. 日本生態学会誌 40: 57-69.
岡田康博(2000)『遙かなる縄文の声—三内丸山を掘る—』(NHK ブックス 844)日本放送出版協会, 東京.
小澤普照(1996)『森林持続政策論』東京大学出版会, 東京.
酒井暁子(2000)萌芽をだしながら急斜面に生きるフサザクラ. 『森の自然史—複雑系の生態学—』(菊沢喜八郎・甲山隆司編) pp. 75-95. 北海道大学図書刊行会, 札幌.
Sakai, A., Ohsawa, T. and Ohsawa, M. (1995) Adaptive significance of sprouting of *Euptelea polyandra*, a deciduous tree growing on steep slopes with shallow soil. Journal of Plant Research 108: 377-386.
佐々木高明(1971)『稲作以前』(NHK ブックス 147)日本放送出版協会, 東京.
佐藤洋一郎(2000)『縄文農耕の世界—DNA 分析で何がわかったか—』(PHP 新書 125) PHP 研究所, 東京.
四手井綱英(1995)『森に学ぶ』海鳴社, 東京.
塩崎平之助(1981)小原村の自然環境と山崩れ.「地域社会の変貌と再編—小原村の過疎と崩災を中心に—」pp. 53-65. 名古屋大学教養部「東海研究」発行.
庄司幸助(1989)『ブナが消える—四季の自然林を歩く—』新日本出版社, 東京.
田端英雄編著(1997)『エコロジーガイド 里山の自然』保育社, 東京.
高木典雄・高橋千裕・松原輝男・広木詔三(1977)名古屋大学の植生(1)樹木相と樹林構造. 名古屋大学教養部紀要 B (自然科学・心理学) 21: 93-111.
高原光(2000)森林植生の歴史—原生林から二次林への変化—. 『環境保全と交流の地域づくり—中山間地域の自然資源管理システム—』(宮崎猛編著) pp. 63-73. 昭和堂, 京都.
立石友男(1981)庄内平野における海岸砂丘林の造成. 『自然と人間のかかわり』(澤田清編) pp. 163-174. 古今書院, 東京.
Totman, C. (1989) "The green archipelago: Forestry in Pre-Industrial Japan" Ohio University Press, Ohio.
Toyohara, G. (1984) A phytosociological study and a tentative draft on vegetation mapping of the secondary forests in Hiroshima Prefecture with special reference to pine forests. Journal of Science of Hiroshima University, Ser. B, Div. 2 19: 131-170.

辻誠一郎（1996）植物相からみた三内丸山遺跡．「青森県埋蔵文化財調査報告書第 205 集 三内丸山遺跡VI」pp. 81-83. 青森県教育委員会．
辻誠一郎編（2000）『考古学と植物学』同成社，東京．
塚田松雄（1974）『古生態学II―応用編―』共立出版，東京．
渡辺誠（1977）『縄文時代の植物食』（考古学選書 13, 再版）雄山閣出版，東京．
山岸清隆（2001）『森林環境の経済学』新日本出版社，東京．
山中二男（1966）シイノキについての問題と考察．高知大学教育学部研究報告 18: 65-73.
山中二男（1979）『日本の森林植生』築地書館，東京．
安田喜憲（1978）大阪府河内平野における過去一万三千年間の植生変遷と古地理．第四紀研究 16: 211-229.
安田喜憲・三好教夫（1998）『図説日本列島植生史』朝倉書店，東京．
依光良三（1999）『森と環境の世紀―住民参加システムを考える―』日本経済評論社，東京．
吉川昌伸（1997）第 3 節 粟津湖底遺跡第 3 貝塚の花粉化石群．「琵琶湖開発事業関連埋蔵文化財発掘調査報告書 1 粟津湖底遺跡第 3 貝塚（粟津湖底遺跡 I）本文編」pp. 284-297. 滋賀県教育委員会・財団法人滋賀県文化財保護協会．
吉岡邦二（1942）三宅島の植物群落．生態学研究 8: 129-146.

第 2 章

愛知県（1978）「葦毛湿原調査報告書―1978―」愛知県環境部自然保護課．
愛知県植物誌調査会編（1996）「植物からの SOS―愛知県の絶滅危惧植物―」．
愛知県緑化センター（1979）ヒトツバタゴの発芽試験．緑化短信 9: 4-5.
浅井直人・広木詔三（1997）シデコブシの繁殖特性と生育環境．情報文化研究 5: 101-115.
Clements, F. E. (1916) "Plant Succession: An analysis of the development of vegetation" The Carnegie Institution of Washington, Washington.
Clements, F. E. (1928) "Plant succession and indicators" The H. W. Wilson Company, New York.
Cooper, W. S. (1913) The climax forest of Isle Royale Superior, and its development. Botanical Gazette 55: 1-44.
Добрынин, А. П. (2000) "Дубовые Леса Росссийского Дальнего Востока (Биология, География, Происхождение)" Дальнаука, Владивосток.
Drury, W. H. and Nisbet, I. C. (1973) Succession. Journal of the Arnold Arboretum 54: 331-368.
Finegan, B. (1984) Forest succession. Nature 312: 109-114.
冨士田裕子（1997）北海道の湿原の現状と問題点．「北海道の湿原の変遷と現状の解析 湿原の保護を進めるために」（北海道湿原研究グループ編）pp. 231-237. 自然保護助成基金．

冨士田裕子・高田雅之・金子正美（1997）北海道の現存湿原リスト．「北海道の湿原の変遷と現状の解析　湿原の保護を進めるために」（北海道湿原研究グループ編）pp. 3-14. 自然保護助成基金.

Givnish, T. J. (1989) Ecology and evolution of carnivorous plants. In "Plant-Animal Interactions" (ed. by W. G. Abrahamson) pp. 243-290. Mcgraw-Hill Book Company, New York.

Gore, A. J. P. (1983) Introduction. In "Ecosystems of the world 4A Mires: swamp, bog, fen and moor" (ed. by Gore, A. J. P.) pp. 1-34. Elsevier Scientific Publishing Company, Amsterdam.

後藤稔治・菊池多賀夫（1997）東海地方の丘陵地にみられるシデコブシ群落とその立地について. 日本生態学会誌, 47: 239-247.

後藤稔治・広木詔三（2001）大根山湿地（岐阜県恵那市飯地町）の植生. 植物地理・分類研究 49: 57-62.

Hada, Y. 1984. Phytosociological studies on the moor vegetation in the Chugoku District, S. W. Honshu, Japan. Bull. Hiruzen Research Institute, Okayama University of Science 10: 73-110.

波田善夫・本田稔（1981）名古屋市東部の湿原植生. ヒコビア，補遺 1: 487-496.

波田善夫・中村康則・能美洋介（1999）海上の森の自然：多様性を支える地質と水. 保全生態学研究 4: 113-123.

浜島繁隆（1976）愛知県・尾張地方の小湿原の植生(1). 植物と自然 10(5): 22-26.

広木詔三（1986）群集構造論の試み―森林群集を中心として―. 個体群生態学会報 42: 13-23.

広木詔三（1995）シデコブシとサクラバハンノキの更新およびその立地としての地形特性. 情報文化研究 1: 1-16.

広木詔三（2000）愛知県犬山市の天然記念物指定地内ヒトツバタゴ林におけるヒトツバタゴ種子生産の豊凶と実生の生残. 情報文化研究 12: 19-27.

広木詔三・礒井俊行・平野真也（2001）モンゴリナラの生育環境と根の発達の解析. 情報文化研究 14: 1-8.

広木詔三・清田心平（2000）愛知県春日井市の東部丘陵の砂礫層地帯における湿地植生とその成因. 情報文化研究 11: 31-49.

本田稔（1977）大森湿原の植生―金城台の自然(4)―. 金城学院大学論集（家政学篇）17: 9-24.

飯沼慾斎（1977）『草木図説　木部（上・下）』（北村四郎編注）保育社，東京.

池田芳雄（1990）地形・地質・気象・水収支.「葦毛湿原調査報告書」pp. 1-14. 豊橋市教育委員会.

生原喜久雄（1992）森林流域における渓流水質の形成.『森林水文学』（塚本良則編）pp. 215-238. 文永堂出版，東京.

井波一雄(1956)シラタマホシクサの分布について.北陸の植物5: 122-125.
井波一雄(1959)シデコブシの野生とその分布.植物趣味20(1): 10-14.
井波一雄(1960)愛知県植物地理概論.北陸の植物8: 118-127.
井波一雄(1966)岐阜県の植物分布地理概説.『岐阜県の植物』(岐阜県の植物刊行会編) pp. 25-84.大衆書房,岐阜.
井波一雄(1971)尾張の植物.『愛知の植物』(愛知県高等学校生物教育研究会) pp. 29-47.愛知県高等学校生物教育研究会.
伊豆田猛(2001)森林生態系における窒素飽和とその樹木に対する影響.大気環境学会誌36: A 1-A 13.
Jackson, S. T., Futyma, R. P. and Wilcox, D. A. (1988) A paleoecological test of a classical hydrosere in the Lake Michigan dunes. Ecology 69: 928-936.
河原孝行・吉丸博志(1995)シデコブシとその遺伝的変異.プランタ39: 9-13.
菊池多賀夫(1994)藤七原シデコブシ生育地の地形.「田原町指定天然記念物藤七原湿地植物群落調査報告書」pp. 7-10.愛知県渥美郡田原町教育委員会.
菊池多賀夫・植田邦彦・後藤稔治・佐藤徳次・高橋弘・高山晴夫・中西正・成瀬亮司・浜島繁隆(1991)「周伊勢湾要素植物群の自然保護」(自然保護助成事業報告書 助成No. 8806)財団法人世界自然保護基金日本委員会,東京.
北村四郎・村田源(1979)『原色日本植物図鑑 木本編II』保育社,東京.
清田心平(1998)本州中部のヒトツバタゴ自生地におけるその生育環境の研究.名古屋大学情報文化学部卒業論文.
清田心平(1999)尾張丘陵における湿地とその成因.名古屋大学大学院人間情報学研究科修士論文.
清田心平・広木詔三(1998)本州中部におけるヒトツバタゴの生育環境とヒトツバタゴとシデコブシのすみ分け.情報文化研究8: 69-77.
Komiya, S. and Shibata, C. (1978) Distribution of the Droseraceae in Japan. Bull. Nippon Dent. Univ. Gen. Educat. 7: 169-205.
Komiya, S. and Shibata, C. (1980) Distribution of the Lentibulariaceae in Japan. Bull. Nippon Dent. Univ. Gen. Educat. 9: 163-212.
倉内一二(1973)植物群落の遷移.『図説植物生態学』(沼田真編) pp. 129-188.朝倉書店,東京.
倉内一二・中西正(1990)植生.「葦毛湿原調査報告書」pp. 15-86.豊橋市教育委員会.
Kusumoto, T. (1957) Physiological and ecological studies on the plant production in plant communities 4. Ecological studies on the apparent photosynthesis curves of evergreen broad-leaved trees. The Botanical Magazine 70: 299-304.
牧野富太郎(1967)『牧野新日本植物図鑑』北隆館,東京.
Matthews, G. V. T. (1993) "The Ramsar Convention; its history and development" Ramsar Convention Bureau, Gland.

Miles, J. (1979) "Vegetation Dynamics" Chapman and Hall, London.
南谷忠志（1985）宮崎県高鍋台地の植物. 植物と自然 19 (14): 28-31.
宮脇昭・藤原一繪（1970）「尾瀬ケ原の植生」国立公園協会.
宮脇昭編（1985）『日本植生誌 中部』至文堂，東京.
森山昭雄（1987）木曽川・矢作川流域の地形と地殻変動. 地理学評論 60 (ser. A): 67-92.
森山昭雄（2000）瀬戸市南東部，海上の森の地形・地質と湿地生態系―万博アセスの批判的検討―. 保全生態学研究 5: 7-41.
森山昭雄・丹羽正則（1985）土岐面・藤岡面の対比と土岐面形成に関連する諸問題. 地理学評論 58 (Ser. A): 275-294.
向井昭（2001）異なる生育地におけるアカマツの菌根についての研究. 名古屋大学人間情報学研究科修士論文.
邑上益郎（1984）『対馬の花 I　陸橋の島の植物相』葦書房，福岡.
永益英敏（1992）クロミノニシゴリの分布. 植物分類地理 43: 169-170.
長崎県上対馬町教育委員会（1998）「国指定天然記念物鰐浦ヒトツバタゴ自生地保存管理計画策定書」長崎県上対馬町教育委員会.
中村俊之・植田邦彦（1991）東海丘陵要素の植物地理 II. トウカイコモウセンゴケの分類学的研究. 植物分類，地理 42: 125-137.
中西正（2000）「葦毛湿原調査報告書III」豊橋市教育委員会.
中西正・倉内一二（1994）「葦毛湿原調査報告書II」豊橋市教育委員会.
日本の地質「中部地方II」編集委員会編（1988）『日本の地質 5　中部地方II』（山下昇・粕野義夫・糸魚川淳二代表編集委員）共立出版，東京.
日本シデコブシを守る会（1996）「シデコブシの自生地」日本シデコブシを守る会.
Noshiro, S. and Fujine, H. (1997) Holocene fossil woods of *Chionanthus retusus* Lindl. et Paxton from southern Gifu Prefecture, central Japan. Japanese Journal of Historical Botany 5(1): 39-42.
沼田真・岩瀬徹（1975）『図説日本の植生』朝倉書店，東京.
Ohba, H. (2006) Fagaceae. In "Flora of Japan. Volume IIa" (ed. by Iwatsuki, K., Boufford, D. E. and Ohba, H.) pp. 42-60. Kodansha, Tokyo.
恩田裕一（1996）地中水の湧出に伴う侵食と船底型の谷の形成.『水文地形学　山地の水循環と地形変化の相互作用　』（恩田裕一　・奥西一夫・飯田智之・辻村真貴編）pp. 208-216. 古今書院，東京.
大井次三郎（1992）『新日本植物誌顕花編』（北川政夫改訂）至文堂，東京.
太田敬久（1983）ヒトツバタゴの雌雄性. 椙山女学園大学研究論集 14: 179-191.
太田敬久（1991）ヒトツバタゴの発生形態学（予報）―花芽形成から種子発芽まで―. 椙山女学園大学研究論集 22: 315-329.
太田敬久・石岡孝吉（1990）ヒトツバタゴ自生地の地質学的概査ならびに自生地がごく限定されることと地質との対応について. 椙山女学園大学研究論集 21: 263-285.

斉藤員郎（1977）湿原.『群落の分布と環境』（石塚和雄編）pp. 242-261. 朝倉書店, 東京.
Sakaguchi, Y. (1961) Paleogeographic studies of peat bogs in northern Japan. Journal of the Faculty of Science, University of Tokyo, Sec. 2 12: 421-513.
Sakaguchi, Y. (1979) Distribution and Genesis of Japanese Peatlands. Bulletin of the Department of Geography University of Tokyo 11: 17-42.
真田勝・太田誠一・大友玲子・真田悦子（1991）札幌近郊におけるトドマツ，エゾマツ人工林の樹幹流・林内雨および林外雨について. 森林立地 33: 8-15.
真田勝・大友玲子・真田悦子・太田誠一（1992）札幌近郊の造林地における林内外雨の樹種特性について. 日本林学会大会発表論文集 103: 257-258.
佐々朋幸・後藤和秋・長谷川浩一・池田重人（1991）盛岡市周辺の代表的森林における林外雨，林内雨，樹幹流の酸性度ならびにその溶存成分―樹種による樹幹流のpH固有値―. 森林立地 32: 43-58.
佐竹義輔・原寛・亘理俊次・冨成忠夫（1989）『日本の野生植物 木本Ⅰ』平凡社, 東京.
瀬沼賢一（1998）美濃-三河地域の低湿地植生. 植生学会誌 15: 47-59.
鹿園直建（1997）『地球システムの化学』東京大学出版会, 東京.
塩崎平之助（1981）小原村の自然環境と山崩れ.「地域社会の変貌と再編―小原村の過疎と崩災を中心に―」pp. 53-65. 名古屋大学教養部「東海研究」発行.
Singer, D. K., Jackson, S. T., Madsen, B. J. and Wilcox, D. A. (1996) Differentiating climatic and successional influences on long-term development of a marsh. Ecology 77: 1765-1778.
Soejima, A., Maki, M. and Ueda, K. (1998) Genetic variation in relic and isolated populations of *Chionanthus retusus* (Oleaceae) of Tsushima Island and the Tono region, Japan. Genes & Genetic Systems 73: 29-37.
杉本順一（1984）『静岡県植物誌』第一法規出版, 東京.
Suzuki, H. 1977. An outline of peatland vegetation in Japan. In "Vegetation Science and Environmental Protection" (ed. by Miyawaki, A. and Tuxen, R.) pp. 137-149. Maruzen, Tokyo.
鈴木静夫（1994）『水辺の生態学』内田老鶴圃, 東京.
橘ヒサ子（1997）北海道の湿原植生概説.「北海道の湿原の変遷と現状の解析 湿原の保護を進めるために」（北海道湿原研究グループ編）pp. 15-27. 自然保護助成基金.
Tachibana, H. and Saito, K. (1972) Ecological studies of vegetation in Mt. Azuma, Yamagata and Fukushima Prefectures, northeast Japan. I. An analysis of vegetation of the Yaheidaira moor. Bulletin of the Yamagata University (Natural Science) 8: 113-129.
竹原明秀（1997）岩手県湯田町のサクラバハンノキ生育地の植生. 自然誌研究年報 2: 35-43.
竹中千里・鈴木道代・山口法雄・今泉保次・柴田叡弌（1998）落葉広葉樹樹幹流の化学的

特徴. 名古屋大学森林科学研究 17: 10-16.

竹中千里・鈴木道代・山口法雄・今泉保次・只木良也 (1996) 愛知県稲武町における酸性雨モニタリング (II)起源と化学組成. 名古屋大学農学部演習林報告 15: 151-171.

Tansley, A. G. (1935) The use and abuse of vegetational concepts and terms. Ecology 16: 284-307.

Tansley, A. G. (1965) "The British islands and their vegetation. Volume II." Cambridge University Press, London.

豊橋市 (1999)「豊橋市自然環境保全基礎調査報告書」豊橋市保健環境部環境対策課.

塚原初男 (1994) 酸性雨・酸性雪・樹幹流の観測方法と観測例. 森林地域における地球環境モニタリング第一回研究会資料 pp. 61-66.

上田恵介編著 (1999)『種子散布―助けあいの進化論(1)鳥が運ぶ種子―』築地書館, 東京.

Ueda, K. (1988) Star magnolia (*Magnolia tomentosa*)—an indigenous Japanese plant. Journal of Arnold Arboretum 69: 281-288.

植田邦彦 (1989a) 東海丘陵要素の植物地理 I. 定義. 植物分類, 地理 40: 190-202.

植田邦彦 (1989b) 東海丘陵要素の植物地理と保護. 水草研究会会報 37: 25-28.

植田邦彦 (1990a) シデコブシのたどった道. プランタ 7: 77-81.

植田邦彦 (1990b) 絶滅に瀕するシデコブシ―低湿地生植物の現状と保護―. 日本の生物 4 (5): 6-13.

植田邦彦 (1990c) 消えるシデコブシの林―東海地方の低湿地からの報告―. 科学朝日 50 (11): 17-18.

植田邦彦 (1991) 連載日本の絶滅危惧種:シデコブシ. 遺伝 45(4): 111.

植田邦彦 (1992) シデコブシ (pp. 107-109), ヒトツバタゴ (pp. 113-115), ナガバノイシモチソウ (pp. 137-139).『滅びゆく日本の植物 50 種』(岩槻邦男編) 築地書館, 東京.

植田邦彦 (1993) 低湿地とその植物たち.『里山の自然をまもる』(石井実・植田邦彦・重松敏則著) pp. 69-102. 築地書館, 東京.

植田邦彦 (1994) 東海丘陵要素の起源と進化.『植物の自然史』(岡田博・植田邦彦・角野康郎編著) pp. 3-8. 北海道大学図書刊行会, 札幌.

我が国における保護上重要な植物種及び植物群落の研究委員会植物種分科会編 (1989)『我が国における保護上重要な植物種の現状』日本自然保護協会・世界自然保護基金日本委員会.

Waring, R. H. and Schlesinger, W. H. (1985) "Forest Ecosystems, Concept and Management" Academic Press, Orland.

Whittaker, R. H. (1953) A consideration of climax theory: The climax as a population and pattern. Ecological Monograph 23: 41-78.

Wolejko, L. and Ito, K. (1986) Mires of Japan in relation to mire zones, volcanic activity and water chemistry. Japanese Journal of Ecology 35: 575-586.

Yu, Z., McAndrews, J. H. and Siddiqi, D. (1996) Influences of Holocene climate and water levels on vegetation dynamics of a lakeside wetland. Canadian Journal of Botany 74: 1602-1615.

第3章

Agerer, R. (1996) Ectomycorrhiza of *Tomentella aibomaruginata* (Thelephoracease) on Scots pine. Mycorrhiza 6: 1-7.

愛知県 (1996)「愛知県の両生類・は虫類」愛知県農地林務部自然保護課.

愛知県商工部万博誘致対策局 (1996)「瀬戸市南東部地区に生息する生物の多様性に関する調査」.

安藤尚 (1999) 濃尾平野木曽川堤外の造成池の8月のトンボ17年. 佳香蝶51(199): 33-36.

Braun, J. and Brooks Jr., G. R. (1987) Box turtles (*Terrapene carolina*) as potential agents for seed dispersal. American Midland Naturalist 117; 312-318.

ブラウン, L. R. 編著 (2001)『地球白書2001-02』家の光協会, 東京.

Buuren, M. L. van, Maldonado-Mendoza, L. E., Trieu, A. T., Blaylock, L. A. and Harrison, M. J. (1999) Novel gene induced during an arbuscular mycorrhizal (AM) symbiosis formed between *Medicago truncatula* and *Glomus versifoume*. Molecular Plant-Microbe Interactions 12: 171-181.

Cassar, S. and Blackwell, M. (1996) Convergent origins of ambrosia fungi. Mycologia 88: 596-601.

Debouzie, D., Heizmann, A., Desouhant, E. and Menu, F. (1996) Interference at several temporal and spatial scales between two chestnut insects. Oecologia 108: 151-158.

Desouhant, E. (1998) Selection of fruits for oviposition by chestnut weevil, *Curculio elephas*. Entomologia Experimentalis et Applicata 86: 71-78.

Didham, R. K., Ghazoul, J., Stork, N. E. and Davis, A. (1996) Insects in fragmented forest: a functional approach. Trends in Ecology and Evolution 11: 255-260.

Ewert, J. (1978) Releasing stimuli for antipredator behaviour in the common toad, *Bufo bufo* (L.). Behaviour 68: 170-180.

Feeny, P. (1970) Seasonal changes in oak leaf tannins and nutrients as a cause of spring feeding by winter moth caterpillars. Ecology 51: 565-581.

Fontenla, S., Godoy, R. and Havrylenko, M. (1998) Root associations in Austrocedrus forests and seasonal dynamics of arbuscular mycorrhiza. Mycorrhiza 8: 29-33.

Fukumoto, H. and Kajimura, H. (1999) Seed-insect fauna of pre-dispersal acorns and acorn seasonal fall patterns of *Quercus variabilis* and *Q. serrata* in central Japan. Entomological Science 2: 197-203.

Fukumoto, H. and Kajimura, H. (2000) Effects of insect predation on survival and germination success of mature *Quercus variabilis* acorns. Journal of Forest

Research 5: 31-34.

Fukumoto, H. and Kajimura, H. (2001) Guild structures of seed insects in relation to acorn development in two oak species. Ecological Research 16: 145-155.

Fukushima, K. and Terashima, N. (1990) Heterogeneity in formation of lignin. XIII. Formation of p-hydroxyphenyl lignin in various hardwoods visualized by microautoradiography. J. Wood Chem. Technol. 10: 413-433.

Fukushima, K. and Terashima, N. (1991) Heterogeneity in formation of lignin. XIV. Formation and structure of lignin in differentiating xylem of *Ginkgo biloba*. Holzforschung 45: 87-94.

二井一禎・肘井直樹編著（2000）『森林微生物生態学』朝倉書店，東京．

岐阜県笠松町（1989）「木曽川トンボ天国の自然」笠松中央公民館．

ゴリス, R.（1996）マムシのピット器官．『日本動物大百科第5巻　両生類・爬虫類・軟骨魚類』（千石正一・疋田努・松井正文・仲谷一宏編）p. 102. 平凡社，東京．

Goñi, M. A. *et al.* (1997) Sources and contribution of terrigenous organic carbon to surface sediments in the Gulf of Mexico. Nature 389: 275-278.

Handel, S. N. and Beattie, A. J. (1990) Seed dispersal by ants. Scientific American 263: 58-64.

原田泰志（1999）小集団化に伴う遺伝的劣化．『淡水生物の保全生態学　復元生態学に向けて』（森誠一編著）pp. 33-41. 信山社サイテック，東京．

長谷川雅美（1996）爬虫類．『千葉県の自然誌（本編1）』（千葉県の自然　県史シリーズ40. 千葉県編）pp. 375-380.

長谷川雅美（1998）カエルの田んぼ．『森の新聞14』p. 55. フレーベル館，東京．

Hashimoto, Y. and Hyakumachi, M. (1998a) Effects of vegetation change and soil disturbance on ectomycorrhizas of *Betula platyphylla* var. *japonica*: a test using seedlings planted in soils taken from various sites. Mycoscience 39: 433-439.

Hashimoto, Y. and Hyakumachi, M. (1998b) Distribution of ectomycorrhizas and ectomycorrhizal fungal inoculum with soil depth in a birch forest. J. For. Res. 3: 243-245.

服部保・矢倉資喜・武田義明・石田弘明（1997）蝶類群集による自然評価の一方法．人と自然 8・41-52.

八田耕吉（1998）東海地方の里山の自然誌―万博アセスに生態学的視野を―．科学 68: 620-627.

八田耕吉（2000）昆虫から見た海上の森の生態系．『日本人の忘れもの　「海上の森」はなぜ貴重か？』（森山昭雄・梅沢広昭編著）pp. 85-106. 名古屋リプリント，名古屋．

樋口広芳（1975）伊豆半島南部のヤマガラと伊豆諸島三宅島のヤマガラの採食習性に関する比較研究．鳥 24: 15-28.

Higuchi, H. (1976) Ecological significance of the larger body sizes in an island subspecies of the varied tit, *Parus varius*. Proceedings of the Japanese Society of Systematic Zoology 12: 78-86.

樋口広芳編 (1996)『保全生物学』東京大学出版会, 東京.

広木詔三 (1994) 海上の森 (愛知県瀬戸市) に見る里山保全の意義とその方法. 名古屋大学教養部紀要 B (自然科学・心理学) 38: 65-81.

広木詔三・江田信豊・八田耕吉 (1999a) 海上の森 (愛知県瀬戸市) におけるスズカカンアオイの分布パターンとギフチョウの産卵密度. 情報文化研究 9: 23-30.

広木詔三・江田信豊・八田耕吉 (1999b) 海上の森 (愛知県瀬戸市) の二次林におけるスズカカンアオイの個体群密度と 1999 年春のギフチョウの産卵密度. 情報文化研究 10: 37-48.

広木詔三・松原輝男 (1982) ブナ科植物の生態学的研究Ⅲ. 種子-実生期の比較生態学的研究. 日本生態学会誌 32: 227-240.

久居宣夫・菅原十一 (1978) ヒキガエルの生態学的研究(Ⅴ)繁殖期における出現と気象条件との関係について. 自然教育園報告 8: 135-149.

日浦勇 (1978)『蝶のきた道』蒼樹書房, 東京.

宝月岱造 (1998) 森林生態学系の隠れた立役者—樹木と外生菌根の共生系—. 蛋白質・核酸・酵素 43: 1246-1253.

ホーン, A. J.・ゴールドマン, C. R. (1999)『陸水学』(手塚泰彦訳) 京都大学学術出版会, 京都.

Ikeda, K. (1976) Bioeconomic studies on a populatin of *Luehdorfia puziloi inexpecta* SHELJUZKO (Lepidoptera: Papilionidae). Japanese Journal of Ecology 26: 199-208.

Imhof, S. (1999) Root morphology anatomy and mycotrophy of the achlorophyllous *Voyria aphylla* (Jacq.) Pers. (Gentianaceae). Mycorrhiza 9: 33-39.

石井実 (1993a) 里山があぶない.『里山の自然をまもる』(石井実・植田邦彦・重松敏則著) pp. 1-23. 築地書館, 東京.

石井実 (1993b) 里山の生態学.『里山の自然をまもる』(石井実・植田邦彦・重松敏則著) pp. 25-67. 築地書館, 東京.

伊藤進一郎 (2000) 森林生態系を脅かす "微生物-昆虫連合軍".『森林微生物生態学』(二井一禎・肘井直樹編著) pp. 257-269. 朝倉書店, 東京.

Johnson, W. C. and Webb, T., III. (1989) The role of blue jays (*Cyanocitta cristata* L.) in the postglacial dispersal of fagaceous trees in eastern North America. Journal of Biogeography 16: 561-571.

Jones, K. G. and Blackwell, M. (1998) Phylogenetic analysis of ambrosial species in the genus *Raffaelea* based on 18S rDNA sequences. Mycological Research 102: 661-665.

Jordal, B. H., Normark, B. B. and Farrell, B. D. (2000) Evolutionary radiation of an inbreeding haplodiploid beetle lineage (Curculionidae, Scolytidae). Biological Journal of the Linnean Society 71: 483-499.

Kabir, Z., O'Halloran, I. P. and Hamel, C. (1999) Combined effects of soil disturbance and fallowing on plant and fungal components of mycorrhizal corn (*Zea mays* L.). Soil Biology and Biochemistry 31: 307-314.

海上の森ネットワーク（1997）「'96年度版瀬戸市海上の森調査報告書—自然環境から見た愛知万博基本構想の問題点—」もくもく印刷，名古屋．

海上の森を守る会（2001）「海上の森通信 No. 28」p. 28.

梶村恒（2000）微生物を"栽培"する繁殖戦略—養菌性キクイムシとアンブロシア菌—．『森林微生物生態学』（二井一禎・肘井直樹編著）pp. 179-195. 朝倉書店，東京．

Kajimura, H. (2000) Discovery of mycangia and mucus in adult female xiphydriid woodwasps (Hymenoptera: Xiphydriidae) in Japan. Annals of the Entomological Society of America 93: 312-317.

河合義隆（1981）ストックの生育と開花に関する研究—土壌微生物との関係における各種園芸植物との比較—．名古屋大学大学院農学研究科修士論文．

Kelbel, P. (1996) Damage to acorns by insects in Slovakia. Biologia 51: 575-582.

Kikuchi, J. (1999) Ectomycorrhizal symbiosis in the forest ecosystems and its application in forestry. Japanese Journal of Ecology 49: 133-138.

Kôda, N. (1996) *Luehdorfia japonica*: Current situation and conservation status in Aichi Prefecture. Decline and Conservation of Butterflies in Japan III—Proceedings International Symposium on Butterfly Conservation Osaka, Japan, 1994—. pp. 86-91.

江田信豊・八田耕吉・広木詔三（1999）里山環境における指標種ギフチョウ（*Luehdorfia japonica*）の生態学的調査—愛知県瀬戸市海上の森—．南山大学紀要「アカデミア」自然科学・保健体育編 9: 1-9.

小板正俊（2000）海上の森のオオタカとその保護．『日本人の忘れもの 「海上の森」はなぜ貴重か？』（森山昭雄・梅沢広昭編著）pp. 185-195. 名古屋リプリント，名古屋．

小菅康弘（1997）房総半島の河川に生息するイシガメとクサガメの個体群構成ならびに流程分布の季節的変化．東邦大学理学部生物学科1997年度特別問題研究報告書 pp. 1-35.

草野保（1996）トウキョウサンショウウオ．『日本動物大百科第5巻 両生類・爬虫類・軟骨魚類』（千石正一・疋田努・松井正文・仲谷一宏編）p. 21. 平凡社，東京．

MacGee, P. A., Torrisi, V. and Pattinson, G. S. (1999) The relationship between density of *Glomus mosseae* propagules and the initiation and spread of arbuscular mycorrhizas in cotton roots. Mycorrhiza 9: 221-225.

前田憲男・松井正文（1999）『日本カエル図鑑』（改訂版）文一総合出版，東京．

Maeto, K. (1995) Relationships between size and mortality of *Quercus mongolica* var.

grosseserrata acorns due to pre-dispersal infestation by frugivorous insects. Journal of Japanese Forestry Society. 77: 213-219.

前藤薫・槇原寛(1999)温帯落葉樹林の皆伐後の二次遷移にともなう昆虫相の変化. 昆虫 (ニューシリーズ) 2: 11-26.

Massicotte, H. B., Melville, L. H. and Peterson, R. L. (1999) Comparative studies of ectomycorrhiza formation in *Alnus glutinosa* and *Pinus resinosa* with *Paxllus involutus*. Mycorrhiza 8: 229-240.

Matsuda, K. (1982) Studies on the early phase of the regeneration of a konara oak (*Quercus serrata* Thunb.) secondary forest. I. Development and premature abscissions of konara oak acorns. Japanese Journal of Ecology 32: 293-302.

松田陽介(1999)モミ根系における外生菌根菌の群集生態学的研究. 名古屋大学森林科学研究 18: 83-141.

Matsuda, Y. and Hijii, N. (1999) Ectomycorrhizal morphotypes of naturally grown *Abies firm* a seedling. Mycorrhiza 8: 271-276.

松井正文(1996)オオダイガハラサンショウウオ.『日本動物大百科第5巻 両生類・爬虫類・軟骨魚類』(千石正一・疋田努・松井正文・仲谷一宏編) p. 23. 平凡社, 東京.

松井正文・見澤康充(1996)ブチサンショウウオ.『日本動物大百科第5巻 両生類・爬虫類・軟骨魚類』(千石正一・疋田努・松井正文・仲谷一宏編) p. 23. 平凡社, 東京.

松井孝爾(1985)アカガエル.『指標生物(Field Guide Series III)』(日本自然保護協会編・監) pp. 232-235. 思索社, 東京.

松永勝彦(1993)『森が消えれば海も死ぬ』講談社, 東京.

Mattson, M. J. (1986) Competition for food between two principal cone insects of red pine, *Pinus resinosa*. Environmental Entomology 15: 88-92.

箕口秀夫(1993)野ネズミによる種子散布の生態的特性. 『動物と植物の利用しあう関係』(川那部浩哉監修 鷲谷いづみ・大串隆之編) pp. 236-253. 平凡社, 東京.

Miyaki, M. and Kikuzawa, K. (1988) Dispersal of *Quercus mongolica* acorns in a broadleaved deciduous forest 2. Scatterhoarding by mice. Forest Ecology and Management 25: 9-16.

Molina, R., Massicotte, H. B. and Trappe, J. M. (1992) Specificity phenomena in mycorrhizal symbiosis: Community-ecological consequences and practical implications. In "Mycorrhizal Functioning" (ed. by Allen, M. F.) pp. 357-423. Chapman and Hall, London.

Monhammad, M. J., Pan, W. L. and Kennedy, A. C. (1998) Seasonal mycorrhizal colonization of winter wheat and its effect on wheat growth under dryland field conditions. Mycorrhiza 8: 139-144.

Morales-Ramos, J. A., Rojas, M. G., Sittertz-Bhatkar, H. and Saldaña, G. (2000) Symbiotic relationship between *Hypothenemus hampei* (Coleoptera: Scolytidae) and *Fusarium solani* (Moniliales: Tuberculariaceae). Annals of the Entomological Society of America 93: 541-547.

森哲（1996a）ヘビ類の捕食行動.『日本動物大百科第5巻　両生類・爬虫類・軟骨魚類』（千石正一・疋田努・松井正文・仲谷一宏編）p. 85. 平凡社, 東京.

森哲（1996b）ヘビ類の防御行動.『日本動物大百科第5巻　両生類・爬虫類・軟骨魚類』（千石正一・疋田努・松井正文・仲谷一宏編）p. 90. 平凡社, 東京.

Mori, A., Layne, D. and Burghardt, G. M. (1996) Description and preliminary analysis of antipredator behavior of *Rhabdophis tigrinus tigrinus*, a colubrid snake with nuchal glands. Japanese Journal of Herpetology 16 (3): 94-107.

Mori, A. and Moriguchi, H. (1988) Food habitats of the snakes in Japan: a critical review. The SNAKE 20: 98-113.

森近高司・森哲・平手康一・亀崎直樹・大田英利（1993）アカマタによるアオウミガメの孵化幼体に対する捕食について. 爬虫両棲類学雑誌15(2)：91.

森口一（1996）ヤマカガシ.『日本動物大百科第5巻　両生類・爬虫類・軟骨魚類』（千石正一・疋田努・松井正文・仲谷一宏編）pp. 89-91. 平凡社, 東京.

森山昭雄・梅沢広昭編著（2000）『日本人の忘れもの「海上の森」はなぜ貴重か？』名古屋リプリント, 名古屋.

本谷勲・朝日稔・阿部学・広井敏男・布施慎一郎・沖野外輝夫（1982）『自然保護の生態学―野生生物の保護と管理―』培風館, 東京.

向井昭（2001）異なる生育地におけるアカマツの菌根についての研究. 名古屋大学大学院人間情報学研究科修士論文.

中川雅裕（2001）カケスの群れの行動とアラカシ貯食行動の調査. 名古屋大学情報文化学部卒業論文.

中村浩志・小林高志（1984）ミズナラ林をつくるのは誰か. アニマ 140: 22-27.

中村登流・中村雅彦（1995）『原色日本野鳥生態図鑑　陸鳥編』保育社, 大阪.

中西弘樹（1999）アリによる種子散布.『種子散布―助けあいの進化論(2)動物たちがつくる森―』（上田恵介編著）pp. 104-117. 築地書館, 東京.

中島みどり（1998）標識再捕によって調べたイシガメとクサガメの池間移動について. 爬虫両棲類学雑誌17(4)：177.

奈良一秀（1998）ブナの共生菌とその役割.『ブナ林をはぐくむ菌類』pp. 114-122. 文一総合出版, 東京.

日本野鳥の会愛知県支部編（1996）『海上の森の野鳥たち』マック出版, 名古屋.

日本材料学会木質材料部門委員会編（1982）『木材工学辞典』工業出版, 東京.

新妻昭夫（1982）両生類の行動.『動物の行動（生物学教育講座5）』（日高他編著）pp. 117-134. 東海大学出版会, 東京.

Nimz, H. (1974) Beech lignin: a proposal of a constitutional scheme. Angew. Chem. 13: 313.

Nilsson, S. G. and Wästljung, U. (1987) Seed predation and cross-pollination inmast-seeding beech (*Fagus sylvatica*) patches. Ecology 68: 260-265.

野間直彦(1997)種子散布にみる植物との共生.『鳥類生態学入門―観察と研究のしかた―』(山岸哲編著)pp. 128-142. 築地書館,東京.

落合修(1997)スギ人工林下層植生の違いによる鳥類相の比較について.日本大学大学院農学研究科修士論文.

大場秀章(1989)ブナ科.『日本の野生植物　木本Ⅰ』(佐竹他編)pp. 66-78. 平凡社,東京.

大場貞男・石森新吉・菅原セツ子・金沢洋一(1988)ミズナラ堅果の虫害駆除の2, 3の試み.日本林学会大会論文集99: 281-282.

大河内勇(1979)アカハライモリ.『原色両生・爬虫類』(千石正一編)p. 119. 家の光協会,東京.

大河内勇(2001)持続可能な森林管理のためにモニタリングすべき森林性の両生爬虫類を専門家へのアンケートで選び出す.爬虫両棲類学会報2001 (1): 12-16.

大野正男(1985a)アマガエルと天気予報.『指標生物 (Field Guide Series III)』(日本自然保護協会編・監)p. 183. 思索社,東京.

大野正男(1985b)指標生物分類一覧.『指標生物 (Field Guide Series III)』(日本自然保護協会編・監)pp. 53-63. 思索社,東京.

大泰司紀之・井部真理子・増田泰編著(1998)『野生動物の交通事故対策(エコロード事始め)』北海道大学図書刊行会,札幌.

大谷欣人・広木詔三(1995)静岡県富士川流域産のスズカカンアオイで飼育した食草履歴の異なるギフチョウ個体群における幼虫の成長特性の差異.昆虫と自然30: 31-35.

Pedersen, C. T., Sylvia, D. M. and Shilling, D. G. (1999) *Pisolithus arhizus* ectomycorrhiza affects plant competition for phosphorus between *Pinus elliottii* and *Panicum chamaelonche*. Mycorrhiza 9: 199-204.

フィリップス,C. (1998)『カエルが消える』(長谷川雅美他訳)大月書店,東京.

Raymond, P. A. and Bauer, J. E. (2001) Riverine export of aged terrestrial organic matter to the North Atlantic Ocean. Nature 409: 497-500.

Rincon, A., Alvarez, I. F. and Pera, J. (1999). Ectomycorrhiza fungi of *Pinus pinea* L. in northeastern Spain. Mycorrhiza 8: 271-276.

斉藤新一郎(1982)果実と種子の形態用語図説(2)―ミズナラ・ブナ―.北方林業34: 23-26.

Schimel, D. *et al*. (1996) Radiative forcing of climate change. In "Climate Change 1995. The Science of Climate Change. Contribution of Working Group I to the Second Assessment Report of the Intergovernmental Panel on Climate Change" (ed. by Houghton, J. T. *et al*.) pp. 65-131. Cambridge University Press, Cambridge and New York.

千石正一（1979）アオダイショウ.『原色両生・爬虫類』（千石正一編）pp. 55-57. 家の光協会，東京.

千石正一（1996a）シマヘビ.『日本動物大百科第5巻　両生類・爬虫類・軟骨魚類』（千石正一・疋田努・松井正文・仲谷一宏編）pp. 86-87. 平凡社，東京.

千石正一（1996b）アオダイショウ.『日本動物大百科第5巻　両生類・爬虫類・軟骨魚類』（千石正一・疋田努・松井正文・仲谷一宏編）p. 84. 平凡社，東京.

Shea, P. J. (1989) Interactions among phytophagous insect species colonizing cones of white fir (*Abies concollor*). Oecologia 81: 104-110.

Simard, S. W., Perry, D. A., Jones, M. D., Myrold, D. D., Durall, D. M. and Molina, R. (1997) Net transfer of carbon between ectomycorrhizal tree species in the field. Nature 388: 579-582.

Smith, S. E. and Read, D. J. (1997) "Mycorrhizal symbiosis" (2nd ed.) Academic Press, New York.

Steele, M. A., Knowles, T., Bridle, K. and Simms, E. L. (1993) Tannins and partial consumption of acorns: Implications for dispersal of oaks by seed predators. American Midland Naturalist 130: 229-238.

菅原敬（1991）カンアオイ属植物の系統・分類学的研究の現状. 日本植物分類学会会報 8: 83-90.

高橋真弓（1979）『チョウ―富士川から日本列島へ―』築地書館，東京.

田端英雄編著（1997）『エコロジーガイド　里山の自然』保育社，大阪.

田口正男（1997）『トンボの里―アカトンボに見る谷戸の自然―』信山社，東京.

高崎保郎（1998）愛知県瀬戸市万博予定地のトンボ相. 佳香蝶 50(198): 33-41.

高崎保郎（2000）愛知県瀬戸市および長久手町万博予定地のトンボ相（第2報）．佳香蝶 52(201): 1-10.

高崎保郎（2001）トンボ類.『ため池の自然』（浜島繁隆他編）pp. 125-140. 信山社サイテック，東京.

竹原康史（1996）鈴鹿・亀山のヌマガメ類の生態. 三重自然誌 3: 17-21.

Takenaka, T. and M. Hasegawa (2001) Female-biased mortality and its consequence on adult sex ratio in the freshwater turtle Chinomyo reevesii on an island. Current Herpetology 20: 11-17.

田中蕃（1996）愛知県豊田加茂広域圏のギフチョウ生息地. 日本産蝶類の衰亡と保護第4集 pp. 39-48.

田中孝治・森哲（2000）日本産ヘビ類の捕食者に関する文献調査. 爬虫両棲類学会報 2000(2): 88-98.

寺本憲之（1993）日本産鱗翅目害虫食樹目録（ブナ科）. 滋賀県農業試験場研究報告特別号 1: 1-185.

Terashima, N. and Fukushima, K. (1988) Heterogeneity in formation of lignin. XI. An autoradiographic study of the heterogenous formation and structure of pine lignin. Wood Sci. Technol. 22: 259-270.

Terashima, N., Fukushima, K. and Takabe, K. (1986) Heterogeneity in formation of lignin. VIII. An autoradiographic study on the formation of guaiacyl and syringyl lignin in *Magnolia Kobus* DC. Holzforschung 40 (Suppl.): 101-105.

Terashima, N., Fukushima, K., Tsuchiya, S. and Takabe, K. (1986) Heterogeneity in formation of lignin. VII. An autoradiographic study on the formation of guaiacyl and syringyl lignin in poplar. J. Wood Chem. Technol. 6: 495-504.

栃本武良 (1996) オオサンショウウオ.『日本動物大百科第5巻　両生類・爬虫類・軟骨魚類』(千石正一・疋田努・松井正文・仲谷一宏編) p. 21. 平凡社，東京.

栃本武良 (2001) オオサンショウウオのたべもの. 姫路水族館だより (山のうえの魚たち) 38: 2-4.

徳本正 (1998) 山口県萩市見島のカメについて. 山口生物 25: 17-24.

冨田靖男 (1980) 三重県の爬虫・両生類相. 三重県立博物館研究報告 (自然科学) 2: 1-67.

冨田靖男 (1994) 三重県の爬虫類.「三重の生物」(日本生物教育会第49回全国大会　三重大会記念誌　三重生物教育会編) pp. 133-138.

椿宜高 (2000) ギフチョウは卵塊サイズを調節するか.『蝶の自然史―行動と生態の進化学―』(大崎直太編著) pp. 61-75. 北海道大学図書刊行会，札幌.

上田哲行 (1998) ため池のトンボ群集・水田のトンボ群集.『水辺の環境保全』(江崎保男・田中哲夫編) pp. 17-33, 93-110. 朝倉書店，東京.

和田直也 (2000) ミズナラの実生定着と空間分布を規定する昆虫と野ネズミ.『森の自然史―複雑系の生態学―』(菊沢喜八郎・甲山隆司編) pp. 108-119. 北海道大学図書刊行会，札幌.

鷲谷いづみ (1998)『サクラソウの目―保全生態学とは何か―』築地書館，東京.

渡辺康之編著 (1996)『ギフチョウ　Monograph of *Luehdorfia* Butterflies』北海道大学図書刊行会，札幌.

Weckerly, F. W., Sugg, D. W. and Semlitssch, R. D. (1989) Germination success of acorns (*Quercus*): insect predation and tannins. Canadian Journal of Forest Research. 19: 811-815.

Wu, B., Nara, K. and Hogetsu, T. (1999) Competition between ectomycorrhizal fungi colonizing *Pinus densiflora*. Mycorrhiza 9: 151-159.

矢部隆 (1989) イシガメの一年：テレメーターで追う野生の姿. アニマ 205: 74-79.

矢部隆 (1991) X線写真で調べたイシガメ雌の繁殖生態について. 爬虫両棲類学雑誌 14: 82-83.

矢部隆 (1992) イシガメ *Mauremys japonica* の自然集団の生残率の推定. 第39回日本生態学会大会講演要旨.

矢部隆 (1993) Seasonal Migration and Life History of the Japanese Pond Turtle, *Mauremys japonica* (Temminck and Schlegel). (ニホンイシガメの季節移動と生活史) 東京都立大学大学院博士論文.

矢部隆 (1995) イシガメ. 『日本の希少な野生水生生物に関する基礎資料(II)』 (日本水産資源保護協会編) pp. 455-462.

矢部隆 (1996) 三重県多度町におけるカメ類の分布. 三重自然誌 3: 23-29.

矢部隆 (1999a)「渥美半島の両生・は虫類. 渥美の自然の講演会記録集 10」(渥美自然の会編) pp. 28-49.

矢部隆 (1999b) 道路の敷設がカメに及ぼす影響. 『淡水生物の保全生態学　復元生態学に向けて』 (森誠一編著) pp. 19-32. 信山社サイテック, 東京.

矢部隆・大羽康利 (1998) 愛知県渥美半島の農免農道建設地区における爬虫両棲類について. 関西自然保護機構会報 20: 67-76.

矢田脩 (2000) チョウの分類学的位置. 『蝶の自然史―行動と生態の進化学―』 (大崎直太編著) pp. 217-231. 北海道大学図書刊行会, 札幌.

山岡裕一 (2000) 微生物による繁殖源の創出―樹皮下キクイムシと青変菌―. 『森林微生物生態学』 (二井一禎・肘井直樹編著) pp. 148-162. 朝倉書店, 東京.

矢野亮 (1985) カエル合戦と地温. 『指標生物 (Field Guide Series III)』 (日本自然保護協会編・監) pp. 98-100. 思索社, 東京.

安田雅俊 (2000) マレーシア半島の熱帯低地雨林に果実-果実食者の関係を探る. 『森の自然史―複雑系の生態学―』 (菊沢喜八郎・甲山隆司編) pp. 61-74. 北海道大学図書刊行会, 札幌.

安川雄一郎 (1996) 陸生・淡水生カメ類. 『日本動物大百科第 5 巻　両生類・爬虫類・軟骨魚類』 (千石正一・疋田努・松井正文・仲谷一宏編) pp. 59-61. 平凡社, 東京.

米林甲陽 (1997) 土壌の有機物. 『最新土壌学』 (久馬一剛編) pp. 43-53. 朝倉書店, 東京.

Yoshida, K. (1985) Seasonal population trends of macrolepidopterous larvae on oak trees in Hokkaido, northern Japan. Kontyu 53: 125-133.

吉安裕・鴨志田徹也 (2000) 京都府の水辺環境に生息する昆虫類とその生態. 『環境保全と交流の地域づくり―中山間地域の自然資源管理システム―』 (宮崎猛編著) pp. 12-29. 昭和堂, 京都.

財団法人日本自然保護協会 (1997)「2005 年愛知万博構想を検証する―里山自然の価値と『海上の森』―」財団法人日本自然保護協会, 東京

財団法人 2005 年日本国際博覧会協会 (1999)「2005 年日本国際博覧会に係る環境影響評価書」.

第 4 章

愛知万博の環境アセスメントに意見する市民の会 (2001) 万博アセス市民の会ニュース

No. 47.
愛知県（1994）「瀬戸市南東部地区環境影響調査報告書」.
愛知県（1996）「2005年国際博覧会会場候補地に係る地域整備構想及び会場構想について」.
愛知県（1999）「瀬戸市南東部地区新住宅市街地開発事業環境影響評価準備書（2分冊のうち2）」.
愛知県企画部企画課（1992）「万国博覧会候補地地域整備構想調査報告書―新しい地球創造を担う交流未来都市をめざして―」.
愛知県農地林務部（1998）「瀬戸市南東部地域自然環境保全調査（水辺・湿地）」.
愛知県植物誌調査会編（1996）「植物からのSOS―愛知県の絶滅危惧植物―」.
朝日新聞社編（1982）『シンポジウム　緑と文明』朝日新聞社，東京.
淡路剛久（1997）環境アセスメント法とその問題点. 環境と公害（特集：環境アセスメント）27: 2-9.
Chapin, F. S., Walker, B. H., Hobbs, R. J., Hooper, D. U., Lawton, J. H., Sala, O. E. and Tilman, D. H. (1997) Biotic control over the functioning of ecosystems. Science 277: 500-504.
藤井英二郎（1996）農村生態系と雑木林.『雑木林の植生管理―その生態と共生の技術―』（亀山章編）pp. 6-16. ソフトサイエンス社，東京.
藤井伸二（1999）絶滅危惧植物の生育環境に関する考察. 保全生物学研究 4: 57-69.
岐阜県（2001）「岐阜県のワシタカ類」.
ゴルフ場問題全国連絡会編（1990）『ゴルフ場栄えて山河なし』（第2回ゴルフ場問題全国交流会報告書）リサイクル文化社，東京.
波田善夫・中村康則・能美洋介（1999）海上の森の自然：多様性を支える地質と水. 保全生態学研究 4: 113-123.
原科幸彦（1994）『環境アセスメント』日本放送出版協会，東京.
林貞子（2001）「湫のさけび―愛知万博会場の生きものたち―」ナカニシ印刷，松本.
林進（1996）ガーデンからフォレストへ―都市の里山雑木林―.「日本文化としての森林」（菅原聡編）pp. 235-252.
平川浩文・樋口広芳（1997）生物多様性の保全をどう理解するか. 科学 67: 725-731.
広井敏男（2001）『雑木林へようこそ！里山の自然を守る』新日本出版社，東京.
広木詔三（1984）勅使ケ池緑地墓園事業計画における環境アセスメントの問題点. 環境と創造 3: 40-47.
広木詔三（1985）勅使ケ池緑地における森林保全の意義. 名古屋大学教養部紀要 B（自然科学・心理学）29: 29-42.
広木詔三（1990）岐阜県山岡町のゴルフ場予定地における植生調査. 環境と創造 9: 62-66.
広木詔三（1994）海上の森（愛知県瀬戸市）に見る里山保全の意義とその方法. 名古屋大学教養部紀要 B（自然科学・心理学）38: 65-81.

広木詔三 (1995) シデコブシとサクラバハンノキの更新およびその立地としての地形特性. 情報文化研究 1: 1-16.
本多勝一編 (1987)『知床を考える』晩聲社, 東京.
市川健夫・齋藤功 (1985)『再考 日本の森林文化』(NHK ブックス 481) 日本放送出版協会, 東京.
石原紀彦 (2001) 環境アセスメントと市民参加—愛知万博の環境アセスメントを例に—. 環境社会学研究 7: 160-173.
海上の森ネットワーク (1997)「'96 年度版瀬戸市海上の森調査報告書—自然環境から見た愛知万博基本構想の問題点—」.
亀山章編 (1996)『雑木林の植生管理—その生態と共生の技術—』ソフトサイエンス社, 東京.
神山恵三 (1984)『森の不思議』(岩波新書 242) 岩波書店, 東京.
環境庁編 (1980)「自然保護上留意すべき植物群落の評価に関する研究」.
環境庁編 (1996)『多様な生物との共存をめざして—生物多様性国家戦略—』大蔵省印刷局, 東京.
環境庁企画調整局環境影響評価室 (1999)「2005 年日本国際博覧会に係る環境影響評価に対する環境庁長官意見の提出について」.
環境庁企画調整局環境影響審査課監修 (1993)『ゴルフ場—環境からの発想—』ぎょうせい, 東京.
環境庁自然保護局野生生物課編 (1999)「猛禽類保護の進め方 (特にイヌワシ, クマタカ, オオタカについて)」.
河野昭一 (1998) 中池見湿地 (福井県敦賀市) 学術調査の意義.「中池見湿地 (福井県敦賀市) 学術調査報告書—第一次調査結果の報告—」pp. 1-4. 京都・神戸・福井 3 大学合同中池見湿地学術調査チーム・日本生物多様性防衛ネットワーク (BIDEN).
Kawano, S. (ed.) (2000) "Nakaikemi, a miraculous lowland marsh in Central Honshu, Japan —A search for the secret of its fascination—".
北村喜宣 (2001) 里地自然を保全するための法制度の整備.『里山の環境学』(武内和彦・鷲谷いづみ・恒川篤史編) pp. 219-229. 東京大学出版会, 東京.
吉良竜夫 (1976)『自然保護の思想』人文書院, 東京.
国営瀬戸海上の森里山公園構想をすすめる連絡会編 (1999)『市民が提案する『国営瀬戸海上の森里山公園』のマスタープラン』.
国営瀬戸海上の森里山公園構想をすすめる連絡会編 (2001)「『海上の森里やま公園』の実現を目指して—市民が提案するマスタープラン〈その 2〉—」.
国際博会場関連オオタカ調査検討会 (2001)「国際博会場関連オオタカ保護方策中間報告 (事業を進めるにあたっての配慮事項)」.
倉本宣 (1991) 東京はどうやって雑木林を守っているか—丘陵地公園と保全地域—.「森と自然を守る全国集会報告集」pp. 148-149.「森と自然を守る全国集会」報告集編集

委員会.

倉本宣・麻生嘉（2001）里山ボランティアによる雑木林管理―桜ヶ丘公園を例に―. 『里山の環境学』（武内和彦・鷲谷いづみ・恒川篤史編）pp. 135-149. 東京大学出版会, 東京.

牧田肇（1989）白神山地・青秋林道問題と科学者の責務. 日本の科学者 24(1): 34-41.

宮脇昭（1982）照葉樹で「ふるさとの森」をつくろう. 『シンポジウム　緑と文明』pp. 63-73. 朝日新聞社, 東京.

本谷薫編著（1987）『都市に泉を―水辺環境の復活―』（NHK ブックス 532）日本放送出版協会, 東京.

森透・笹木智恵子（2000）福井県敦賀市「中池見湿地」保全の現状と課題. 日本の科学者 35 (7): 20-24.

森山昭雄・梅沢広昭編著（2000）『日本人の忘れもの　「海上の森」はなぜ貴重か？』名古屋リプリント, 名古屋.

守山弘（1988）『自然を守るとはどういうことか』農山漁村文化協会, 東京.

長田勝・森透（1997）中池見湿地保全の現状. 日本の科学者 32 (3): 43-47.

名古屋弁護士会公害対策・環境保全委員会（1996）「愛知万博問題調査報告書」.

名古屋市（1983）「名古屋都市計画墓園事業・勅使ヶ池墓園（仮称）環境影響評価準備書」.

内藤和明・真鍋徹・中越信和（1999）草原の管理と種多様性. 遺伝 53 (10): 31-36.

中静透・飯田滋生（1996）雑木林の種多様性. 『雑木林の植生管理―その生態と共生の技術―』（亀山章編）pp. 17-23. ソフトサイエンス社, 東京.

日本弁護士連合会公害対策・環境保全委員会編（1992）『森林の明日を考える』有斐閣, 東京.

日本環境会議編（1994）『環境基本法を考える』実教出版, 東京.

日本野鳥の会愛知県支部編（1996）『海上の森の野鳥たち』マック出版, 名古屋.

21 世紀万国博覧会基本構想策定委員会（1993）「21 世紀万国博覧会基本構想　中間報告」.

21 世紀万国博覧会基本構想策定委員会（1994）「21 世紀万国博覧会基本構想」.

2005 年の国際博覧会に係る環境影響評価手法検討委員会（1998）「2005 年の国際博覧会に係る環境影響評価手法検討委員会報告書」.

Odum, E. P. (1971) "Fundamantals of Ecology" (3rd ed.) Toppan, Tokyo.

大沢雅彦（1977）遷移とすみわけ. 『群落の遷移とその機構（植物生態学講座 4）』（沼田真編）pp. 74-87. 朝倉書店, 東京.

Reice, S. R. (2001) "The Silver Lining: the benefits of natural disturbance" Princeton University Press, New Jersey.

重松敏則（1993a）里山と人との新しい共生. 『里山の自然をまもる』（石井実・植田邦彦・重松敏則著）pp. 103-142. 築地書館, 東京.

重松敏則（1993b）市民による里山管理運動.『里山の自然をまもる』（石井実・植田邦

彦・重松敏則著）pp. 143-162. 築地書館，東京．

志村智子（1992）NACS-J がみた地球サミット．自然保護 363(8)：32-35．

信州大学環境問題研究教育懇談会・地域開発と環境問題研究班編（1990）『ゴルフ場・リゾート開発―地域になにをもたらすか―』信山社，東京．

Sutherland, W. J. (2000) "The conservation handbook: Research, management and policy" Blackwell Science Ltd., London.

鈴木邦雄（1987）富山県における自然保護運動―最近の二，三の運動をめぐって―．日本の科学者 22 (6)：36-40．

鈴木邦雄（1988）射水丘陵（富山県）開発問題と自然保護．日本の科学者 23 (11)：23-29．

鈴木邦雄（1992）生物の多様性―その実態と選別的自然保護論の危険性―．日本の科学者 27 (6)：45-50．

鈴木貞雄（1978）『日本タケ科植物総目録』学習研究社，東京．

田端英雄編著（1997）『エコロジーガイド 里山の自然』保育社，東京．

只木良也（1988）『森と人間の文化史』（NHKブックス 560）日本放送出版協会，東京．

高橋理喜男・岡本言是明・佐野恵（1977）『都市林の設計と管理』農林出版，東京．

高木典雄（1979）『こけやのたわごと』荒川印刷，名古屋．

高木典雄・高橋千裕・松原輝男・広木詔三（1977）名古屋大学の植生(1)樹木相と樹林構造．名古屋大学教養部紀要 B（自然科学・心理学）21：93-111．

田中淳夫（1996）『『森を守れ』が森を殺す』洋泉社，東京．

寺田篤志（1999）『わかりやすい環境アセスメント』東京環境工科学園出版部，東京．

トトロのふるさと財団編（1999）「武蔵野をどう保全するか．トトロブックレット１」トトロのふるさと財団．

宇根豊・貝原浩（2000）『いのちが集まる・いのちが育む「田んぼの学校」入学編』農山漁村文化協会，東京．

鷲谷いづみ（1999）『生物保全の生態学』共立出版，東京．

鷲谷いづみ（2001）『生態系を蘇らせる』（NHKブックス 916）日本放送出版協会，東京．

鷲谷いづみ・飯島博編（1999）『よみがえれアサザ咲く水辺―霞ヶ浦からの挑戦―』文一総合出版，東京．

山田國廣編（1989）『ゴルフ場亡国論』新評論，東京．

山村恒年（1994）『自然保護の法と戦略』（第2版）有斐閣，東京．

山崎寛・青木京子・服部保・武田義明（2000）里山の植生管理による種多様性の増加．日本造園学会誌 63 (5)：481-484．

読売新聞環境問題取材班編（1975）『緑と人間』築地書館，東京．

吉見俊哉（2000）市民参加型社会が始まっている(上)愛知万博の「迷走」に〈未来〉を見る．世界 12 月号 pp. 209-218．

吉見俊哉（2001）市民参加型社会が始まっている(下)愛知万博の「迷走」に〈未来〉を見る．世界 1 月号 pp. 269-278．

横畑泰志（2000）呉羽丘陵健康とゆとりの森整備事業の問題点と富山市民．日本の科学者 35(7)：20-24．
依光良三（1999）『森と環境の世紀―住民参加システムを考える―』日本経済評論社，東京．
財団法人日本自然保護協会（2001）『生態学からみた身近な植物群落の保護』（大澤雅彦監修）講談社サイエンティフィク，東京．
財団法人日本自然保護協会（1997）「2005年愛知万博構想を検証する―里山自然の価値と『海上の森』―」財団法人日本自然保護協会，東京．
財団法人2005年日本国際博覧会協会（1998）「2005年日本国際博覧会に係る環境影響評価実施計画書」．
財団法人2005年日本国際博覧会協会（1999）「2005年日本国際博覧会に係る環境影響評価準備書」．
財団法人2005年日本国際博覧会協会（2001a）「2005年日本国際博覧会（愛知万博）の基本骨子」．
財団法人2005年日本国際博覧会協会（2001b）「2005年日本国際博覧会に係る環境影響評価について」．

終章

羽山伸一（1993）生物の多様性保全の視点．日本の科学者 28(10)：16-20．
広井敏男（2001）『雑木林へようこそ！里山の自然を守る』新日本出版社，東京．
石井実（1993）里山の生態学．『里山の自然をまもる』（石井実・植田邦彦・重松敏則著）pp. 25-67. 築地書館，東京．
吉良竜夫（2001）『森林の環境・森林と環境―地球環境問題へのアプローチ―』新思索社，東京．
宮脇昭（1982）照葉樹で「ふるさとの森」をつくろう．『シンポジウム　緑と文明』pp. 63-73. 朝日新聞社，東京．
宮崎猛（2000）中山間地域における環境保全と資源管理のシステム．『環境保全と交流の地域づくり―中山間地域の自然資源管理システム―』（宮崎猛編著）pp. 200-208. 昭和堂，京都．
田端英雄編著（1997）『エコロジーガイド　里山の自然』保育社，東京．
武田一博（1993）自然はなぜ保護されなければならないか―哲学からのアプローチ―．日本の科学者 28(10)：10-15．
鷲谷いづみ（2001）『生態系を蘇らせる』（NHKブックス916）日本放送出版協会，東京．

事項索引

原則として本文中のみ言及した．項目によっては特に重要なページのみ言及したものもある．

ア 行

あいち学術研究開発ゾーン構想　251, 261
愛知青少年公園　71, 141, 149, 244-245, 257-258, 272, 274
愛知万博(万博)　6, 71, 123, 141-142, 148-149, 223, 225-226, 243-245, 249-253, 255-264, 267, 272-273, 275-277, 279, 281-283, 287, 298
愛知万博検討会議　249, 257-259, 262, 272, 283, 298
アカマツ林　22, 24, 32, 35, 105, 246
亜寒帯　10
亜高山帯　10, 12, 46
アセスメント　→環境アセスメント
亜熱帯　10, 48, 54, 173, 246
アルカリ酸化銅酸化　217-218, 221
粟津湖底遺跡　17-18
EC　→電気伝導度
維管束植物　214, 220
移行帯　11, 94, 97, 196, 242
遺存種　11, 48, 54, 227
遺伝子(プール)　2-3, 42, 109, 168, 183, 200
移入種　176
葦毛湿原　62-71, 88, 90-91
羽化殻　137
雨水涵養性　68, 94
栄養段階　1, 154, 265, 273
エコトーン　184, 196, 198
大根山湿原　85, 90, 93, 97-103

カ 行

海上の森　71, 73, 75, 80, 85, 89, 105, 109, 123, 131, 139, 141-142, 145-146, 148-150, 169-170, 173, 211, 216, 221, 223, 243-252, 256-261, 263, 266-267, 269-270, 272-285
外生菌根(菌)　202-210
外来種　56
化学的風化　67-68, 84-85
攪乱　3, 7, 60, 90, 102, 109, 118, 121, 126, 197, 268, 287, 297
角礫　→礫
花崗岩(地域・地帯)　24, 26, 59, 73, 85, 98, 104, 114, 118-119, 148, 245-248, 267, 269, 271
花崗閃緑岩地帯　25-26, 114-115
火山灰地　59
霞ヶ浦　241-242
火成岩　85
仮道管　214
株立ち　27, 106
花粉ダイアグラム　12-13, 37-39
花粉分析　12-13, 17-20, 36-38, 90
夏緑林　10
環境アセスメント, 環境影響評価(法)　6, 139, 223, 226, 231-232, 244, 253-256, 263-265, 267, 269, 272-273, 287, 290
環境指標(生物)　124, 126, 184, 196
環境省(庁)　224, 261 262, 270-271, 287
環境と開発に関する国連会議(地球サミット, リオ・サミット)　224-226, 252, 254
灌水域　58
灌木叢生型　105, 107-108
寄生性昆虫　154
貴重種　6, 256, 262, 264, 269, 290-291, 296
キノコ　166, 202-203, 212
丘陵性貧栄養湿地　59
丘陵帯　10, 31, 97
共生菌　166-167
極相　1, 3, 285
ギルド　159-160
菌根菌　115, 123, 201-210
グアイアシルプロパン単位　214
グルコース　212
黒雲母花崗岩地帯　25-26, 114-116

群集　4, 7, 267, 291
景観生態学　2
傾斜遷緩点　62
頸腺　191
堅果　9, 37, 39, 154-165, 169, 174
原生林　16, 224-225, 227-228, 243
検討会議　→愛知万博検討会議
光合成(産物)　28-30, 93, 155, 202, 207-208, 211-212
更新世(洪積世)　41, 46, 48-50, 62, 71, 112, 118
高層湿原　47, 52, 58, 88
高分子(物質)　212, 214
広葉樹　20, 24, 32, 82, 155, 167, 173, 212-213, 215, 217-220
後氷期　19, 36, 118
国営公園(構想)　275-279, 281-282
古赤黄色土　52
個体群　1, 4, 7, 113, 122, 149-150, 265, 289, 291
コナラ・アベマキ林(コナラ林)　30, 35, 125, 236-237, 268
ゴルフ場(建設)　22, 126, 224-225, 228-229, 231, 243, 287

サ 行

材穿孔性昆虫　154
細胞壁　211-212, 214, 217
在来種　57, 176, 200
里山　2, 4-6, 16, 22-23, 35, 41, 52, 55, 69-70, 123-131, 133-136, 140-142, 144, 152-153, 166-167, 175-176, 178, 183-184, 191-193, 196-198, 201-204, 210-211, 216, 221, 223, 225-229, 236, 239, 244, 264, 273, 275-278, 280-285, 287-290, 293, 295
里山生態系　2, 5-6, 16, 124, 126, 167, 179, 192, 223, 295
里山保全運動　223, 275-276, 279-282, 286
狭山丘陵　241
砂礫(層)(地域・地帯)　24, 34, 41, 46-47, 49-50, 52-53, 55, 59, 71, 73-75, 78, 80, 85, 89, 91-92, 104, 109, 112, 116-118, 148, 245-248, 267, 269, 271, 292
サロベツ湿原　94
酸性雨　81, 88
山地帯　10, 31, 48-50, 97, 292

山地貧養湿原　59
三内丸山　17, 19, 39
山麓扇状地　62
シイ・カシ林　10, 14, 35, 228, 239
止水性種　129
耳腺　187, 191, 200
自然享有権　229, 231
自然保護運動　223-224, 279-280
自然林　153, 212, 290
湿原　9, 46-47, 50, 52-53, 55, 58-59, 71, 78, 89-90, 94-102, 109, 127, 192
湿地　9, 41, 43, 45-48, 50, 52-56, 58-96, 104-105, 107, 109, 112, 117-118, 129, 131, 133, 134, 137, 143, 194, 197, 223, 231, 239-241, 246, 248, 262, 266, 268-271, 287, 289-290, 295
湿地植生　67, 70, 90-91
湿地植物群落　66, 68
湿地林　60, 131
シナントロープ　186
自発的遷移　90, 92
斜面崩壊(地滑り型)　61, 80, 92, 118
蛇紋岩地　49
種　1-2, 4, 6-7, 56-57, 168, 285, 289-291, 297
周伊勢湾地域　43, 45-50, 52, 54-55
周伊勢湾要素　43, 49
集水域　69-70, 88, 129
種間競争　160-161
樹幹流　82, 84
種子食性昆虫　154-163, 165
種子トラップ法　155
シュレンケ　61
順応的管理　6, 291, 296
冗長性　7, 228, 290-291
庄内川　46, 216
蒸発散量　64
消費者　4, 123, 264
縄文(時代)　9, 16-17, 19, 37, 39
縄文海進期　13, 36
照葉樹林　10, 19, 36-37
常緑広葉樹(林)　17, 27-28, 30, 32, 34-35, 41, 174, 239, 246, 261, 289
常緑樹　29, 238
植食性昆虫　123, 153-154, 165
植生　9, 12, 19, 58, 60, 63, 67, 69-70, 78, 80-82, 84-86, 88, 90, 94, 96, 99, 124-125, 133-134, 136, 140, 143, 200, 212, 236-237, 246,

261, 267, 269, 271, 285, 287
植生自然度　232, 236, 268-269, 287-288
食虫植物　47, 53, 56, 61, 79
植物群集　2
植物社会学　2, 59
植物プランクトン　221
食物網　175
食物連鎖　4, 57, 264-265
食葉性昆虫　154
植林（スギ・ヒノキ）　23, 125-126, 151
シリンギルプロパン単位　214
シルト（層）　62, 74-75, 78, 91
人工林　23, 69, 153, 173, 212, 216, 225, 227, 246, 272
新住宅市街地開発事業（新住事業）　141, 251, 253, 256-257, 261, 264, 269-270, 276-277, 279
侵食（土壌）　24, 60, 78, 80, 92-93, 111, 118, 248, 271
新生代　12
薪炭林　16, 22, 30, 32, 165-166, 285, 296
針葉樹（林）　10-12, 82, 151, 212-215, 217-220
森林群集　1
森林帯　9-12
森林法　225
人類依存型野生動物　186
垂直分布帯　10, 97
水田　5, 16, 58, 73, 129, 134, 140, 182, 186, 188, 192, 194, 196-198, 240-241, 278-279, 281, 284, 295
水路底　60-61
スギ・ヒノキ植林　→植林
スポロポレニン　12
生産者　4, 264
生態学　1-7, 16, 30, 60, 123, 228-240, 264, 266-267, 288-289, 291, 295-298
生態系　1-6, 19, 20, 56-57, 84, 123-126, 143, 166, 182, 184, 200, 210, 216, 221, 225, 240, 264-267, 273, 278-279, 287-289, 291, 296-297
生態系保護地域　224-225
生態的地位　→ニッチ
生物群集　2, 123, 166-167, 265, 267, 269-270
生物多様性　7, 143, 183, 223, 228, 267, 269, 287, 289, 296
生物多様性国家戦略　224, 226
瀬戸大正池　141, 211, 216-220

セルロース　211-212, 214
遷移　1, 22, 32, 34-35, 38, 54-55, 89-94, 100, 102-103, 111, 126-127, 129, 143, 174, 239, 246, 269, 285, 288, 290, 295
鮮新世　41, 46, 48-50, 71
泉北丘陵　20
全有機炭素（TOC）　89
雑木林　5, 9, 11, 16-17, 22-23, 28, 32, 35, 41, 144, 146, 151, 153-154, 165-168, 223, 225, 227-228, 236, 239, 241, 261, 263, 267-271, 273, 287-289, 292-293, 295-296
総合保養地域整備法（リゾート法）　224
疎開（地）　17, 121-122

タ　行

ダーウィン　1, 79
大正池　→瀬戸大正池
滞水域　78, 134
堆積物　74, 216-218, 220-221
立木トラスト　231, 243
脱殻　137
棚田（谷津田・谷戸水田）　129, 134, 143, 198
他発的遷移　90, 92
暖温帯　10-11, 14, 27-28, 35, 41, 45, 93, 289
単子葉植物　178, 214-215
炭水化物　211-212, 214
炭素循環　211, 213, 216, 220
暖帯落葉樹林　11, 14, 228
地域個体群　56, 228
チオアシドリシス　218
地下水　52, 58, 64-70, 81, 88, 105, 117
地下水涵養（性）　68
地下水崩壊型地形　52
地球サミット　→環境と開発に関する国連会議
チャート（礫）　24, 62, 68, 71, 85, 92, 104
中間温帯林　10, 11
中間湿原　47, 50, 59
中生代層　73-75, 104
虫媒化　17, 165
勅使ヶ池緑地（墓園事業）　232-239
TOC　→全有機炭素
低湿地　43, 45-48, 50, 52-55, 59, 240
挺水自然草原　129
低層湿原　47, 52, 58, 88
泥炭（層）（有機質土壌）　47, 53, 58-59, 71, 78, 90, 93-94, 97, 102-103, 119, 240

泥炭地湿原(泥炭湿原)　58-59, 61, 66-67, 90, 94-95
鉄イオン　221
デュベルノイ腺　187
電気伝導度(EC)　67-68, 72-73, 82, 85-86, 100
天敵　182, 190, 195-196
東海丘陵要素(植物群)　41-43, 45-49, 53-56, 60-62, 68, 79-81, 85-86, 89, 97, 103-104, 109, 117, 223, 246, 266, 268, 270
東海層群　71, 104
道管　214
動水勾配　65-66
土岐砂礫層　46, 52, 71, 114, 117
土壌(層)　24, 26, 35, 47, 52-53, 81, 84-85, 92-93, 102-105, 108, 110-111, 114-116, 118, 143, 148, 202, 207-208, 210-212, 217, 220
土壌侵食　→侵食
土壌水　84
トトロの森　241

ナ 行

内生菌根(菌)　202, 204, 207
中池見湿地　240
ナショナル・トラスト　241, 243
ナチュラル・ヒストリー　1
二酸化炭素　81, 84, 88, 211-212
二酸化炭素固定　212
二次的自然　16, 19, 223, 226-228, 236, 287, 295
二次林　5, 16-17, 22, 27-28, 32, 34, 41, 52, 69, 88, 141, 153, 155, 171, 238-239, 246, 272, 290, 295
ニッチ(生態的地位)　56, 161-162, 173, 273
粘土(層)　62, 73-75, 84, 143
年輪　212-213
濃飛流紋岩(地帯)　85, 119

ハ 行

白色腐朽菌　212
博覧会国際事務局(BIE)　149, 244, 253, 256-258, 261, 272, 275
禿げ山　22, 278, 296
箱状谷　105
伐採(森林)　11, 14, 16-17, 20-24, 26-32, 34-35, 41, 69-70, 102, 114, 118, 153, 166-167, 210, 221, 224-225, 231, 236, 238-239, 243, 262, 267, 278-279, 284-285, 287, 289, 292, 297
p-ヒドロキシフェニルプロパン単位　214
半自然　35
BIE　→博覧会国際事務局
ピエゾメーター　64-66
東山丘陵　22, 32, 225, 238
被子植物　31-32, 214-215
被食圧　150
微生物　84, 201, 210, 212, 218, 220-221
微生物分解　212
ピット器官　188
非平衡状態　3
氷期(氷河期)　11-13, 36-37, 45-46, 48, 54, 118, 227
フィードバック　6, 291
フィールド・ミュージアム　240-241
フィトンチッド　227
フェニルプロパン　212, 214, 218
袋状埋積谷　240
藤前干潟　216, 221
腐植　93, 212, 221
不透水層　74-75, 81, 85, 129
ブナ林　10, 27, 292
富(栄)養化　64, 68, 86, 88
フルボ酸　221
分解者　4, 123, 166, 179, 264
分子系統樹　42
分断・孤立化　165, 168
分布域　37, 43, 45, 48, 104, 118, 122, 151, 174, 191
β-O-4 結合　217-218
pH　67, 81-82, 84-86, 88-89
ヘミセルロース　212, 214
萌芽　27, 30-31, 105-107, 278
豊凶性　154
捕食者　180, 182, 187, 190-191, 195, 266
捕食性昆虫　154, 165
保全生態学　2
保全生物学　2

マ 行

マイカンギア　166
マングローブ林　58, 220

事項索引　329

三方原　28, 50
三河高原　47, 50
実生　32, 34, 97, 100-105, 110-112, 120-122, 204, 207, 247
猛禽類　123, 190, 266, 273, 297
木部　212-214, 217-219
モニター，モニタリング　151, 288-291, 296

　　　　　　ヤ　行

谷津田　→棚田
谷戸水田　→棚田
有機酸　88-89
有機質土壌　→泥炭
有機物　62, 78, 81, 84, 88, 211-212, 216, 220-221
湧水　46, 52, 59-62, 64-69, 71, 74, 80-82, 85, 134, 269
湧水湿地　59-60, 66, 71-72, 75, 78, 80, 89-93, 97, 103-105, 110-112
湧水点　62, 66
窯業(地帯)　22, 24, 285
陽樹　17, 32, 111, 121
溶出物質　68
吉田川(峡谷)　173, 248, 268-272, 285

　　　　　　ラ・ワ行

落葉広葉樹(林)　11, 14, 19, 28, 30, 32, 35, 166, 173-174, 216, 228, 239, 246, 289, 292
落葉樹　11
ラジオテレメトリー　178
裸子植物　31, 214
裸地(化)　23-24, 35, 53, 69, 92, 102, 112, 114, 117, 121, 131, 267, 297
リオ・サミット　→環境と開発に関する国連会議
リグニン　123, 211-221
リゾート法　→総合保養地域整備法
流水性種　129, 134, 141
領家変成帯　47
量的防御物質　164
林外雨　82
林内雨　82, 84
林野庁　23, 224-225
冷温帯　10, 27, 49, 93
礫(角礫)　47, 53, 62, 71, 73, 116, 119
レヒュージア　11, 54, 227
連続網掛け法　159
矮生林　26, 102, 236

和名索引

原則として本文中に現れる種・亜種のみ項目として掲げ，属以上については特に重要な場合のみ言及した．

ア 行

アオウミガメ　186
アオカケス　174
アオゲラ　270
アオサナエ　142
アオダイショウ　184, 186, 190
アオハダ　289
アオミドロ　179
アカネズミ　172
アカハライモリ　193
アカマタ　186
アカマツ　19-22, 24, 26, 31-32, 35, 47, 53, 93, 99-100, 102, 121, 204, 225, 236, 248
アカミミガメ　→ミシシッピーアカミミガメ
アカメガシワ　17
アキアカネ　136
アゲハチョウ　144
アケビ　178
アサザ　241-242
アズマネザサ　292
アズマヒキガエル　192-193, 197
アベマキ　28-30, 32, 35, 47, 52, 114, 116, 154-156, 158-165, 228, 246, 248, 285
アマガエル　→ニホンアマガエル
アメリカザリガニ　178, 194
アメリカハナノキ　97
アラカシ　28-30, 34, 38-39, 41, 121, 169-172, 174, 238, 246, 285
アンブロシアキクイムシ　166-167
アンペライ　53
イエネコ　190
イシガメ　→ニホンイシガメ
イタチ　180, 190, 196
イタドリ　120
イチョウ　31
イトイヌノハナヒゲ　246
イトトリゲモ　240

イヌ　179
イヌツゲ　53, 68-69, 91, 105, 110, 131
イヌノハナヒゲ　59, 61-62, 64, 66, 68-69, 75, 78, 103, 246
イヌワシ　297
イノシシ　196
イボミズゴケ　94
イリオモテヤマネコ　200
イワショウブ　46
ウグイス　285
ウシガエル　191, 194
ウラナミアカシジミ　228
ウンカ　178
ウンヌケ　43, 45, 47-48, 266-267
エゴノキ　17
エゾトンボ　131, 134, 142
エビネ　231
オイカワ　179
オオアオイトトンボ　133, 137
オオイヌノハナヒゲ　103
オオカサスゲ　231
オオカワトンボ　135, 142
オオサンショウウオ　182, 193
オオシラビソ　10
オーストンヤマガラ　174
オオタカ　57, 123, 141, 149, 240, 244, 246, 256-257, 265-266, 270, 272-273, 297
オオダイガハラサンショウウオ　193
オオヒキガエル　200
オオムラサキ　153
オオヤマトンボ　134, 137
オオルリボシヤンマ　142
オギ　127
オジロサナエ　134-135, 142
オナガサナエ　142
オニグルミ　23
オニヤンマ　134-136

カ 行

カキ　178-180
カケス　34, 39, 123, 169-172, 174
カゲロウ(類)　141
カジカガエル　191, 197
カシノナガキクイムシ　167
カシワ　113
カスミサンショウウオ　193
カタクリ　169
ガマ　127
カラス　179-180
カラマツ　166
カロリナハコガメ　180
カワウソ　196
カワセミ　270
カワトンボ　136
カワラハンノキ　109
カンムリワシ　200
キイロサナエ　134-135, 142
キクイムシ　166
キジノオ　131
キツネ　266
キバガ(科)　160-161
ギフチョウ　123, 144-153, 228, 297
ギンヤンマ　134
クサガメ　176-178, 180, 183, 186, 196
クヌギ　32, 153, 227
クヌギシギゾウムシ　155, 158, 160
クビナガキバチ　167
クマタカ　240
クモ(類)　140
クリ　17-19, 39
クリシギゾウムシ　156, 158, 160, 162
クリノミキクイムシ　155-156, 158, 160-162
クロスジギンヤンマ　134, 137
クロミノニシゴリ　43, 47
クロモ　127
ゲンジボタル　266
コイヌノハナヒゲ　61, 99, 246
コオニヤンマ　135
コカナダモ　127
コシアキトンボ　133-134
コシボソヤンマ　135, 137, 142
コナラ　28, 30, 32, 35, 100, 102, 154-156, 158-163, 165, 231, 246
コノシメトンボ　136
コブシ　104
コモウセンゴケ　79

サ 行

サカキ　236
サキシマハブ　190
サクラソウ　165
サクラバハンノキ　48, 109-113, 246, 297
ササ　215, 289, 292
サシバ　190
サトウキビ　200
サナエトンボ　136
サラサヤンマ　133, 139, 142
サワガニ　179
サンカクモンヒメハマキ　155-156, 160
サンコウチョウ　173, 246, 266, 270-271
サンショウクイ　173, 247, 266
シオカラトンボ　131
シオヤトンボ　131
シギゾウムシ(属)　155, 160, 163-164
シジミチョウ　153
シデ　11
シデコブシ　41, 43, 47-48, 50, 53, 57, 60-61, 68, 99, 103-109, 112, 117, 246, 256, 266, 268, 271
シマヘビ　180, 184, 186-188, 190, 196
ジムグリ　184, 190
シュレーゲルアオガエル　192-194, 196, 197
ショウジョウトンボ　137
シライトソウ　231
シラカンバ　203
シラタマホシクサ　43, 45, 47, 53, 59-61, 64, 66, 68-69, 90-91, 99, 103
シロイヌノヒゲ　99
シロツメモンヒメハマキ　156
シロマダラ　188, 190
シロモジ　166
スギ　23, 31, 82, 151, 166, 173, 216, 240, 246, 104
スゲ　59, 94-95
スズカカンアオイ　145-146, 148, 151
スズメ　184, 186
スダジイ　10, 14-15, 36-40, 121, 174, 237
スッポン　176, 178
スペングラーヤマガメ　180
セイタカアワダチソウ　120

セマルハコガメ　200
ソヨゴ　32, 93, 102, 236-239

タ行

タイワンカモノハシ　78
タカチホヘビ　188, 190
タカネトンボ　133, 136
タカノツメ　131
タケ　215, 292
タゴガエル　191, 197
タニシ　178
タヌキ　196, 271
タビドサナエ　134, 136, 141-142
タブノキ　237
タマバチ(科)　156, 158-159
ダルマガエル　191, 193-194, 197
チゴユリ　231
チシマザサ　292
チズガメ(類)　180
チマキザサ　292
チャバネゴキブリ　186
ツガ　12
ツチガエル　192, 194, 196-197
ツバメ　184
ツブラジイ　14-15, 28, 34-36, 39-41, 174, 238, 246, 285
ツミ　273
テン　196
トウカイコモウセンゴケ　43, 47-48, 60-61, 68, 79, 143, 246
トウキョウサンショウウオ　193
トウゲシバ　131
トゲヤマガメ　180
ドジョウ　188
トチノキ　23
トノサマガエル　191, 194, 196-197
トビムシ(類)　139
トマト　179
トラマルハナバチ　165

ナ行

ナガバノイシモチソウ　43, 46-48, 60-61
ナガボナツハゼ　45
ナガレタゴガエル　191, 197
ナガレヒキガエル　191, 197

ナラ　11, 37
ナルコユリ　231
ニシカワトンボ　135
ニッポンイヌノヒゲ　75, 78
ニホンアカガエル　192, 194, 197
ニホンアマガエル　192, 194, 196-197
ニホンイシガメ　176-180, 182-183, 186, 196
ニホンヒキガエル　192
ニホンヤモリ　186
ニワトコ　17
ニワトリ　184, 186
ヌマガエル　191, 193-194, 197
ヌマガヤ　46, 53, 64, 66, 68-69, 75, 78, 90-92, 99, 102, 110-111
ヌルデ　17
ネザサ　110
ネズ　236
ネスジキノカワガ　155-156, 158, 160
ネマルハキバガ(科)　155
ネモロウサヒメハマキ　155
ノギラン　75, 78
ノシメトンボ　136
ノリウツギ　111

ハ行

ハイイロチョッキリ　156, 158, 160-162
ハイタカ　273
ハクビシン　196
ハグロトンボ　135, 142
ハス　89-90, 220
ハチクマ　240
ハッチョウトンボ　131, 143
ハナノキ　43, 45, 47, 53, 60-61, 68, 97-103
ハネビロエゾトンボ　134, 142
ハマキガ(類)　158, 160-161
ハラビロトンボ　131
ハンノキ　68, 91, 94-95, 109, 112, 119, 297
ヒイラギ　131
ヒキガエル　187, 191-192, 195-197
ヒサカキ　236-239
ヒシ　127
ヒツジグサ　99
ヒトツバタゴ　41, 43, 47-48, 53, 60-61, 68, 118-122
ヒノキ　23, 166, 173, 246, 272, 284
ヒバカリ　188, 190, 196

ヒメアカネ　131
ヒメカンアオイ　146-147, 151
ヒメギフチョウ　147, 150
ヒメタイコウチ　47-48
ヒメミミカキグサ　43, 46-48, 61, 79
ヒメヤシャブシ　109
フクロウ　190, 265, 273
フサザクラ　31
フタスジサナエ　136
フタリシズカ　231
ブチサンショウウオ　193
フナ　179, 188
ブナ　12, 14, 17, 22, 166, 174
ベニイトトンボ　142
ヘビノボラズ　47-48
ホオジロ　285
ホザキノミミカキグサ　61
ホトケドジョウ　248
ホトトギス　231
ホンサナエ　142

マ 行

マイコアカネ　136
マイマイ　178
マオウ　31
マコモ　89-90, 127, 134
マダケ　292
マダラナニワトンボ　142
マムシ　188, 190
マメナシ　43
マユタテアカネ　136
ミカヅキグサ　46-47, 53, 61, 64, 66, 68-69, 75, 78, 246
ミカワシオガマ　43
ミカワタヌキモ　46
ミカワバイケイソウ　43, 45, 47-48, 60, 68
ミシシッピーアカミミガメ　176
ミズギク　46
ミズギボウシ　46, 48, 60, 131
ミズゴケ　59, 67, 90, 94, 105, 112, 131
ミズナラ　14, 17, 45, 113, 170, 172
ミゾソバ　59, 85
ミナミイシガメ　176
ミミカキグサ　61, 79
ミヤコザサ　292
ミヤマアカネ　134, 142

ミヤマイヌノハナヒゲ　61
ミヤマウメモドキ　105
ミルンヤンマ　135, 137
ムカシヤンマ　131, 139, 141-142
ムササビ　123, 246, 270-271, 284
ムラサキミズゴケ　94
ムラサキミミカキグサ　79
モウセンゴケ　61, 79, 143
モウソウチク　292
モートンイトトンボ　131, 142
モズ　190, 285
モミ　12, 203
モリアオガエル　192-194, 196
"モンゴリナラ"　26, 41, 45, 47-48, 52, 104, 113-118, 171, 204, 207

ヤ 行

ヤエヤマイシガメ　200
ヤシャブシ　109
ヤチカワズスゲ　246
ヤチヤナギ　43, 46
ヤナギ(類)　31
ヤブヤンマ　133
ヤマアカガエル　192, 194, 197
ヤマウルシ　17
ヤマカガシ　187-188, 190, 196
ヤマガラ　174
ヤマグルマ　31
ヤマザクラ　285
ヤマサナエ　135-136
ヤマハンノキ　109
ヤマモモ　179
ヨーロッパグリ　36
ヨーロッパブナ　165
ヨコバイ　178
ヨシ　53, 59, 85, 94-95, 127, 134, 220, 242
ヨツボシトンボ　137
ヨツメヒメハマキ　156, 160

ラ 行

リクガメ(科)　180
リュウキュウアオヘビ　190
リュウキュウヤマガメ　180
リョウブ　166
ルリボシヤンマ　131, 142

執筆者一覧(五十音順,＊印は編者)

石原　紀彦　元愛知大学文学部非常勤講師(4-3-2, 4—4, 環境アセスメント)
礒井　俊行　名城大学農学部教授(2-3-4)
植田　邦彦　金沢大学大学院自然科学研究科教授(2—1)
梶村　　恒　名古屋大学大学院生命農学研究科准教授(3—3, 菌類を利用する昆虫)
金森　正臣　元愛知教育大学教育学部教授(海上の森のムササビ)
上平　雄也　永大産業株式会社(3—7)
菊池亜希良　広島大学大学院国際協力研究科博士課程後期(2-2-2, 2-2-3)
菊池多賀夫　元横浜国立大学大学院環境情報研究院教授(2-2-2, 2-2-3)
江田　信豊　南山大学総合政策学部教授(3—2)
後藤　稔治　元岐阜県立大垣東高等学校教諭(2-3-1)
高崎　保郎　ユニチカ株式会社メディカル事業部(3—1)
竹中　千里　名古屋大学大学院生命農学研究科教授(2-2-5)
手塚　修文　名古屋大学名誉教授(3—6)
中西　　正　豊橋市立豊橋高等学校教諭(2-2-2, 2-2-3)
八田　耕吉　元名古屋女子大学家政学部教授(3—1, 3—2, ハッチョウトンボ)
広木　詔三＊　名古屋大学名誉教授(はじめに, 序章, 第1章, 2-2-1, 2-2-4, 2-2-6, 2—3, 3—2, 3—4, 4—1, 4—2, 4-3-1, 4-3-3, 4—5, 終章, 樹木の繁殖戦略, 食虫植物, サンコウチョウ, ナショナル・トラスト運動, オオタカ, タケとササの問題)
福島　和彦　名古屋大学大学院生命農学研究科教授(3—7)
福本　浩士　三重県紀北県民局生活環境部(3—3)
冨士田裕子　北海道大学北方生物圏フィールド科学センター植物園准教授(2-2-1, 2-2-2, 2-2-3, 泥炭地湿原)
矢部　　隆　愛知学泉大学コミュニティ政策学部教授(3—5, 西表島に持ち込まれたオオヒキガエル)

《編者略歴》

広 木 詔 三
ひろ　き　しょうぞう

　　1944年　茨城県に生まれる
　　1974年　東北大学理学研究科博士課程修了
　　　　　　名古屋大学大学院情報科学研究科教授などを経て
　　現　在　愛知大学国際コミュニケーション学部教授，
　　　　　　名古屋大学名誉教授，理学博士
　　主な研究領域：火山植生の遷移，ブナ科植物の生態，湧水湿地の成因

里山の生態学

2002年 3 月25日　初版第 1 刷発行
2012年 9 月20日　初版第 4 刷発行

　　　　　　　　　　　　　　　　　　　　　定価はカバーに
　　　　　　　　　　　　　　　　　　　　　表示しています

　　　　　　　編　者　　広 木 詔 三

　　　　　　　発行者　　石 井 三 記

　　　　　発行所　一般財団法人　名古屋大学出版会
　　　　　〒464-0814　名古屋市千種区不老町1名古屋大学構内
　　　　　　　　　電話(052)781-5027／FAX(052)781-0697

　　ⓒ Shozo Hiroki et al., 2002　　　　　Printed in Japan
　　印刷・製本　㈱クイックス　　　　　ISBN978-4-8158-0421-3
　　乱丁・落丁はお取替えいたします。

　　Ⓡ〈日本複製権センター委託出版物〉
　　本書の全部または一部を無断で複写複製（コピー）することは，著作権法上
　　での例外を除き，禁じられています。本書からの複写を希望される場合は，
　　日本複製権センター（03-3401-2382）にご連絡ください。

デイリー／エリソン著　藤岡伸子他訳
生態系サービスという挑戦
―市場を使って自然を守る―
四六・392頁
本体3,400円

清水裕之／檜山哲哉／河村則行編
水の環境学
―人との関わりから考える―
菊判・332頁
本体4,500円

谷田一三／村上哲生編
ダム湖・ダム河川の生態系と管理
―日本における特性・動態・評価―
A5・340頁
本体5,600円

渡邊誠一郎／檜山哲哉／安成哲三編
新しい地球学
―太陽-地球-生命圏相互作用系の変動学―
B5・356頁
本体4,800円

マクニール著　海津正倫／溝口常俊監訳
20世紀環境史
A5・416頁
本体5,600円

出口晶子著
川辺の環境民俗学
―鮭遡上河川・越後荒川の人と自然―
A5・326頁
本体5,500円

近藤哲生／林上編
東海地方の情報と社会
A5・270頁
本体4,000円